庆祝福建师范大学地理科学学院建院 20 周年系列专著

环渤海典型近岸海区沉积环境研究

Study on Sedimentary Environment of the Typical Coastal Areas around Bohai Sea

孙志高　衣华鹏　卢晓宁　王传远等　著

科学出版社

北京

内 容 简 介

本书在中国科学院重点部署项目、中国科学院"一三五"规划重点突破项目和福建省"闽江学者"奖励计划项目的支持下,以环渤海典型近岸海区(辽东湾近岸海区、曹妃甸近岸海区、龙口湾近岸海区和黄河口近岸海区)为研究对象,以近年来环渤海的围填海工程、离岸人工岛建设,以及黄河调水调沙工程对近岸海区沉积环境的影响为研究主线,探讨自然或人类活动影响下环渤海典型近岸海区沉积物的粒度及矿物组成、空间分布特征及主要影响因素,明确沉积物重金属的地球化学特征、污染状况及生态风险。研究结果有助于深化对环渤海近岸海区沉积环境与物质输运的认识,并可为环渤海海岸带规划及近岸海区环境的污染防治提供重要科学依据。

本书可供从事海洋科学、地理学、环境科学、生态学及相关学科的科研人员使用,也可供海洋环境管理、生态保护等政府决策部门的工作人员及大专院校师生阅读。

图书在版编目(CIP)数据

环渤海典型近岸海区沉积环境研究/孙志高等著.—北京:科学出版社,2020.11

(庆祝福建师范大学地理科学学院建院20周年系列专著)
ISBN 978-7-03-066944-5

Ⅰ.①环⋯ Ⅱ.①孙⋯ Ⅲ.①渤海湾-近海-海洋沉积物-沉积环境-研究 Ⅳ.①P736.21

中国版本图书馆CIP数据核字(2020)第226470号

责任编辑:杨逢渤 刘 超/责任校对:樊雅琼
责任印制:吴兆东/封面设计:无极书装

科学出版社 出版
北京东黄城根北街16号
邮政编码:100717
http://www.sciencep.com

北京建宏印刷有限公司 印刷
科学出版社发行 各地新华书店经销

*

2020年11月第 一 版　开本:720×1000　1/16
2020年11月第一次印刷　印张:15 3/4
字数:300 000
定价:198.00元
(如有印装质量问题,我社负责调换)

作 者 简 介

孙志高,博士,研究员,博士生导师,2007年于中国科学院研究生院毕业,获博士学位,2007~2014年于中国科学院烟台海岸带研究所工作,2015年调入福建师范大学地理科学学院,主要从事河口海岸环境研究。现为福建省亚热带资源与环境重点实验室副主任,《应用生态学报》和《生态学杂志》编委,福建省滨海湿地及海洋环境专家库专家。曾于2012年入选中国科学院青年创新促进会会员,2012~2013年公派赴美国奥本大学(Auburn University)进行学术访问,2015年入选福建省"高等学校新世纪优秀人才计划"和"闽江学者奖励计划"特聘教授,2017年入选福建省高层次"紧缺创新创业人才"。近十年来,主持国家自然科学基金项目4项,省级重点项目2项,中国科学院和国家海洋局等部门主管课题14项,以第一/通讯作者在 Environment International, Chemosphere, Plant and Soil, Ecological Indicators, Estuaries and Coasts, Marine Pollution Bulletin 等国内外重要期刊上发表学术论文120余篇(其中SCI检索文献35篇),获授权国家发明专利2项,出版专著1部,获吉林省自然科学奖二等奖1项,已培养博士/硕士研究生26名。

《环渤海典型近岸海区沉积环境研究》撰写名单

孙志高　福建师范大学
衣华鹏　鲁东大学
卢晓宁　成都信息工程大学
王传远　中国科学院烟台海岸带研究所
赵全升　青岛大学
祝　贺　中国科学院水利部成都山地灾害与环境研究所
任　鹏　青岛海洋科学与技术试点国家实验室
王苗苗　中南林业科技大学
侯孟孜　鲁东大学
王　伟　鲁东大学
田莉萍　福建师范大学
饶清华　福建技术师范学院（福建师范大学福清分校）
黎　静　福建师范大学
陈冰冰　福建师范大学
胡星云　福建师范大学
张党玉　福建师范大学

前　言

　　海洋沉积物是记录地球演变的重要载体，研究现代海洋环境下的沉积物特征、物源和矿物组成，不仅是海洋沉积学的基本内容，也是河口海岸带陆海相互作用计划研究的重要内容之一。近岸海区沉积物几乎涵盖了现代海洋中正在堆积的所有沉积物类型，其所处环境因受人类活动及物理、化学、生物和地质作用的复杂影响而变化剧烈。海岸带地区是目前人类生产和生活的主要聚集区域。在人类活动和自然因素的驱动下，海岸带地区的人地矛盾日趋突出且正面临着人口增长和高速城市化、海平面上升、海岸侵蚀、生态环境破坏、淡水资紧缺、污染加剧及渔业资源衰退等巨大压力。伴随着日益突出的人地矛盾，沿海地区对近岸海区产生了强大的围填海需求。高强度和大规模的围填海工程对海岸带环境特别是近岸海区环境的影响是巨大的，其一方面导致工程区的底栖生境丧失，浮游生物及鱼类的产卵场、索饵场、越冬场和洄游通道（"三场一通"）等遭受破坏；另一方面显著改变了天然海域空间，对近岸海区的水动力环境和沉积环境等产生深刻影响。因此，探讨近岸海区沉积环境特别是大型海岸工程影响下的沉积环境变化，不但可明晰近岸海区水动力及泥沙输移的影响机制，而且还可揭示近岸生态系统的演变过程，并为近岸海区生态系统健康评估提供重要基础数据。

　　环渤海是我国经济发展最为迅速的地区之一，目前已形成了辽东半岛、京津唐和山东半岛三大城市群且区域内的辽宁沿海经济带、天津滨海新区、河北沿海地区（沧州渤海新区、曹妃甸新区），以及黄河三角洲高效生态经济区、山东半岛蓝色经济区（"蓝黄战略"）等均已上升为国家战略。持续过热的经济新区建设导致了对土地的强烈需求，驱动了环渤海大量围填海及人工造岛等开发活动。另外，渤海周边入海河流众多，而在众多入海河流中，黄河、海河和辽河是较大河流，形成了渤海沿岸三大水系和三大海湾生态系统。其中，黄河的径流量和输沙量最大，其对于渤海湾、莱州湾甚至辽东湾海区的沉积环境均可产生深刻影响。由于人类活动和自然因素的影响，渤海周边入海河流的径流量和输沙量年际差异明显，其对于河口三角洲及河口近岸海区的沉积环境均可产生深刻影响。特别是 2002 年以来黄河调水调沙工程的长期实施，不但极大减少了小浪底水库库区的淤积、冲刷了下游河道主槽、提高了河道行洪及过沙能力，而且增加了河口三角洲面积,并对河口及河口近岸海区的沉积环境产生了深刻影响。由于围填海和河口三角洲的增长,渤海总面积自 20 世纪 40 年代至 2014 年持续减少,萎缩了 5700km^2,萎缩速率达 82km^2/a,而 2000 年以来的萎缩速率更是高达 141km^2/a。综上可知,环渤海近岸海区面临着大规模围填海及人工岛建设、河口三角洲增长、海岸侵蚀,以及人类活动干扰等多重压力。然而,目前对于复合压力条件下环渤海近岸海区环境与生态效应的科学研究相对滞后,特别是针对围填海工程、人工岛建设、入海河流冲淤变化和调水调沙工程等对典型海区沉积环境的影响研究还比较缺乏。为此,本书以环渤海典型近岸海区(辽东湾近岸海区、曹妃甸近岸海区、龙口湾近岸海区和黄河口近岸海区)为研究重点,探讨了自然或人类活动影响下近岸海区的沉积环境特征,研究成果为保障"渤海环境保护",以及辽宁沿海经济带、天津滨海新区黄河三角洲高效生态经济区、山东半岛蓝色经济区等国家战略的顺利实施提供重要科学依据。

全书共分 8 章,第 1 章论述了海洋沉积环境特别是近岸海区沉积环境的研究意义、主要研究领域及围填海对近岸海区沉积环境的影响,阐明了环渤海近岸沉积环境研究的必要性,以及环渤海典型近岸海区沉积环境的研究进展。第 2 章概述了渤海的自然环境及海洋资源状况,重点介绍了环渤海典型近岸海区的自然环境。第 3 章介绍了环渤海典型近岸海区的研究方案与研究方法。第 4 章研究了辽东湾近岸海区沉积物的粒度组成、沉积分区及主要特征,探讨了沉积物碎屑矿物组成、空间分区及主要影响因素,明晰了沉积物重金属的空间分布特征、污染状况及生态风险。第 5 章研究了曹妃甸近岸海区沉积物的粒度及黏土矿物空间分布特征与影响因素,明确了沉积物碎屑矿物组成、空间分区及主要影响因素,探讨了沉积物重金属的空间分布特征、污染状况及生态风险。第 6 章研究了龙口湾近岸海区沉积物的粒度及黏土矿物空间分布特征与影响因素,探讨了碎屑矿物组成、空间分布及关键影响因素,明确了沉积物重金属的空间分布特征、污染状况及生态风险。第 7 章研究了黄河口近岸海区入海水沙变化趋势及河口近岸冲淤变化特征,明确了沉积物粒度与矿物组成的空间分布特征及主要影响因素,阐明了沉积物重金属的空间分布特征、污染状况及生态风险。第 8 章总结了本书的研究结论及当前研究的不足,并指出了下一步需加强的研究领域。

本书内容是中国科学院重点部署项目"北方典型海岸带水动力变化和复合污染机制及其生态损害评估"(KZZD-EW-14)子课题"人工填海、造岛对近岸水动力及物质输运的影响机制与数值模拟",以及中国科学院"一三五"规划重点突破项目"黄河三角洲陆海界面过程、生态演变与修复技术"(Y254021031)子课题"黄河水沙运移、沉积与生态演变"研究成果的组成部分，并得到福建省"闽江学者"奖励计划项目和庆祝福建师范大学地理科学学院建院20周年系列专著出版经费的资助。本书由福建师范大学、中国科学院烟台海岸带研究所、鲁东大学、成都信息工程大学、青岛大学、青岛海洋科学与技术试点国家实验室发展中心、中国科学院水利部成都山地灾害与环境研究所、中南林业科技大学和福建技术师范学院（福建师范大学福清分校）等单位的有关人员共同完成，具体分工如下：第1章，孙志高、王传远；第2章，孙志高、衣华鹏；第3章，孙志高、卢晓宁；第4章，侯孟孜、衣华鹏、孙志高、胡星云；第5章，祝贺、衣华鹏、孙志高、陈冰冰；第6章，任鹏、赵全升、孙志高；第7章，王苗苗、卢晓宁、孙志高、黎静、田莉萍、饶清华、王伟、张党玉；第8章，孙志高、王传远。本书研究成果形成过程中得到中国科学院烟台海岸带研究所研究员张华及黄河口水文水资源勘测局高级工程师岳成鲲和付作民的大力支持，海上采样及研究过程中得到研究生孙万龙、孙文广和郭兴森的倾力协助，编著过程中的图表清绘与文稿校对得到研究生李晓、俞琳莺、童晓雨、李亚瑾、张鹏飞、毛立和武慧慧的帮助。本书初稿完成后得到多位同行专家的充分肯定及他们提出的宝贵建议，在此一并表示感谢。

限于著者水平，不足之处在所难免，诚恳希望读者予以指正，以便进一步修改完善。

作　者

2020年6月

目　　录

前言
第 1 章　绪论 ·· 1
　　1.1　近岸海区沉积环境研究 ·· 1
　　1.2　环渤海典型近岸海区沉积环境研究 ······································ 13
第 2 章　环渤海典型近岸海区自然环境 ··· 25
　　2.1　渤海自然环境概况 ·· 25
　　2.2　典型近岸海区自然环境 ·· 29
第 3 章　典型近岸海区沉积环境研究方案 ······································· 40
　　3.1　沉积物采样及处理 ·· 40
　　3.2　样品处理及分析 ·· 44
　　3.3　研究方法与数据分析 ·· 46
第 4 章　辽东湾近岸海区沉积环境特征 ··· 56
　　4.1　沉积物粒度组成及分布特征 ·· 56
　　4.2　沉积物碎屑矿物组成及分布特征 ·· 60
　　4.3　沉积物重金属地球化学特征 ·· 74
第 5 章　曹妃甸近岸海区沉积环境特征 ··· 83
　　5.1　沉积物粒度及黏土矿物组成特征 ·· 83
　　5.2　沉积物碎屑矿物组成及分布特征 ·· 91
　　5.3　沉积物重金属地球化学特征 ·· 100
第 6 章　龙口湾近岸海区沉积环境特征 ··· 110
　　6.1　沉积物粒度及黏土矿物组成特征 ·· 110
　　6.2　沉积物碎屑矿物组成及分布特征 ·· 119
　　6.3　沉积物重金属地球化学特征 ·· 125
第 7 章　黄河口近岸海区沉积环境特征 ··· 136
　　7.1　黄河入海水沙变化特征 ·· 136
　　7.2　黄河口近岸冲淤变化特征 ·· 147
　　7.3　黄河口沉积物粒度及矿物组成分布特征 ·································· 169

7.4　沉积物重金属地球化学特征 …………………………………… 184
第 8 章　研究结论与建议 …………………………………………… 203
　　8.1　主要研究结论 …………………………………………………… 203
　　8.2　存在问题及建议 ………………………………………………… 210
参考文献 ……………………………………………………………… 212
附图–工作风采 ……………………………………………………… 236

第 1 章 绪　　论

1.1 近岸海区沉积环境研究

1.1.1 近岸海区沉积环境及其研究意义

　　海洋沉积物是高分异的地壳物质通过河流输运、大气沉降和地壳运动等各种途径输送到海洋，并在海洋环境各种因素综合作用下形成的产物，是进入海洋物质的最终归宿（陈丽蓉，1989）。海洋沉积物是记录地球演变的重要载体，较为详细地记录了地球演变的过程。分析和研究现代海洋环境下的沉积物特征、物源和矿物组成，不仅是海洋沉积学的基本内容，也是河口海岸带陆海相互作用计划研究的重要内容之一（李震，2007；邹昊，2009）。现代海洋开发的迅速兴起及工业园区向海岸带的迁移，使得海岸带所承受的人口和生态环境压力日益增大，严重影响了海岸带地区的可持续发展（杨静等，2013；洪华生等，2003）。近岸海区沉积物几乎涵盖了现代海洋中正在堆积的所有沉积物类型，其所处环境因受人类活动及物理、化学、生物和地质作用的复杂影响而变化剧烈（邹昊，2009）。近岸海区沉积物在海岸带研究中占有重要地位，尤其是通过对沉积物粒度、碎屑矿物、黏土矿物和元素地球化学特征的研究可以了解研究区内的沉积物来源、沉积物扩散及其运移路径等（Chen et al.，2009；Morton and Hallsworth，1999）。

　　海岸带地区是目前人类生产和生活的主要聚集区域。在人类活动和自然因素的驱动下，海岸带地区的人地矛盾日趋突出且正面临着人口增长和高速城市化、海平面上升、海岸侵蚀、生态环境破坏、淡水资源紧缺、污染加重及渔业资源衰退等巨大压力。伴随着日益突出的人地矛盾，沿海地区对近岸海区产生了强大的围填海需求。1949 年至 20 世纪末，我国先后经历了 3 次大规模的围填海，而围填海的目的也从最初的围海晒盐到中后期的滩涂农业和围海养殖。21 世纪以来，随着我国沿海地区开发活动的日益活跃，围填海规模持续扩大，并且围填海的目的也从以农业用地为主转变为以建设用地为主（张秋丰等，2017）。根据历年海域使用管理公报，从 1993 年开始实施海域使用权确权登记到 2015 年年底，我国累计确权围填海造陆面积达 $15.49×10^4$ km²。"十一五"期间为新中国成立以来围填海面积增长速度最快的时期，2009 年全国确权围填海造陆面积达到最高峰 $1.79×10^4$ km²。之后，随着围填海管理制度的实施，围填海规模快速增长的趋势得到控制。"十二五"期间，全国累计确权围填海造陆面积 $5.66×10^4$ km²，比"十一五"期间减少了 $1.06×10^4$ km²（索安宁等，2017）。2018 年，我国出台"史上最严"的围填海管理措施，原则上不再审批一般性用海项目（王琪和田莹莹，2019）。高强度和较大规模的围填海工程对海岸带环境特别是近岸海区环境的影响是巨大的。首先，工程建设将引起海洋属性的永久改变，直接导致工程区底栖生境丧失，浮游生物及鱼类部分遭受破坏，近岸生态系统退化；其次，围填海导致近岸水动力、泥沙和盐分等物理场条件发生变化，造成支持或补充渔业资源的产卵场、索饵场、越冬场和洄游通道（"三场一通"）的萎缩甚至消失，最终对鱼类资源造成毁灭性破坏；最后，围填海通过人工修筑堤坝、填埋土石方等工程措施显著改变了天然海域空间，其可以对近岸海区的水动力环境（如潮流、波浪和海湾纳潮量等）和沉积环境（如海岸淤蚀、海底地形、港口航道淤积、河口冲淤、泥沙输运等）等产生深远影响（张明慧等，2012），进而间接导致周边海域的物质循环过程改变、环境质量恶化、生态系统退化，以及生物资源损害。

因此，探讨近岸海区沉积环境特别是大型海岸工程影响下的沉积环境变化，一方面有助于明晰近岸海区水动力及泥沙输移的影响机制；另一方面有助于揭示近岸海区环境与生态系统的演变过程，特别是可为近岸的污染物扩散、生态系统健康评价及渔业资源损害风险评估等研究提供重要基础数据。

1.1.2 海洋沉积环境主要研究领域

1.1.2.1 沉积物粒度

沉积物粒度特征是描述沉积环境的重要参数之一，常用来指示沉积环境和进行沉积物物源分析，粒度分析广泛应用于沉积环境的研究中。国内外已对沉积物粒度开展了大量的研究。20 世纪五六十年代，国外沉积学家就已经开始利用沉积物粒度特征进行环境的识别和物源的判断（Mason and Folk，1958；Shepard and Young，1961；Irani and Callis，1963；Spencer，1963；Friedman，1979）。McLaren 和 Bowles（1985）提出运用多个参数（平均粒径、分选系数和偏态系数等）的组合去描述沉积环境。沉积物搬运和沉积不仅受沉积物本身性状特征的影响，还受水动力条件的控制，因此沉积物的粒度参数和沉积结构可以指示水动力的大小，并作为判别沉积环境的标志（Shepard，1954）。不同学者试图将沉积物粒度参数与沉积环境建立联系，以期通过粒度参数的统计特征来反映当时沉积物的水动力环境。Pejrup（1988）根据河口泥沙中砂、粉砂及黏土比值对沉积物进行分类，并在此基础上研究河口水动力。Flemming（2000）提出根据沉积物各组分（砂、粉砂和黏土）含量的相对比例来区分不同的沉积环境及与之对应的不同强度的水动力条件，以此推断沉积物分布与水动力的关系。贾海林等（2001）采用 Pejrup 的新三角图式划分长江口北支的沉积动力环境，揭示了北支的沉积作用机制。陈小英等（2006）运用 Flemming 的三角图式对黄河三角洲滨海区的沉积环境进行了划分，并在此基础上结合沉积物结构、地形和水动力条件探讨了沉积物的分布规律及其作用机制。王伟伟等（2006）对北黄海表层沉积物的粒度进行了分析，并探讨了其沉积环境，指出研究区沉积物粒度分布不均且南北方向不对称的分布特征主要受洋流的影响，洋流主要包括山东半岛沿岸流、黄海暖流和潮流。另外，为了揭示沉积物所包含的水动力输运及沉积环境信息，许多学者采用多元变量分析方法对沉积物进行分析。Klovan（1966）和 East（1985）利用因子分析方法分析了沉积物粒度，并揭示了沉积环境信息。Sun 等（2002）提出了参数化分解粒度分布曲线的方法，即将沉积物粒度频率分布曲线分解为多个单峰端元，通过每个端元的粒度分布状态，揭示每个端元所处的沉积环境。近年来，端元分析模型已为许多学者所使用。张晓东等（2006）运用端元分析模型对长江口邻近海域的沉积物粒度进行了反演分析，并进一步探讨了长江口沉积物的输运和沉降机制。Wan 等（2007）利用端元分析模型研究了中国南海北部对东亚季风响应的沉积过程。Hamann 等（2008）利用端元分析模型探讨了末次冰期和全新世以来东地中海的沉积过程。

沉积物搬运是海洋沉积动力学研究的核心问题之一。沉积物在搬运过程中受动力分选、机械磨损和不同来源物质混合作用等影响，其粒径分布、磨圆度、球度等沉积特征均会发生改变。沉积物粒度参数的平面分布格局可反演沉积物的输移趋势（McLaren，1981；高抒和 Collins，1998）。McLaren 和 Bowles（1985）发展了一维沉积物粒径趋势模型来判断沉积物净搬运方向，提出沉积物净搬运方向可用粒径参数（即平均粒径、分选系数和偏态系数）等变化趋势来判断。然而，这种模型忽视了空间尺度的影响且在采样断面方向的选择上有一定的任意性，故根据该模型获得的沉积物搬运格局往往会较显著地偏离实际情况（Gao and Collins，1991）。Gao 和 Collins（1991，1992，1994）基于粒径趋势沿沉积物搬运方向比其相反方向发生频率高的假设，建立了在半定量滤波技术基础上的粒径趋势分析方法。目前，该粒径趋势分析法已得到较为广泛的应用。汪亚平等（2000）对胶州湾及其邻近海区的沉积物进行了粒度分析，并以 Gao-Collins 粒径趋势分析方法为基础，通过沉积物粒径趋势判断沉积物的净搬运方向。石学法等

（2002）、乔淑卿等（2010）和项立辉等（2015）均应用沉积物粒径趋势分析方法，分别研究了南黄海中部细粒沉积区、渤海底质沉积物，以及连云港近岸海域沉积物的输运趋势。近年来，许多学者还对粒径趋势分析模型进行了补充和改进。例如，Poizot等（2006）引入地统计方法计算了粒径趋势分析模型中平均粒径、分选系数和偏态系数等参数。马菲等（2008）利用地统计方法对北部湾东部海区沉积物粒径运移趋势进行了探讨，并指出使用地统计方法分析获得的粒度参数变程值物理意义较为明确，可作为粒径趋势分析模型的特征距离，其中分选系数变程值作为特征距离的计算结果与前人的海流、沉积物输运信息更为吻合，这在一定程度上消除了传统方法（试算法或经验估计法）获取特征距离可能造成的模型计算误差。闫吉顺等（2016）还以Microsoft Visual Studio 2010为开发平台，嵌入ArcGIS Engine集成组件，以Gao-Collins粒径趋势分析方法为基础，开发了沉积物粒度分析模型、半方差函数模型和沉积物粒径趋势分析模型，并应用该工具分析了大连市金石滩的沉积物粒径趋势。

1.1.2.2 沉积物矿物组成

1）黏土矿物

黏土矿物一般是指粒径小于2 μm的颗粒组分，绝大部分黏土为结晶、含水、具有层状晶体结构的铝硅酸盐矿物，具有颗粒微细、结构无序、成分多变、类质替换等特性，黏土常吸附微量金属元素。海洋中广泛分布的黏土矿物主要有高岭石、伊利石、蒙皂石、绿泥石、海绿石及其间层矿物。黏土矿物是海洋沉积物的重要组成部分，具有独特的物理化学性质，广泛分布于各种类型的海洋沉积物中。黏土矿物约占浅海区沉积物总量的1/3，是海洋沉积研究的重要内容之一（何良彪，1984）。黏土矿物形成于独特的海洋环境中，完整地记录了各种地质信息，其在物源、沉积环境、全球气候变化、海平面升降和洋流演化等研究中具有重要意义（李国刚，1990；周连成等，2009；Liu et al.，2010）。一般而言，黏土矿物对环境的指示意义主要体现在三个方面（吴月英等，2005；仝秀云，2010）。①对物源的指示：黏土矿物作为地表基岩风化作用的产物广泛存在于各种沉积环境中，其含量及组合特征可用来判断沉积物源。②对沉积环境的指示：由于不同黏土矿物的形成和保存对沉积环境水介质的pH和盐度有不同的要求，黏土矿物可作为沉积环境水介质酸碱度的指示标志。例如，高岭石一般指示热带和亚热带弱酸性沉积环境；伊利石常指示中性或弱碱性沉积环境。当沉积环境的水介质条件发生变化时，黏土矿物还会相互转化（周晓静等，2010）。在酸性淡水环境中，高岭石的稳定程度大于蒙皂石，蒙皂石会向高岭石转化；在碱性水环境中，蒙皂石比较稳定，高岭石则向蒙皂石转化。另外，黏土矿物颗粒细微，对水动力作用敏感，故也可借助其分布特征来判断沉积环境的水动力情况。③对古气候的指示：海洋沉积物中黏土矿物组合变化与长期气候演变存在一定的关系，黏土周期性沉积响应与地球轨道驱动因子作用有关，陆源黏土通量既受大陆冰盖厚度、海平面变化及环流强度的控制，又受源区物理、化学风化程度的影响。因此，黏土矿物组合的变化反映了源区气候冷、暖周期性变化，记录了搬运、再沉积和环境演化的重要信息，为古环境反演、古季风变迁，以及海陆对比提供了有力证据。一般认为，伊利石和蒙皂石的含量随气候变冷干而增加，而高岭石含量则随气候变暖湿而增加。

自从 Revelle 通过 X 射线衍射技术发现太平洋沉积物具有结晶性质，提出太平洋沉积物中存在黏土矿物，之后，国内外学者对大洋、近海、江河和湖泊等沉积物中的黏土矿物展开了研究。海底沉积物中的黏土矿物因蕴含着极其丰富的地球演变信息，而广泛应用于岩相古地理、古气候、古环境、地层对比和成岩成矿条件的研究中。Biscaye（1965）提出北大西洋为伊利石高含量区，绿泥石和伊利石可指示弱风化。Griffin（1968）等对世界大洋黏土矿物进行了全面研究，认为世界大洋中黏土矿物分布状况由碎屑输入和原地新矿物形成的比例决定；南半球高含量火山物质蚀变成蒙脱石，造成蒙脱石含量较高，而北半球海相沉积中伊利石含量较为丰富。Rateev（1969）根据地理分布将海洋沉积物中的黏土矿物划分为"赤道型黏土矿物"（高岭石和蒙脱石），以及"两极型黏土矿物"（伊利石和绿泥石）。Chamley（1980）的研究表明，伊利石结晶度有助于区分干燥寒冷气候与温暖湿潮气候。我国学者对黏土矿物的研究已基本覆盖中国近海海域。何良彪（1984）较早对渤海表层沉积物中的黏土矿物进行了研究，结果显示广泛存在于渤海中的黏土矿物主要包括伊利石、高岭石、绿泥石和蒙脱石四种，其中伊利石含量远高于其他矿物，是优势矿物。渤海是我国内海，受其他海区输入的影响较小，故其沉积物中的黏土矿物含量主要受物源控制，而分布特征则与水动力密切相关。韩宗珠等（2011）对渤海湾北部沉积物中黏土矿物组成特征和物质来源的研究表明，受渤海湾周边三条主要河流（滦河、海河和黄河）的影响，由于洋流和沉积物来源的不同，不同海区之间主要黏土矿物的含量差别较为明显。魏飞（2013）利用粒度、矿物学和沉积动力学等多种手段对渤海湾西部表层沉积物中的黏土矿物含量、分布特征及其沉积环境进行了较为系统的分析，并对沉积物的运移趋势和物质来源进行了探讨。林承坤（1992）在对黄海沉积物中黏土矿物进行鉴定的基础上，定量探明了黄海黏土沉积物的来源与分布，并绘出了黄海黏土沉积物分布图。该分布图显示，黄海黏土沉积物中，来源于长江的黏土沉积物分布面积占 56.5%，来源于黄河的黏土沉积物分布面积占 43.5%。时英民等（1989）根据主要黏土矿物的含量分布特征，将南黄海沉积物中的黏土矿物划分为五个组合区且组合区的分布范围与沉积环境大体一致。宋召军等（2008）与蓝先洪等（2011）对南黄海沉积物中黏土矿物组合特征、分布规律及其与物质来源关系的研究表明，南黄海沉积物中的伊利石含量最高，蒙皂石或高岭石次之，绿泥石含量最低。黏土矿物主要是陆源成因且物质主要来源于黄河和长江的供给，其中现代黄河物质及老黄河物质主要沉积于南黄海的西部和中部，而长江物质主要沉积于南黄海的西南部和中北部。朱凤冠等（1988）和周晓静等（2010）探讨了东海陆架区沉积物中黏土矿物的组成、分布特征与物质来源，并指出东海陆架区表层沉积物中的伊利石含量最高，绿泥石和蒙皂石次之，高岭石最低。东海陆架区的黏土沉积物可分为"类长江"与"类黄河"两种类型，其中类长江黏土沉积物主要分布在研究区中西部，而类黄河黏土沉积物主要分布在研究区东北部、东部和南部的部分区域。何锦文和唐志礼（1985）对南海东北部海区沉积物中黏土矿物的组合类型、分布特征、成因及物质来源进行了探讨。高水土（1987）对南海中部沉积物中黏土矿物的分布和组合的研究表明，沉积物中的黏土矿物主要来源于北部的亚洲大陆，其次是南海东部及南部邻近的岛屿。蒙脱石除源于大陆派生的岩石风化物外，主要来自火山物质的蚀变。周怀阳等（2004）对南海南部沉积物中黏土矿物的组成、物源及其古沉积信息记录的研究显示，研究区黏土矿物主要为陆源碎屑，埋藏过程中的成岩变化或黏土矿物自生特征不明显。加里曼丹岛、菲律宾东西两侧的火山群岛和湄公河流域为主要陆源的地质条件、风化环境及物质迁移途径的差异控制了研究区黏土矿物组成的时空变化。另外，沉积物中较高的蒙皂石含量对应地质历史上的暖期，较低的蒙皂石含量对应地质历史上的冷期，而伊利石的古海洋指示意义与蒙皂石相反。李国刚（1990）在对渤海、北黄海、南黄海、东海陆架、冲绳海槽、南海北部陆架及北部湾7个海域表层沉积物中的黏土矿物进行分析的基础上，绘制了中国近海表层沉积物中黏土矿物的分布图，并指出海洋沉积物中的黏土矿物组合与分布特征不仅能反映其陆上成因环境及其入海后的搬运途径，还能指示残留沉积形成时期的古气候和古环境特征。

2）碎屑矿物

碎屑矿物是指粒径大于2 μm，为大陆剥蚀区母岩风化后由各种营力（河流、波浪、海流和风等）搬运并沉积下来的矿物碎屑（陈丽蓉，2008），主要研究粒径为63~125 μm（李艳，2011）。广义上，海洋自生矿物也是其中的一部分，因为它们与碎屑矿物共生，呈碎屑颗粒状且不是生物碎屑。碎屑矿物作为海洋沉积物的重要组分，其含量与分布特征受多种因素的影响，而海底沉积环境的变化主要受沉积环境中的水动力条件及物理、化学和生物过程等多种因素的共同影响（徐茂有和陈友飞，1999）。沉积物中的碎屑矿物是物源和环境共同作用的产物，也是搬运过程中营力对沉积物长期作用的结果,因此碎屑矿物记录了海底沉积物的多种信息,其矿物组成、标型特征、矿物组合及分布规律可为解释沉积物物质来源、搬运堆积过程及沉积环境等提供有效信息,在海洋沉积作用、环境演变研究及海底砂矿资源勘探中具有重要意义,被海洋地质研究者广泛应用(朱而勤,1985;刘志杰等,2015)。

碎屑矿物包括重矿物和轻矿物。针对轻矿物组成的研究主要集中在沉积物石英含量及轻矿物成熟度的变化上。重矿物耐风化、稳定性强,不仅能保留丰富的母岩信息,还能反映沉积物运移过程的分异作用,在物源分析中占有重要地位。重矿物主要以机械搬运的方式脱离母岩区而进入沉积区。松散沉积物中碎屑矿物分为最稳定(或极稳定)矿物、稳定矿物、较稳定矿物和不稳定矿物四类。在搬运的过程中,不稳定重矿物逐渐发生机械磨蚀或化学分解,随搬运距离的增大,不稳定重矿物逐渐减少,稳定重矿物相对含量逐渐升高(何梦颖,2014)。重矿物组合特征在沉积物物源判别上具有重要作用,而源岩类型是影响重矿物组合的关键因素(Yang et al.,2009)。另外,重矿物组合和丰度在搬运沉积和成岩过程中往往受多种因素的影响,如物理分选、机械破碎和层间溶解等。为了减少这些作用对物源解释的影响,可利用在相似水动力条件和成岩作用下稳定性相差不大的重矿物比值来反映沉积物的物源特征,而这些比值称为重矿物特征指数,如 AT_i 指数、GZ_i 指数、ZTR_i 指数、RuZ_i 指数和 MZ_i 指数等。国外学者对碎屑矿物的研究始于 20 世纪初期,主要采用矿物成熟度指数、重矿物特征指数等方法来判别物源,并对矿物分布规律和沉积环境进行分析。Wentworth(1922)提出了碎屑矿物的分类方法。Dickinson 和 Suczek(1979)、Dickinson(1985,1988)通过统计石英、长石、单晶石英、多晶石英、沉积岩屑和火山岩屑等含量,制作 Dickinson 三角图来恢复沉积物源区的构造背景,这是物源分析中最常用的手段之一。Feng 和 Kerrich(1990)通过对碎屑矿物的分析,探讨了碎屑矿物对沉积物物源和沉积环境的指示意义。Dill(1998)指出碎屑矿物中的重矿物可应用于沉积物物源和沉积环境分析等领域。Ndjigui 等(2015)通过对喀麦隆南部萨纳加沿海沉积物碎屑矿物的分析,探讨了沉积物碎屑矿物的形成。Kobayashi 等(2016)研究了北冰洋西部和白令海北部沉积物中的碎屑矿物和沉积物颜色的分布特征。Franke 和 Dulce(2017)通过对沉积物碎屑矿物的分析,探讨了构造运动的循环过程。Fesharaki 等(2015)通过对马德里盆地沉积物碎屑矿物特征的研究,分析了该区物源与古气候变化的关系。

我国学者对海洋沉积物中碎屑矿物的研究始于 20 世纪 60 年代,主要在黄海、渤海、东海、南海北部陆架区与北部湾沉积物中的碎屑矿物组合、分布模式及影响因素等方面取得了许多成果(秦蕴珊和廖先贵,1962;陈丽蓉等,1980,

1982，1986；陈丽蓉，1989）。20世纪90年代以来，随着海洋矿物学的发展，碎屑矿物在沉积物的物源判别、输运扩散及海洋沉积环境演变等方面的研究均取得了重要进展。在物源判别及沉积物输运扩散方面，孙白云（1990）的研究指出，从黄河沉积物的特征矿物是方解石、珠江沉积物的特征矿物是β石英可看出，轻矿物在确定沉积物物源方面也具有重要意义。尹秀珍等（2007）对南黄海沉积物物源的分析表明，现代黄河物质对南黄海的影响范围小于长江物质，古黄河曾于晚更新世在苏北入海。王昆山等（2013）对杭州湾表层沉积物中碎屑矿物分布及物质来源的研究显示，研究区的沉积物以长江输入为主，湾内南部沉积物中混有钱塘江及周边河流的输入物质，岛屿侵蚀产物对沉积物碎屑矿物组成的影响有限。方建勇等（2012）对台湾海峡表层沉积物中碎屑矿物的研究发现，研究区沉积物的主要物质来源包括来自福建和台湾河流的入海泥沙、海峡两岸的侵蚀和剥蚀物质、韩江及部分浙闽沿岸流挟带的长江和钱塘江物质、台湾海峡晚更新世残留物及部分自生矿物等。王昆山等（2010）对黄河口及莱州湾表层沉积物中重矿物的研究表明，重矿物特别是云母类矿物可作为沉积物输送和扩散的指标，综合其他矿物分布特征可知，黄河入海沉积物的扩散趋势在南北向以北向为主要的输送方向，黄河口物质具有向东扩散的趋势。在指示沉积环境变化方面，孙白云（1990）的研究表明，黄河、长江和珠江三角洲沉积物中碎屑矿物的组合特征分别反映了碱性、弱酸性、酸性的物源环境，以及比较温凉干旱、温暖湿润和炎热多雨的气候特点。韦刚健等（2003）对南海碎屑沉积物化学组成的研究显示，南海碎屑物质主要来自华南地区的陆壳风化产物，其所表现出来的主量元素变化特征意味着在间冰期华南地区陆壳化学风化程度加强，反映了一种相对湿润的气候环境，而这种气候环境可能是间冰期东亚季风系统中的夏季风加强所致。

1.1.2.3 沉积物元素地球化学特征

海洋沉积物元素地球化学是海洋地质学的重要研究内容之一，它不仅可查明海洋沉积物的化学成分，了解元素的环境背景值，探讨元素的分布规律，还可提供各种重要的地质信息，如沉积物的物质来源及源区的风化程度、气候的干湿变化（张忆，2010）。海洋沉积物具有良好的连续性，所以包括海洋沉积物元素地球化学在内的各种海洋沉积物指标目前已成为研究全球气候变化的重要手段。沉积物元素地球化学是研究沉积物物源示踪的常用指标之一。沉积物的化学组成在不同气候环境及构造背景下具有不同的特征，通过对沉积物中的常量元素、微量元素、稀土元素和同位素的测定，研究沉积物的元素组成、相对含量及变化规律等可以判定物源区的地理位置及气候环境等信息，尤其是一些微量元素、稀土元素和亲石元素的稳定性强，在母岩风化、剥蚀、搬运、沉积及成岩过程中不易迁移,几乎被等量地转移到沉积物中,自生富集程度很低,基本反映了碎屑源区的地球化学特征,在沉积物的物源示踪研究中得到了广泛的运用(张现荣,2012;赖智荣,2019)。

国外对海洋沉积物元素地球化学的研究起步较早,在20世纪70年代便开展了海岸带沉积物的地球化学调查。Didyk等(1978)对海洋生物颗粒物的微量元素地球化学进行了研究,测定了微量元素在生物地球化学循环各重要阶段的主要元素比值,确定了生源颗粒物的主要元素和微量元素组成。Bhatia(1985)、Roser和Korsch(1988)的研究表明,泥质、砂泥质岩石中的K_2O、Na_2O、SiO_2、CaO、Al_2O_3、Fe_2O_3、MgO等的判别图可以用来区分大洋源区、岛弧源区和大陆边缘源区,并且在已知构造背景的情况下,还可通过判别函数来对物源区的母岩性质进行分析(火山岩物源或大陆石英质物源等)。Wood等(1997)研究了马来西亚与新加坡之间柔佛海峡的沉积物元素地球化学特征,认为沉积物中元素的含量与研究区基岩的性质、风化程度和人类活动物质的输入有关。Cho等(1999)对韩国西南部海岸大陆架海洋表层沉积物中V/Al的研究发现,黄海黏土沉积物中具有高V/Al的来自中国黄河,而具有高Mn/Al的主要来自朝鲜半岛的邻近海域。Araújo等(2007)研究了伊比利亚大陆架西北部沉积物中稀土元素的分布特征,并以此探讨了研究区大陆架沉积物的物源及其沉积过程。Rahman和Ishiga(2012a)探讨了日本濑户内海西部宇部、笠户和周防大岛海湾沉积物中13种元素的含量及分布,并研究了这些元素的可能来源及影响其分布的主控因素。Tripathy等(2014)对孟加拉湾沉积物中常量和微量元素特征的研究发现,不同时期沉积物的物源差异受构造和气候变化的影响显著,可以用Al与其他元素的比值和微量元素的比值来对物源进行限定,研究结果强调了气候与侵蚀之间的紧密联系。

国内对海洋沉积物元素地球化学的研究开始于20世纪80年代,且研究内容主要集中在元素丰度、影响因素识别以及物源分析等方面。在元素丰度方面,赵一阳和喻德科(1983)研究了半封闭的陆架浅海沉积物,通过对黄海62个表层沉积物样与其他海区、地壳、大陆岩石和大洋沉积物中12种化学元素含量进行比较发现,黄海沉积物元素丰度的分布模式与大陆地壳元素丰度的分布模式相似,体现了陆架浅海沉积物中元素的亲陆性。赵一阳等(2002)对中国近海沿岸沉积物元素地球化学特征的研究还显示,绝大多数元素的含量均随粒度由粗变细而逐渐增高,沉积物元素地球化学变异特征显示了元素的物源效应、气候效应和亲陆性。孔祥淮(2006)的研究表明,山东半岛东北部滨浅海区表层沉积物中的SiO_2含量随着粒径由粗变细而降低,其与研究区中值粒径的水平分布比较一致,而Al_2O_3含量的变化规律与SiO_2相反。窦衍光(2007)对长江口邻近海域沉积物中常量元素含量分布特征的研究表明，沉积物中常量元素组成以 SiO_2 和 Al_2O_3 为主，SiO_2 主要富集于中粗粒沉积组分中，而 Al_2O_3 主要赋存于细粒的黏土粒级组分中。在影响因素识别方面，陈平平等（2005）对黄海辐射沙洲烂沙洋水道区域的 3 个钻孔共 81 个沉积物样品进行了微量、常量元素分析和 ^{14}C 年代测定，指出突发事件（如风暴潮）的发生不但在沉积物的岩性上有所体现，而且在微量元素的含量变化上也有明显的体现。许淑梅等（2007）对长江口外缺氧区及其邻近海域表层沉积物的粒度、氧化还原敏感元素和亲碎屑元素进行了分析，指出氧化还原敏感元素分布的控制因素与亲碎屑元素明显不同，受粒度效应的制约很弱，主要受控于长江口外缺氧区的还原环境。王国庆等（2007）分析了长江口南支 130 个表层沉积物中的 20 种常量和微量元素，并应用系统聚类法对研究区域进行了元素地球化学分区，指出元素地球化学分区的结果主要体现了沉积环境中沉积动力条件与沉积介质物化性质两个环境要素空间分布的差异性。在物源分析方面，孟宪伟（1997）将冲绳海槽中部的沉积物划分为十个具有物源属性的元素组合地球化学分区，进而对其物源进行了分析。结果显示，各区元素组合的复杂性说明沉积物是陆源、生物源、热液源、火山源、自生源物质按不同比例混合而成的混合物。以海槽为界，西北侧主要是陆源、生物源物质分布；东南侧主要是火山源、热液源物质分布区；槽底是陆源、火山源、生物源、热液源和自生源物质混合分布区。高学民等（2000）的研究进一步指出，冲绳海槽中部的表层沉积物主要来源于陆架、生物源和火山热液源组分，且以陆源组分为主。李双林等（2002）对东海陆架 EA1 孔和 EA2 孔的常量和微量元素进行了分析，指出钻孔沉积物与现代黄河、长江沉积物均有亲缘关系，古气候的变化导致了古长江搬运物质成分的变化。王中波等（2004）对南黄海中部 YS1、YS2 和 YS3 岩芯常量元素组成与古环境的研究表明，YS1 和 YS2 的沉积物主要来源于长江和黄河，且黄河可能起主要作用；而 YS3 的沉积物主要来源于朝鲜半岛物质。刘建国等（2007）对渤海北部泥质区柱状沉积物的化学成分和粒度组成进行 R 型因子分析，得到三种主要组合类型，以 Ca、Ti 和 Mn 为代表，分别对应黄河物质影响、陆源细粒物质输入和海洋自生作用。渤海北部泥质区自早全新世之前便已开始沉积，并且主要沉积于高海面之前，受滦河物质输入的影响相对较强。

在当前人类活动对海岸带地区的影响不断加大的背景下，许多研究侧重于探讨近岸海区沉积物中重金属污染物和持久有机性污染物（persistent organic pollutants，POPs）的来源及其生态风险。曹芳（2008）对青岛近海表层沉积物中的 POPs 分布及来源进行了较为系统的研究。结果显示，石油来源和燃烧热解产生的多环芳烃（polycyclic aromatic hydrocarbons，PAHs）对青岛近海沉积物中的 PAHs 总量均有贡献，青岛胶州湾内及靠近黄岛工业区表层沉积物中的多氯联苯（polychlorinated biphenyls，PCBs）主要来源于工业石化项目及生活污水排放，而其他站位的 PCBs 主要来源于大气沉降。研究区沉积物中的 PAHs 和 PCBs 均处于较低污染水平，为低生态风险区。刘宪杰等（2016）对大连近海海域表层沉积物中 16 种 PAHs 的污染特征及来源的研究表明，靠近工业区海域沉积物中的 PAHs 浓度显著高于靠近城市及农村地区的海域，其污染源为石油泄漏造成的石油源、生物质及化石燃料燃烧形成的燃烧源和燃油燃烧形成的交通源。陈亮等（2016）对南海北部近海沉积物中重金属分布及来源的研究表明，研究区近岸海域存在 4 个重金属富集海域，分别位于珠江口海域、上川岛至海陵岛海域、琼州海峡东部及雷州半岛西部；琼州海峡周边海域沉积物中的重金属主要来自珠江径流输入且由珠江口向西至阳江近岸海域存在 3 个潜在生态危害中度风险区。李玉和李宏观（2016）对连云港近海沉积物重金属分布及来源的研究表明，研究区近海沉积物中多数重金属的污染水平处于轻度至中度污染水平，少数处于无污染状态或中度污染水平，且沉积物中重金属污染受人为源的影响显著。梁宪萌等（2017）梳理了中国近海沉积物中重金属来源的主要研究成果。结果显示，河口和海湾是沉积物重金属受人为来源影响剧烈的典型近海区域，不同定量解析方法得出的中国近海沉积物重金属的人为来源贡献率接近或超过 50%。研究还指出，当前中国近海沉积物中重金属源解析研究还存在源识别端元模糊、解析结果缺乏相应的可靠性评价等问题。

1.1.3 围填海对近岸海区沉积环境的影响

围填海对沉积环境的影响主要是直接改变邻近海域的沉积物类型和沉积特征，原来以潮流作用为主的细颗粒沉积区单一的细颗粒沉积物变为粗细混合沉积物，沉积物分选变差、频率趋势呈现无规律的多峰型，有的甚至将细颗粒沉积物全部覆盖，变成局部粗颗粒沉积物（陆荣华，2010）。蔡锋等（1992）研究了临海工程建设对厦门北面海域底质粒级组成的影响。结果显示，研究区陆续修建的临海工程对其沉积物组成影响明显，使其由粗粒组成向细粒组成变化。尤其是高集海堤的建设，导致泥沙大量淤积；海堤建成后，沉积物以粉砂和黏土占主导。大规模围填海活动的实施还可直接改变围填海区附近的海岸结构和潮流运动特征，影响潮差、水流和波浪等水动力条件，导致沉积环境发生明显改变。当前国内外的相关研究主要是将水动力与沉积环境相结合，探讨围填海对海岸及邻近海域沉积速率、沉积特征及冲淤与岸线演变等方面的影响（张明慧等，2012）。在沉积速率研究方面，Lee 等（1999）的研究表明，1984 年韩国西海岸的瑞山湾围垦工程在湾口修建长达 8 km 海堤后，使得低潮滩的沉积过程发生显著变化。潘少明等（2003）研究了围填海造地工程对香港维多利亚港现代沉积作用的影响，发现港口区海域的现代沉积速率明显高于其他区域，反映出围填海造地、海岸工程等造成的岸线变化是影响维多利亚港堆积侵蚀的主要因素。围填海对海岸及邻近海域沉积速率的影响还体现在同一时期多工程或不同时期多工程可累积减弱海湾纳潮量和沉积动力，增加悬浮泥沙的落淤机会，进而导致沉积速率的累积增加。丁平兴等（1997）基于二维全沙模型研究了近期、中期和远期沿岸工程对湛江湾冲淤变化的影响。结果表明，相对于近期工程影响，中期工程使得五里山港库坝下游区域的淤积显著增大，近湾口段的淤积区向湾内扩大，深槽淤积作用加强；远期工程使得麻斜以北区段淤积趋势变化不大，而近湾的主干和支汊的淤积作用进一步向内扩展。在冲淤与岸线变迁方面，一方面围填海导致近海海岛、沙坝等自然地貌消失，使得海岸线由自然形态变为人工修筑堤坝状态（Heuvel，1995；Kondo，1995）；另一方面不适当的吹填区域选择可严重改变海底地貌形态，破坏海底沉积环境平衡，引起新的海底、海岸侵蚀或淤积（Peng et al., 2005）。郭伟和朱大奎（2005）研究了深圳湾围垦工程对港湾回淤的影响。结果表明，西部海岸地区滩槽演变极为剧烈且不稳定性加强。季荣耀等（2008）基于波浪和潮流共同作用下的二维泥沙数学模型，对岛屿海岸工程引起的含沙量及海床冲淤变化进行了分析和预测。结果显示，已建防波堤工程使得海床演变以淤积作用为主，年淤积强度 $0.1 \sim 0.3$ m，已围填海造地工程使得海床以轻微冲刷为主。王诺等（2012）基于泥沙输运模型对大连海上机场离岸式人工岛建设影响的预测研究表明，人工岛的建设会使得金州湾内泥沙堆积且人工岛周围出现一定程度的冲刷。李拴虎（2013）基于 MIKE21 数值模型对湛江湾围填海工程建设前后湾口的冲淤特征进行了研究。结果显示，湛江湾围填海工程实施以后，湾口向湾外的输沙率减少，填海区湾内出现强烈淤积，湾外侵蚀率加大。

大规模围填海活动亦可对近岸海区的泥沙输移过程产生重要影响（陈斌，2008）。泥沙是营养盐和有机物的载体，其对污染物的迁移转化，以及元素地球化学特征可产生显著影响。围填海工程通常可降低海域的水交换能力和污染物自净能力，而围填海形成的水产养殖、港口码头和临港工业等活动又增大了海域内污染物的排放量，两种作用叠加导致近岸海区的沉积环境污染较为严重（侯西勇等，2018）。潘少明等（2003）的研究显示，在受围填海造地工程影响沉积速率较快的区域，沉积物中 Pb、Zn、Cu 等重金属的污染较为严重，如香港维多利亚港。刘明华（2010）的研究表明，辽东湾北部浅海区底泥中的 As 含量较高，高值区分布在锦州湾及附近，而这主要是频繁的围填海活动和陆源污染物排海所致。秦延文等（2012）对渤海湾围填海造成的沉积物重金属污染的研究显示，2011 年沉积物中的 Cu、Cd、Pb 含量均比 2003 年偏高，重金属污染趋于严重，

Cu、Zn 和 Cd 含量的高值区集中在渤海湾中部海域,而 Pb 含量的高值区主要集中在近岸河口和渤海湾中部及南部。

1.2 环渤海典型近岸海区沉积环境研究

1.2.1 环渤海典型近岸海区沉积环境研究意义

环渤海是我国经济发展最为迅速的地区之一,目前已经形成辽东半岛、京津唐和山东半岛三大城市群且区域内的辽宁沿海经济带、天津滨海新区、河北沿海地区(沧州渤海新区、曹妃甸新区),以及黄河三角洲高效生态经济区、山东半岛蓝色经济区("蓝黄战略")等均已上升为国家战略。持续过热的经济新区建设导致了对土地的强烈需求,驱动了环渤海大量围填海及人工造岛等开发活动,造成海岸线人工化和潮滩面积大幅度减少。据统计,仅 2010 年渤海周边海域的围填海面积就已超过 50 km²,规划面积更是高达 121.5 km²。2011 年尽管部分地区的围填海活动呈现缓和趋势,但天津滨海新区、莱州湾等区域的围填海活动仍呈加剧态势。国务院 2008 年正式批准的《曹妃甸循环经济示范区产业发展总体规划》的规划面积高达 1943 km²,陆域海岸线约为 80 km,计划在 2004~2020 年填海造陆 310 km²,建立以大港口、大钢铁、大化工和大电能为核心的工业区(侯西勇等,2018)。在《山东半岛蓝色经济区集中集约用海规划纲要》中,确定了"九大十小"集中集约用海区,计划到 2020 年,集中集约用海区海陆总面积约为 1500 km²,包括集中集约用海 700 km²。其中,龙口人工岛群工程批准用海面积为 44.29 km²,包括围填海面积为 35.23 km²,是我国批准建设的最大海上人工岛群(梁丽,2012;林源等,2015)。另外,环渤海三省一市(山东省、天津市、河北省、辽宁省)获国务院批复的 2011~2020 年建设用围填海指标合计高达 839.5 km²(侯西勇等,2018)。

渤海周边入海河流众多,而在众多入海河流中,黄河、海河和辽河是较大河流,形成了渤海沿岸三大水系和三大海湾生态系统。其中,黄河的径流量和输沙量最大,其对于渤海湾、莱州湾甚至辽东湾海区的沉积环境均可产生重要影响。入海河流每年挟带大量泥沙堆积于三个海湾,在湾顶处形成宽广的辽河口三角洲、黄河口三角洲和海河口三角洲。由于人类活动和自然因素的影响,渤海周边入海河流的径流量和输沙量年际差异明显,其对河口三角洲及河口近岸海区的沉积环境均可产生深刻影响。例如,1983 年黄河入海年径流量高达 491×10^8 m³,之后整体呈波动递减趋势并于 1996 年前一直维持在 200×10^8 m³ 左右。1986~

1999 年，除 1986 年和 1990 年未出现断流外，其他年份均出现断流且断流天数持续增加，其在 1991 年、1995 年和 1996 年的断流天数分别达 82 d、122 d 和 133 d。1997 年，断流时间长达 226 d，更是首次出现汛期断流，断流河道长达 704 km（尹延鸿和亓发庆，2001）。1997~2002 年，黄河年径流量低于 100×10^8 m³。2001 年，小浪底水库正式建成使用。为了减少小浪底水库库区和黄河下游河床的淤积，并增大河床主槽的行洪能力，2002 年水利部黄河水利委员会实施了调水调沙工程，主要是利用工程设施和调度手段，通过水流冲击将水库泥沙和河床淤沙输送至河口及近岸海域。2002~2016 年，历时 15 年共实施了 18 次调水调沙工程（表 1-1）。调水调沙工程的长期实施，不但极大减少了库区淤积、冲刷了下游河道主槽、提高了河道行洪及过沙能力，而且增加了河口三角洲面积，并对河口及河口近岸海区的沉积环境产生了深刻影响。

表 1-1 2002~2016 年黄河调水调沙工程实施时间及持续天数

年份	2002	2003	2004	2005	2006	2007	2008	2009
时间（月.日）	7.4~7.15	9.6~9.18	6.19~6.29 7.2~7.13	6.16~7.1	6.16~7.5	6.19~7.7	6.19~7.3	6.19~7.5
天数/d	12	13	23	16	20	19	15	17
年份	2010	2011	2012	2013	2014	2015	2016	2002~2016
时间（月.日）	6.19~7.8 7.24~8.23 8.11~8.21	6.19~7.11	6.19~7.9	6.19~7.10	6.29~7.12	6.29~7.16	6.29~7.15	—
天数/d	62	23	21	22	14	18	17	312

由于围填海和河口三角洲的增长，渤海总面积自 20 世纪 40 年代至 2014 年持续减少，近 70 年萎缩了 5700 km²，萎缩速率达 82 km²/a，而 2000 年以来的萎缩速率更是高达 141 km²/a。渤海中的岛屿面积以 1990 年为转折可分为两个阶段：第一阶段的岛屿面积急剧减少，由 20 世纪 40 年代的 461.10 km² 减少为 1990 年的 93.84 km²，主要原因是围填海导致某些近岸岛屿被吞并；1990 年之后为第二阶段，由于岛屿周边围填海及人工岛建设等，岛屿面积开始增长，至 2014 年岛屿面积已达 153.04 km²（图 1-1）。另外，由于黄河三角洲增长和围填海方式的改变，1990 年以来的渤海海岸线总长度呈稳定增长趋势，其值从 1990 年的 2545 km 增加到 2014 年的 3467 km。然而，自然岸线的长度急剧下降，由 1990 年的 1397 km 减少为 2014 年的 561 km，占岸线总长度的比例由 54.92% 下降为 16.18%（侯西勇等，2014）。环渤海近岸岸线变化的热点区域主要有 6 个：①辽东半岛，主要是大连市辖区与瓦房店市的岸段，包括金州湾、普兰店湾、葫芦山

湾和复州湾等,主要受围填海及近岸岛屿陆连过程的影响;②辽河口-双台子河口-大凌河口岸段,主要受河口三角洲冲淤变化及围填海等的影响;③唐山市岸段,以滩涂开发和围填海发展港口和临港产业等为主要特征;④天津市岸段,以河口改造、滩涂开发和围填海发展港口和临港产业及为城市发展提供空间等为主要特征;⑤黄河三角洲,是河口三角洲发育、围填海和海岸侵蚀等共同作用的结果,呈现出较为复杂的格局-过程特征;⑥莱州湾南岸,以围填海发展盐业和养殖业为主要特征,局部存在严重的海岸侵蚀(Hou et al., 2016)。其中,黄河三角洲和辽河口-双台子河口-大凌河口岸段早期是以河口水文等自然过程为主导,但人类活动的影响逐渐增强并已上升为主导因素;而其他4个热点区域则一直受人类活动的影响和驱动。在变化幅度方面,分布在渤海西部和西南部的热点区域(渤海湾、黄河三角洲和莱州湾)的变化幅度最为显著,尤其是最近几十年来,海岸线变化幅度剧烈,在整个渤海的形态变化中居主导地位(侯西勇等,2016)。

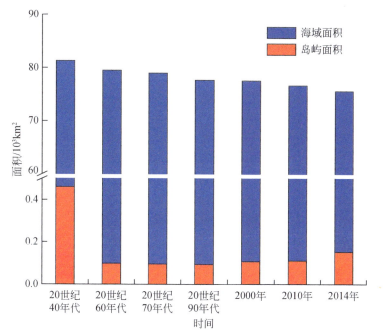

图1-1　20世纪40年代以来渤海面积变化
资料来源:侯西勇等(2018)

综上可知,环渤海近岸海区面临着大规模围填海及人工岛建设、河口三角洲增长、海岸侵蚀,以及人类活动干扰等多重压力。然而,目前对于复合压力条件下环渤海近岸海区环境与生态效应的科学研究相对滞后,特别是针对围填海工程、人工岛建设、入海河流冲淤变化和调水调沙工程等对典型海区沉积环境的影响研究还比较缺乏。为此，本书以环渤海典型近岸海区（辽东湾近岸海区、曹妃甸近岸海区、龙口湾近岸海区和黄河口近岸海区）为研究重点，探讨了自然或人类活动影响下近岸海区的沉积环境特征，研究成果为保障"渤海环境保护"，以及辽宁沿海经济带、天津滨海新区和山东蓝黄经济区等国家战略的顺利实施提供重要科学依据。

1.2.2 典型近岸海区沉积环境研究

我国在渤海海区的研究工作开展较早，20世纪60年代就有学者曾对渤海湾海底沉积作用进行了初步探讨（秦蕴珊和廖先贵，1962）。80年代，关于渤海沉积物的矿物组合特征及其分布模式的研究工作逐步系统，并在物源与扩散路径等方面取得了很多成果，但对成因的解释仍不够深入（陈丽蓉等，1980，1986；秦蕴珊等，1985；陈丽蓉，1989）。90年代，关于渤海沉积物类型、组合特征、分布规律及其影响因素的研究不断深入。例如，尹延鸿和周青伟（1994）研究发现，渤海东部的沉积物类型比较复杂，从粗粒级的砾石至细粒级的黏土皆有发育，共有14种类型。水动力条件特别是海流流向及流速是影响研究区沉积物类型分布的主要因素。赵保仁等（1995）根据80年代以来的实测海流资料阐明了渤海环流和潮余流的分布特征及其与沉积物输运之间的关系，指出渤海环流趋势与渤海沉积物分布相一致，而渤海沿岸主要入海河流的特征矿物分布正是渤海环流存在的最好佐证。2000年以来，关于渤海海区沉积物的研究取得了大量成果，且现有研究主要集中于对全新世以来渤海湾沉积物粒度特征（刘建国等，2006）、中更新世晚期以来渤海西岸海相地层与沉积环境演化（陈永胜，2012）、渤海湾西岸全新统沉积特征及环境演化（鲁庆伟等，2017）、渤海湾近岸海域现代沉积速率（李建芬等，2004；郁滨赫，2013），以及渤海湾西岸潮间带沉积物粒度分布（雷坤等，2006）等的探讨。例如，刘建国（2007）对全新世渤海泥质区中沉积物物质组成特征、物质来源、形成历史及其环境响应的研究显示，在早全新世期间黄河曾流经渤海南部，其挟带泥沙对渤海沉积作用造成一定影响，但不同位置沉积环境及所受黄河影响的大小存在差异。乔淑卿等（2010）探讨了渤海底质沉积物的分布特征和输运趋势，指出渤海细粒级沉积区为渤海的现代沉积中心，周边沉积物有向这个沉积中心汇聚的输运趋势，且这种沉积物分布格局和输运趋势主要受潮流和渤海环流的控制。

关于渤海沉积物元素地球化学的研究开展也较早，研究成果也比较丰富。吴景阳和李云飞（1985）对渤海湾沉积物中重金属分布模式的研究显示，渤海湾沉积环境及沉积物粒度组成控制着 Fe、Mn、Zn、Cr、Cu、Ni、Pb、Co、Cd 等元素的自然背景分布。李淑媛等（1996）基于1979～1985年采集的渤海未扰动岩心样品，提出了渤海细颗粒（粒径<0.063 mm）沉积物中Cu、Pb、Zn和Cd的环境背景值，并探讨了渤海重点海域和毗邻河口区沉积物的重金属污染历史。徐亚岩等（2012）对渤海湾沉积物中不同形态重金属地球化学特征的研究表明，重金属在渤海湾中央的泥质区富集，自然来源是控制V、Ni、Cu、Pb、Co和Cd分布的主要因素，Zn、Cr较易受环境变化或人为输入等影响，而Pb作为大气沉降和陆源均可能输入的重金属，其受控因素与其他元素存在一定差异。蓝先洪等（2015）对渤海东部及黄海北部海域沉积物常量元素组成特征及其与物源关系的研究发现，K_2O/CaO揭示了黄河物质影响自南至北和自西向东呈逐渐减弱趋势，其中研究区西南部和北黄海中西部受黄河物质影响较强，而北黄海东部沉积物更多受鸭绿江物质的影响。Duan和Li（2017）对几十年来渤海表层沉积物中重金属分布及来源的分析发现，沉积物中重金属含量的高值区主要出现在渤海湾和渤海中部，且2000年以后沉积物中重金属的分布特征与20世纪80年代存在显著差异。在过去的几十年中，渤海沉积物中重金属的来源发生了显著改变。此外，不同学者还围绕渤海湾南部或渤海中部表层沉积物中重金属分布及风险评估（Hu et al.，2013a；Liu et al.，2016；Li et al.，2019）、渤海滨海沉积物中重金属来源及地球化学形态（Hu et al.，2017）、渤海沉积物中重金属输运机制（Li et al.，2019）及渤海湾潮间带及海洋沉积物中稀土元素分布（Zhang et al.，2014；Xu et al.，2012）等进行了较为系统的研究。

综上所述，尽管目前关于渤海海区沉积环境及沉积物元素地球化学特征已开展了许多工作，但相关研究在渤海不同海区存在着不均衡性且研究内容的侧重点也有所不同。近年来，伴随着国际大陆边缘计划的开展，我国对边缘海沉积环境开始了新一轮更加全面和详尽的成因揭示。该方面的研究不再局限于长江、黄河、渤海、黄海和南海这样的大江大河入海，而是更多关注中小型入海河流沉积物组成特征及其对边缘海沉积环境的影响。在此背景下，对于近年来围填海活动和入海河流人为干扰增强条件下的环渤海近岸海区沉积环境及沉积物元素地球化学特征的研究亟须深入开展。

1.2.2.1 辽东湾近岸海区

辽东湾近岸海区是渤海北部海区的主要组成部分，目前对其沉积物的研究工作已取得了很多成果。刘京鹏（2015）探讨了辽东湾晚第四纪以来的沉积环境演化，指出辽东湾自晚更新世以来的沉积环境经历了河湖相-海陆交互相-湖泊相/河漫滩-浅海相的沉积演化过程。徐东浩等（2012）将辽东湾划分为湾顶泥质沉积区、西岸砂质沉积区、渤海泥质沉积区、辽东浅滩砂质沉积区和残留过渡沉积区，并指出辽东湾表层沉积物的粒度分布趋势主要受物源和海洋动力的双重控制。张子鹏（2013）对辽东湾北部现代沉积作用的研究表明，河控作用减弱、潮控作用加强是辽东湾北部沉积环境改变的显著特点，而人类活动（修建水库和围填海）是改变和再塑辽东湾北部现代沉积格局和沉积作用的重要影响因素。此外，不同学者还围绕辽东湾海底地貌特征、地形分区特征及成因（符文侠等，1993；栾振东等，2012），沉积物矿物组合特征、分区及其对物源的指示（宋云香等，1987，1997；任玉民等，1987；何宝林和刘国贤，1991；王利波等，2013，2014；刘忠诚等，2014），以及辽东湾西岸典型岬湾海滩（刘世昊等，2014）、东部砂质区（窦衍光等，2013）和东南部复州湾（李琰等，2013）沉积物粒度特征与沉积环境等进行了较为系统的研究。尽管现有研究已围绕辽东湾周边河流或滨岸带沉积物（王利波等，2013；刘忠诚等，2014），以及辽东湾海区沉积物（王利波等，2014）的碎屑矿物组成特征进行了一定的研究，但对涉及河流、河口滨岸带及海区不同单元的近岸沉积物矿物组成特征的系统研究较少。

辽东湾滩涂宽广，海水养殖、围垦均有一定规模，加之近年来周边社会经济快速发展导致的工业排放、农业面源污染、化石燃料燃烧和航运等因素的影响，沉积物元素地球化学特征发生了较大变化。1988~1999 年，辽东湾浅水区沉积物中重金属的生态危害轻微，对生态影响较小，Cd 逐渐取代 Hg 成为主要污染物（冯慕华，2003）。相比大连湾，辽东湾养殖水域沉积物及海水中的有机氯农药（organic chlorinated pesticides，OCPs）污染均较大连湾突出（吕景才等，2002）。2003 年的研究显示，辽东湾入海河流河口底质中 Cd 污染最为严重，其次是 Zn 和 Pb 污染，湾内西北和北部河口污染较重（周秀艳等，2004a）。相关研究进一步表明，大凌河口、辽河口的污染程度和潜在生态风险略高，双台子河口及小凌河口等的污染程度及潜在生态风险较低（周秀艳等，2004b）。与环渤海典型区域相比，辽东湾是环渤海潮间带沉积物中重金属含量的高值区，其中 Cd 处于偏中度污染水平（张雷等，2011）。辽东湾表层沉积物中的重金属含量在空间分布上存在明显梯度，其空间分布模式受沉积物细颗粒组分、有机质含量及与河口间距离等因素的制约，其中 Pb、Cd、Ag 和 Hg 为中度富集，As 为轻度富集（胡宁静等，2010）。孙钦帮等（2015）对 2009 年春、秋季辽东湾西部海域沉积物中重金属污染风险的研究还表明，Cd 为中等风险等级，Cu、Pb 和 Zn 为较低风险等级；近岸及河口海域的生态风险等级相对较高。另外，张现荣等（2014）还对辽东湾东南部海域柱状沉积物中稀土元素的地球化学特征、控制因素及其物质来源进行了探讨。在过去几十年中，关于辽东湾沉积物元素地球化学尤其是辽东湾北部、南部、河口和潮间带沉积物重金属地球化学的研究已取得了丰富成果（蓝先洪等，2016），现有研究主要集中在辽东湾北部和河口表层沉积物中重金属的分布和污染评估方面，而对整个辽东湾近岸海区元素地球化学特征的系统研究还比较缺乏。

综上可知，目前人类活动已成为改变和再塑辽东湾现代沉积格局和沉积作用的重要影响因素，特别是围填海活动重新塑造了海岸的自然形态和空间分布格局，限制了近岸浅水区物质参与现代沉积的能力，并间接影响了沉积速率变化、碎屑矿物的动力分异及元素的地球化学富集与迁移。在当前日益关注中小型入海河流沉积物组成特征及其对边缘海沉积环境影响的研究背景下，对于受入海河流冲淤变化及围填海活动强烈影响下连接河流、河口滨岸带及海区的辽东湾近岸沉积物矿物组成特征、元素地球化学特征及其影响因素的系统研究还有待进一步加强。

1.2.2.2 曹妃甸近岸海区

渤海湾湾口曹妃甸岬角地貌特征明显，紧贴甸头前沿发育有渤海湾最深的巨型潮汐深槽。该深槽的发育有着一定的地质构造基础，曹妃甸沙岛形成的岬角地貌构成了深槽的边界条件，由此引起的局部潮流增大成为深槽形成与维持的主要动力条件。曹妃甸深槽长期以来边界条件与动力条件已基本适应，周边滩槽基本稳定，海床以轻微冲刷态势为主（季荣耀等，2011a）。自 2007 年曹妃甸近岸海区实施大规模围填海工程以来，曹妃甸浅滩潮道和深槽区成为研究的热点。尹延鸿（2009）对曹妃甸在围填海过程中出现的问题进行了深入分析，并着重指出曹妃甸浅滩潮道是浅滩区的重要潮流通道，保留其畅通对保护老龙沟深槽港口潜力区和近岸海洋环境具有重要作用。季荣耀等（2011a）的研究指出，随着曹妃甸港区开发的不断深入，各种工程建设对深槽冲淤演变的影响虽日益增强，但由于并未改变曹妃甸深槽的边界条件及动力形成机制，深槽稳定性良好。王斌（2007）的研究表明，曹妃甸局部海域在围海工程实施后虽存在一定的冲淤变化，但其滩槽多年来一直保持基本稳定，总体格局未改变，而这种格局的保持与其波流动力作用密切相关。另外，不同学者还围绕围填海工程实施对曹妃甸岸线变迁（朱高儒和许学工，2012；吴越等，2013）、近岸海区动力地貌及现代沉积作用（张宁等，2009；侯庆志等，2013）、老龙沟深槽地形变化（尹延鸿等，2011，2012；尹聪等，2012）、老龙沟潮汐通道拦门沙演变（季荣耀等，2011b）和海洋水动力（王斌，2007；赵鑫等，2013）等方面的影响进行了较为深入的研究。曹妃甸近岸海区岸线变迁的研究显示，曹妃甸已由原来仅在退潮时出露的小岛变为向海突出较为明显的人工岛，近岸水深变化明显，甸头海区冲刷明显，深度有加深的趋势。针对曹妃甸近岸海区实施围填海工程以来潮流通道及潮流大小的研究发现，老龙沟附近海区由于围填海工程实施过程中保留了原有通道，海区附近潮流流向虽未发生明显改变，但潮流通道变窄，纳潮量减少，潮流流速减缓（陆永军等，2009）。

目前，关于渤海湾较大尺度的沉积环境研究虽已涉及曹妃甸近岸海区，但针对曹妃甸近岸海区沉积环境的较小尺度研究相对较少。施建堂（1987）对渤海湾西部海区表层沉积物粒度、重矿物及黏土矿物的分析表明，渤海湾西部海域的现代沉积物主要来源于陆源碎屑物，而沉积物的分布格局与沿岸入海河流的性质、海洋动力作用和海底地形密切相关。邹昊（2009）对渤海湾北部沉积物分布特征及沉积环境的研究表明，沉积物粒度由北向南呈递减趋势且其分布主要受水动力和物源的影响。研究区的不稳定矿物含量较高，矿物成熟度较低，说明沉积物搬运距离较短，水动力分选作用不强。韩宗珠等（2011）对渤海湾北部表层沉积物中黏土矿物组成与物源的分析表明，研究区可划分为3个沉积区，分别代表不同的沉积物来源：北部沿岸为滦河-海河物源区；中部和东部为黄河-海河物源区；西部沿岸为海河物源区。该矿物分布和组合特征显示了渤海湾环流对海河、黄河和滦河来源物质的搬运和扩散作用。韩宗珠等（2013）对渤海湾北部沉积物重矿物特征及物源的分析还表明，研究区可划分为3个重矿物区：Ⅰ区以高含量的辉石类、帘石类、金属类、稳定矿物为特征，主要受来自滦河的物源影响；Ⅱ区以高含量的角闪石类、云母类矿物为特征，主要物源来自海河-黄河；Ⅲ区各种矿物含量中等，受多种因素影响，为混合物源。刘宪斌等（2016）对曹妃甸近岸海域表层沉积物粒度特征及沉积环境的研究指出，与2007年大规模人工填海初期的沉积环境相比，沉积物类型变单一、组分粗化，说明人工填海工程对曹妃甸近岸海域的沉积环境的确存在较大影响。另外，当前关于渤海湾沉积物元素地球化学的研究主要集中在渤海湾西部（张效龙等，2010；王小静等，2015；彭士涛等，2009；毛天宇等，2009；安立会等，2010；盛晶瑾，2010），而针对曹妃甸近岸海域沉积物元素地球化学的相关研究较少。例如，于文金等（2011）等的研究发现，曹妃甸老龙沟2007年沉积物中Hg和Cr污染较为严重。陈燕珍等（2015）对2004~2011年曹妃甸工业区附近海域沉积物中重金属含量的研究表明，2011年沉积物中的Cu、Pb、Zn、Cd和Hg平均含量均高于渤海湾沉积物重金属的环境背景值，Hg为主要污染物且具有较强的生态危害。Li等（2014）的研究还表明，曹妃甸近岸海区沉积物中的Pb含量在2005~2012年呈增加趋势。

综上可知，大规模围填海工程已在一定程度上改变了曹妃甸近岸海区的潮流系统，而潮流系统的变化必然会改变近岸的海底动力地貌，并对近岸海区的沉积环境产生深刻影响。随着曹妃甸围填海工程的长期、大规模进行，其近岸海区的沉积物特别是表层沉积物的矿物组成及元素地球化学特征可能会继续发生较大改变，但变化程度有待进一步开展相关研究。

1.2.2.3　龙口湾近岸海区

目前，莱州湾较大尺度的沉积环境研究已开展了许多工作，且主要侧重于莱州湾沉积及动力条件（卢晓东等，2008；冯秀丽等，2009；王中波等，2010；陈明波，2012；张盼等，2014；Gao et al.，2019）、悬浮泥沙分布（江文胜和王厚杰，2005；刘艳霞等，2013）、沉积物矿物组合特征（王昆山等，2010；冯利等，2018）、海岸地貌演变（李蒙蒙等，2013）以及海岸侵蚀（丰爱平等，2006）等方面，在研究区域上又多集中于受黄河口影响的莱州湾海域，而涉及莱州湾东部海域的研究相对较少。例如，王昆山等（2010）关于黄河口及莱州湾沉积物中重矿物分布及组合分区的研究显示，沉积物的主要物质来源为黄河口输入物质，而莱州湾西南部河流输入物质和山东半岛西部岛屿冲刷产物为次要物质来源。冯利等（2018）关于莱州湾沉积物粒度和黏土矿物分布及运移趋势的分析亦表明，沉积物整体呈由岸向海输运的趋势，黄河输沙、周围入海河流输沙以及沿岸冲刷物质是沉积物的主要来源。张盼等（2014）对莱州湾西南部现代沉积环境的研究还表明，沉积物的平均粒径由近岸向莱州湾中部逐步变细，从南向北呈现粗—细—粗的变化趋势，其水动力环境表现为波浪作用减弱，潮流作用逐渐增强，而沉积物物源则由近岸河流、岸滩侵蚀来沙为主变为以黄河悬浮-再悬浮物质为主。另外，关于莱州湾沉积物元素地球化学也开展了大量研究，且现有研究已涉及沉积物中有机质的来源（张明亮等，2014；吕双燕等，2017）以及重金属（刘峰等，2004；罗先香等，2010；胡宁静等，2011；Wang et al.，2017）、PAH$_s$（Liu et al.，2009）和邻苯二甲酸酯（phthalic acid esters，PAEs）（肖晓彤等，2010；Zhang et al.，2020）的空间分布及生态风险。

当前，关于莱州湾东部海域沉积环境的研究已涉及龙口湾近岸海区且研究内容主要集中于龙口湾泥沙来源（王文海等，1988）、沿岸输沙（冯秀丽等，2009）、潮流潮汐特征（李秀亭和丰鉴章，1994；王钟棋，2000）、泥沙冲淤特征（刘凤岳，1994；边淑华等，2006；安永宁等，2010；周广镇等，2014）以及沉积动力格局（陈明波，2012）等方面。例如，冯秀丽等（2009）对莱州湾东岸沿岸输沙率及冲淤演化的分析表明，屺姆岛南侧西端略有冲刷，龙口湾顶基本无泥沙进出，招远岸段遭受严重侵蚀，而石虎嘴处于淤积状态。陈明波（2012）关于莱州浅滩对莱州湾东部沉积动力格局控制作用的进一步研究表明，屺姆岛高角年冲刷量小于 2 cm，龙口湾基本上处于冲淤平衡状态；界河口至石虎嘴近岸，年最大冲刷量约 10 cm；石虎嘴至三山岛近岸年淤积厚度小于 12 cm，刁龙嘴近岸年最大冲刷量约 4 cm。莱州浅滩东北侧年最大淤积厚度约 2.5 cm，浅滩西南侧年最大冲刷量可达 5 cm，西北端年最大淤积厚度可达 9.5 cm，太平湾内基本上处于冲淤平衡状态。安永宁等（2010）基于 MIKE21 数学模型对人工岛群建设前后龙口湾海域潮流场和海底冲淤变化特征的研究指出，人工岛群建成后，其北侧和西南侧海域以淤积为主，西侧海域以冲刷为主；人工水道内部在西南向大风情况下淤积较为严重；界河口两侧沿岸输沙率差别较大；由界河口来沙和沿岸输沙引起的岛陆间水道的淤积速率约为 12.5 cm/a。周广镇等（2014）的研究还表明，受填海工程的影响，龙口湾内有轻微淤积，界河至石虎嘴近岸海域的波浪和潮流受工程影响而变小，冲刷强度变弱。尽管关于莱州湾较大尺度沉积物元素地球化学的相关研究已涉及龙口湾近岸海区，但针对龙口湾近岸海区沉积物元素地球化学的较小尺度研究较小。例如，程波（1989）对龙口湾表层沉积物中硫化物、N、P、石油、Cu、Pb、Zn、Cd 和其他有机质等化学要素进行了研究，并探讨了其相关性及主要影响因素。邹艳梅等（2020）对龙口湾沉积物中烃类物质（正构烷烃和 PAHs）的来源及风险进行了探讨，指出沉积物中正构烷烃属于陆源、海源和石油烃混合来源，而 PAHs 主要属于石油和燃烧源的混合来源。在当前的海洋开发活动下，龙口湾沉积物中的 PAHs 虽具有一定的潜在毒性，但仍处于安全水平内。

综上可知，尽管已有一些关于龙口湾沉积环境的研究，但关于大规模离岸人工岛群建设对龙口湾近岸海区沉积环境特别是矿物组合特征的影响的研究还不多见。离岸人工岛群的建设必然会改变龙口湾的自然岸线，并对湾内水动力及泥沙运移产生很大影响，从而导致湾内及周边海区潮流场和冲淤特征的变化。随着龙口湾离岸人工岛群建设规模的不断扩大，其近岸海区的沉积物特别是表层沉积物的矿物组成以及元素地球化学特征可能会发生较大改变，而对其进行研究将有助于明确龙口湾的冲淤特征对人工岛建设的响应。

1.2.2.4 黄河口近岸海区

黄河口及其近岸海区的沉积环境特别是水下岸坡的演化既受到黄河入海水沙的影响也受到海洋水动力的影响。20 世纪 70 年代以来，许多学者在黄河口及其邻近海区进行了大量调查研究，并在沉积动力方面取得了一系列成果。庞家珍和司书亨（1980）对黄河口水动力特征以及泥沙扩散与淤积过程进行了研究。李泽刚（1984）探讨了黄河口附近海区的潮流特性、分布规律以及输沙作用。杨作升等（1985）确定了黄河口海区细粒级沉积物的成分特征及分布特点，提出了黄河口沉积物运移受海流和黄河入海密度流影响的观点。刘凤岳（1989）基于多年海流及地形观测资料分析了黄河三角洲滨海区的流场分布及泥沙运动规律，指出黄河的河口区是泥沙直接沉积区，而在海洋动力作用下，泥沙沉积再搬运后沿岸作长距离的输移运动。此外，不同学者还对黄河口及其附近海域的沉积环境进行了较多研究。薛春汀等（1988）探讨了黄河三角洲第四系垦利组陆相沉积物与海平面变化的关系。万延森（1989）研究了黄河自1855年夺大清河流入渤海以来河流堆积砂体的形成时间、变化特征及沉积形式。

黄世光和王志豪（1990）通过比较和分析历史海图，探讨了黄河三角洲海域的冲淤变化规律。康兴伦等（1988）和李栓科（1989）对近代黄河三角洲的沉积特征以及黄河口海域的沉积速率进行了深入研究。

20世纪90年代以来，随着调查手段的进步以及研究方法、理论的不断发展，黄河口近岸海区的沉积环境研究取得了丰富成果，且这些研究主要集中在两方面：一是河口水动力环境及其对悬沙的输移扩散。李广雪等（1994）和Li等（2001）在黄河口发现了明显的潮流切变锋，进而探讨了切变锋的成因、运动规律及其对悬沙的聚集和积累作用。李国胜等（2005）基于数值模拟方法研究了黄河入海泥沙的输运扩散过程，发现泥沙扩散的方向和强度明显受余流方向和强度的控制。Wang等（2007）在探讨黄河口切变带悬沙分布模式时指出，由于切变带的作用，切变带内外潮流、悬沙浓度、盐度及泥沙通量不同。切变带是阻隔河流泥沙向深水扩散的有效屏障，是影响河口演变的重要因素。Bi等（2010）通过对正常流量时期黄河三角洲附近海域泥沙扩散方式及其动力机制的研究显示，沿岸潮流和切变锋是黄河三角洲近岸泥沙扩散的主控因素，且大部分以低密度流入海的泥沙由于切变锋的阻隔在5 m等深线附近沉积。Yang等（2017）探讨了调水调沙工程实施前后黄河口岸线及悬沙浓度的变化特征。二是河口动力沉积及水下三角洲演变。李广雪和薛春汀（1993）通过对比多年水下实测数据，研究了黄河水下三角洲现今活动叶瓣沉积厚度、沉积速率和砂体形态。Li等（1998a，1998b，2000）探讨了黄河三角洲河口、水下三角洲以及废弃水下三角洲的动力沉积特征。李安龙等（2004）基于遥感影像对黄河1964~1976年形成的三角洲叶瓣的侵蚀进行了研究。陈小英等（2006）结合黄河三角洲滨海区沉积物组成和水动力特征将其划分为废弃三角洲滨海区、现行河口区和莱州湾滨海区三个沉积环境，并探讨了沉积物分布规律及其动力机制。王厚杰等（2010）通过数值模拟方法研究了波浪在黄河废弃水下三角洲演变中的动力机制。刘锋（2012）基于2004~2011年黄河口及其邻近海域的水文泥沙观测资料以及水下三角洲地形数据，系统研究了黄河口及其邻近海域悬沙输移扩散过程、动力沉积特征以及地貌演变规律。近年来，关于黄河口及其近岸海区沉积物元素地球化学也开展了很多工作，且这些研究主要涉及沉积物中有机质来源（Liu et al., 2015；Xing et al., 2016）、营养盐时空分布（Wang et al., 2017）以及重金属（汤爱坤，2011；张亚南，2013；吴斌等，2013；Lin et al., 2016；Bi et al., 2017）和石油烃（Wang et al.，2017）的空间分布及生态风险。在研究区域上，现有研究多集中于河口区，而对近岸海区的研究相对较弱，特别是针对调水调沙工程影响下黄河尾闾河道−河口−近岸海区沉积物元素地球化学的系统研究还较少。

综上可知，尽管当前关于黄河口近岸海区的沉积环境已开展了一些研究，但关于调水调沙工程对黄河口近岸海区沉积环境（特别是矿物组合特征以及元素地球化学特征）的影响研究还比较缺乏。自 2002 年调水调沙工程实施以来，河口入海水沙量发生了明显变化，进而可对河口近岸海区的沉积环境产生深刻影响。随着调水调沙工程的长期实施，黄河近岸海区的沉积物特别是表层沉积物的矿物组成以及元素地球化学特征可能会发生显著改变，而对其进行研究将有助于揭示人类干扰活动对黄河口近岸海区沉积环境的影响程度。

第 2 章　环渤海典型近岸海区自然环境

2.1　渤海自然环境概况

2.1.1　自然环境条件

渤海（31°07′~41°0′N，117°35′~121°10′E）是一个半封闭的内海，东面以辽东半岛的老铁山岬经庙岛群岛至山东半岛北端的蓬莱岬的连线与黄海分界，其他三面环陆，北、西、南三面分别与辽宁、河北、天津和山东三省一市毗邻。渤海海岸线全长约为 3800 km，东西宽约为 346 km，南北长约为 550 km，面积约为 8×10^4 km^2，占我国海域面积的 1.63%，是我国面积最小的海区。渤海平均深度为 18 m，最深处位于渤海海峡北部的老铁山水道，最大水深为 84 m。根据地形地貌，渤海由辽东湾、渤海湾、莱州湾、中央浅海盆地和渤海海峡五部分组成。其中，辽东湾位于渤海最北端，是半封闭型海湾，以老铁山岬和秦皇岛金山嘴连线为界，向东北方向延伸，三面主要被辽宁省环抱，呈倒"U"形。渤海湾位于渤海西部，东以秦皇岛金山嘴和山东半岛北岸的黄河口一线为界，是典型的半封闭型海湾，依次被秦皇岛和唐山、天津、沧州、滨州和东营所围绕。莱州湾位于渤海南部，是指从黄河口至龙口一线以南的海域，是山东省最大的海湾，被东营、潍坊和烟台所围绕。

2.1.1.1　地质地貌

渤海在地质上历经从陆地到湖泊再到海的演变，为陆架浅海盆地。由于黄河、海河、辽河和滦河等含沙量很高的河流注入，造成了渤海水浅、地形平缓的特征。渤海海底多为泥沙和软泥质，地势呈由三湾向渤海海峡倾斜态势。渤海海岸可分为粉砂淤泥质海岸、砂质海岸和基岩海岸三种类型。渤海湾、黄河三角洲和辽东湾北岸等沿岸为粉砂淤泥质海岸，滦河口以北的渤海西岸属砂质海岸，山东半岛北岸和辽东半岛西岸主要为基岩海岸。渤海基本上为陆地所环抱，仅东部以渤海海峡与黄海相通，沉积物以淤泥和粉砂淤泥为主。渤海海底沉积物类型的分布呈东西向延伸，与水流主要方向一致，大陆和岛屿岬角附近主要是粗砂、砾石等粗颗粒沉积物。

2.1.1.2 气候特征

渤海为我国内海，三面被陆地包围，仅东面通过狭窄水道与黄海相连，海陆热力差异较为显著。渤海受东亚北部大陆气团和太平洋海洋气团的共同影响，形成了独特的气候特征。受东亚大陆气团控制，渤海冬季表现为大陆性气候特点，气温全年最低，降水少，西风和西北风盛行且风力强劲稳定，风速平均为 $5\sim7$ m/s；夏、秋季节在西太平洋海洋气团控制下，渤海盛行东南风，形成温高湿重、多雨少风的东南季风气候特征。渤海地处北温带，夏无酷暑，冬无严寒，多年平均气温为 10.7℃，降水量为 $500\sim600$ mm。冬季，渤海由于强寒潮频繁侵袭而出现结冰现象。从 11 月中下旬至 12 月上旬，沿岸从北往南开始结冰；翌年 2 月中旬至 3 月中上旬，海冰由南往北渐渐消失，冰期约为 3 个月。近年来，渤海的水文气象条件发生了较为明显的变化，即气温升高，降水减少，水温及盐度升高，且变幅较大。这些变化可能对渤海的生态环境产生较大影响。

2.1.1.3 海洋水文

渤海具有独立的旋转潮波系统，渤海的潮汐主要是太平洋的潮波传入所产生的，在各海区地转和地形的影响下，产生各自的潮波系统。渤海大部分海区均为不正规半日潮，仅秦皇岛和黄河口附近为正规全日潮。渤海海峡因处于全日分潮波"节点"的周围而成为正规半日潮区；秦皇岛外和黄河口外两个半日分潮波"节点"附近各有一范围很小的不正规全日潮区。潮波系统在渤海北部海域呈现出明显的驻波性质，在渤海中部和渤海海峡处呈前进波性质。渤海环流系统主要受潮流和季风的控制，渤海潮流余流一般很弱，60% 以上的海域流速小于 1 m/s，10 月至翌年 4 月盛行偏北浪，$6\sim9$ 月盛行偏南浪（图 2-1）。渤海风浪以冬季最盛，波高通常为 $0.8\sim0.9$ m，周期大多小于 5 s。1 月平均波高为 $1.1\sim1.7$ m，但寒潮侵袭时可达 $3.5\sim6.0$ m，夏秋之交偶发大于 6 m 的台风浪。海浪以渤海海峡和渤海中部最大，辽东湾内较小。渤海海水的平均盐度为 30.0‰，东部渤海海峡海区略高，平均达 31.0‰，而近岸海区大多在 26.0‰ 左右。特别是在夏季入海径流增大时，河口附近海域的表层盐度通常低于 24.0‰，而在辽东湾湾顶低于 20.0‰。黄河入海的淡水影响可波及渤海中部。渤海盐度的垂直分布与温度较为一致，冬季垂直变化均匀，而夏季存在跃层。

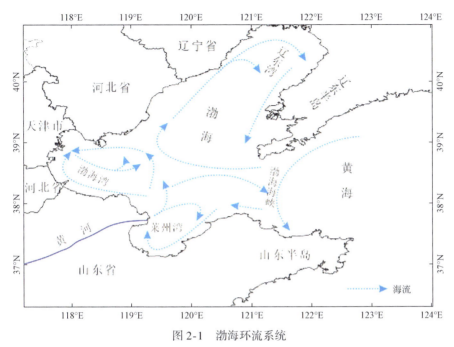

图 2-1 渤海环流系统
资料来源：赵保仁等（1995）；乔淑卿等（2010）；有改动

2.1.1.4 入海河流

渤海周边入海河流众多，其中莱州湾沿岸有 19 条，渤海湾沿岸有 16 条，辽东湾沿岸有 15 条，形成了渤海沿岸三大水系和三大海湾生态系统。在众多入海河流中，黄河、海河和辽河是较大河流，并以黄河的径流量最大。入海河流每年挟带大量泥沙堆积于三个海湾，在湾顶处形成宽广的黄河口三角洲湿地、海河口三角洲湿地和辽河口三角洲湿地。渤海沿岸河口浅水区营养盐丰富，饵料生物繁多，是经济鱼、虾、蟹类的产卵场、育幼场和索饵场。渤海中部深水区既是黄渤海鱼、虾、蟹类洄游的集散地，又是渤海地方性鱼、虾、蟹类的越冬场。

2.1.2 海洋资源概况

2.1.2.1 渔业资源

渤海沿岸有辽河、海河、滦河和黄河等河流入海，初级生产力较高，是多种鱼虾繁殖、产卵、索饵和洄游的良好场所。渤海是环渤海渔业的摇篮，是多种鱼、虾、蟹、贝类繁殖、栖息和生长的良好场所，故有"聚宝盆"之称。渤海共有生物资源600余种，渔业生物资源丰富，其中对虾、毛虾、小黄鱼和带鱼是最重要的经济种类。环渤海的水产资源基本上有三大类：一是河口型水产资源，包括溯河降海生物，如中华绒螯蟹、鳗、鲳、香鱼和牡蛎等；二是沿岸水产资源，如梭鱼、鲈鱼、鲆鲽、梭子蟹、刺参、魁蚶和文蛤等；三是在沿岸浅海水域繁殖生长、冬季洄游到暖水区越冬的沿岸类型洄游水产资源，如对虾、小黄鱼、带鱼、真鲷、鲅鱼和鲻鱼等。渤海的辽东湾、滦河口、渤海湾和莱州湾是我国重要的渔场。

2.1.2.2 油气资源

渤海石油和天然气资源十分丰富，整个渤海就是一个巨大的含油构造。滨海的胜利油田、大港油田、辽河油田和海上油田连成一片，渤海相当于第二个大庆，是我国重要的能源生产基地。目前，渤海海域在油气累计探明储量、技术可采储量、剩余技术可采储量和产量各方面均居我国海域已勘探开发油气田之首。锦州25-1南混合花岗岩潜山大油气田的发现为渤海的油气勘探开启了另一个新领域。无论在油气潜力和储量还是在产量等各个方面，渤海都是我国近海油气勘探前景最好的一个海区，也是对我国油气储量和产量接替贡献最大的海区。

2.1.2.3 砂矿资源

渤海滨岸（包括辽宁西部、河北沿岸和山东北部海岸）分布着两个海滨砂矿成矿带，即辽东半岛海滨带和山东半岛海滨带。据统计，渤海主要滨海砂矿有6处，主要矿种为金刚石、锆石、独居石、石英砂和金，伴生矿种为磷钇矿、钛铁矿、金红石和锡石。辽宁西部海岸有2处砂矿产地，主要为金刚石、锆石和独居石。河北仅有1处砂矿产地，矿种为锆石和独居石。山东北部海岸有3处砂矿产地，矿种以砂金和石英砂为主。渤海的重矿物高值区主要有8处，即老铁山水道近岸、辽东浅滩、辽东湾东岸、兴城—绥中近岸、秦皇岛近岸、曹妃甸、莱州浅滩和登州浅滩。

2.1.2.4 海盐资源

渤海是我国最大的盐业生产基地，底质和气候条件非常适宜盐业生产。我国四大海盐产区中，长芦、辽东湾和莱州湾三个皆位于渤海。渤海海域海水盐度较高，渤海海峡北部和山东半岛东部沿岸的海水盐度可达31.0‰，辽宁沿海为31.5‰，河北沿海最高盐度达32.9‰。渤海沿岸气候干燥，蒸发量大，年平均蒸发量约1700 mm，降水量约600 mm，且集中于7~8月。渤海沿岸日照时间长，年平均日照时间在 2500 h 以上，其中河北、天津沿岸日照时间在 2700~2800 h。沿岸地区蒸发量大于降水量，有利于海盐资源的开发。莱州湾沿岸地下卤水储量丰富，达 76×10^8 m^3，折合含盐量为 8×10^8 t 以上，是罕见的储量大、埋藏浅、浓度高的"液体盐场"。

2.1.2.5 港口资源

环渤海地区海岸类型多样，优良的港湾和适宜建港的深水岸段多分布在基岩海岸。渤海港口具有分布密度高、大型港口及能源出口港多、自然地理条件好、经济发达、腹地广阔和资源丰富等优势，是我国北方对外贸易的重要海上通道，已建和宜建港口 100 多处。

2.1.2.6 湿地资源

渤海沿岸入海河流众多，众多的河流除了源源不断为渤海注入大量淡水外，还挟带了大量泥沙并在河口区不断沉积。黄河口、海河口以及辽河口三角洲湿地正是大量泥沙在河口大量堆积而成。另外，渤海沿岸的湖泊、池塘、水库和河口星罗棋布，再加上宽阔的浅海滩涂，构成了丰富多样的湿地景观。良好的湿地生境，使渤海沿岸成为东北亚内陆和环西太平洋鸟类迁徙的重要中转站、越冬地和繁殖地。

2.1.2.7 旅游资源

渤海沿岸自然风景优美，名胜古迹众多，充分具备了以"阳光、海水、沙滩、绿色和动物"为主题的温带海滨旅游度假资源条件。渤海滨海旅游资源包括海岸带（含岛屿）自然景观和人文景观，尤以"阳光、沙滩、海水"最为重要。关于人文景观资源，从古至今，环渤海的历史遗迹、园林风光、古今建筑、名人古迹和近代革命圣地等数量较多，是集山海风光与文化古迹于一体的旅游胜地。

2.2 典型近岸海区自然环境

本书涉及的环渤海典型近岸海区主要包括辽东湾近岸海区、曹妃甸近岸海区、龙口湾近岸海区和黄河口近岸海区。

2.2.1 辽东湾近岸海区

辽东湾位于渤海的东北部，是渤海最大的海湾，海湾长轴方向为 NE-SW，其西南部与渤海中部的开阔海域相连接，其他三面为冀辽沿海陆域，海湾形似倒"U"形。受郯庐断裂带影响，辽东湾的东西两侧存在明显的差异，东岸属于华北块体的水下延伸部分，以中上元古界片岩、石英砂岩、云片岩、古生界灰岩为主，受强烈抬升作用；西岸属于胶辽朝块体，并且以新华夏系隆起与沉降带的边界沿 E—N 方向延伸，缓慢下沉。淤泥质和沙砾质是渤海北部海岸的主要构成。渤海北部海域东西两侧是基岩构成的砂质海岸，北部是淤积型海岸。

辽东湾海域的海底地形轮廓与海湾形态相似，主要包括现代潮流沙脊群、陆架平原、陆架沼地、陆架冲刷槽和水下冲刷槽 5 个地形区（栾振东等，2012）。渤海北部海域是陆架浅盆地，其整体向渤海中部缓倾。渤海北部海域海底地形受大陆架的继承性控制作用水深较浅，大部分为水深 20 m 左右的浅海海域。因此，辽河平原、辽东半岛的构造单元对渤海北部海域水下地形的继承性控制作用非常明显。渤海北部海域海底地形是物源、水动力和地质构造等条件共同作用的产物，其构造沉降为河流填充作用提供了有利条件，沿岸诸多河流输运而来的泥沙对现代海底地貌的塑造具有重要影响，而潮流是形成海底地形的重要水动力。渤海北部大部分海域的海底地形较为平坦，并向中部略微斜倾，平均坡度为 0.04‰ ~ 0.5‰，海域东南部地形在潮流影响下变化较明显。渤海北部海域的最深处位于海域南部老铁山地震断裂带凹陷地带的水道周边，地形平均坡度低于 0.2‰，水深大致由湾口向湾顶逐渐降低。辽东湾内大部分水深小于 30 m，水深最大达 60 m 以上，位于辽东湾东南部的老铁山水道内。辽中洼地位于辽东湾中部，辽中洼地地形平坦、整体下陷且水深超过 30 m，因此常被认作"古湖"。辽中洼地最深水深 33 m，洼地走向与海湾一致，30 m 等深线面积约 1537 km²。潮流沙脊群是渤海北部海域的最浅处，靠近渤海海峡容易受潮流堆积的影响，故深度变化明显（介于 20 ~ 40 m）、落差较大，地形起伏明显，是渤海北部海域独特的自然景观。在渤海北部海域岸带山体的影响下，海域西部海底地形起伏较小，东部地形起伏较大。

辽东湾的西部和东部均存在一系列沿岸展布与岸线接近平行的谷-脊相间地形形态。西南部滦河口至大蒲河口的滨海区，发育有大量水下沙脊。沙脊长度为 1.0 ~ 4.3 km，宽度约为 0.5 km，平均高出海底 1 ~ 3 m。沙脊数量在 5 ~ 8 m 水深处最多，呈 SW—NE 走向；在 10 m 等深线附近沟脊交错，等深线呈锯齿状。中西部的六股河口外，存在着明显的沙脊地形，最明显的有三条被称为"三道岗"，各沙脊距离较近，沙脊面陡峭。三道沙脊中，中间沙脊最长，约为 36.5 km，最外侧沙脊长约为 25.3 km，向岸一侧沙脊长约为 19.2 km。沙脊略呈弧形向西南向弯曲，局部范围内的坡度可达 18‰ ~ 19‰，脊谷高差为 5 ~ 15 m。在起伏区外侧，随着离岸距离的增加，地形起伏趋于平缓。辽东湾东部的地形比中西部起伏更大，主要呈现与岸线接近平行的谷-脊相间地形形态，该区沙脊宽窄不一，长度从几千米至数十千米不等，沙脊高差为 4~20 m。尤其从浮渡河口外到太平湾，地形坡度变化大。其中，浮渡河口外靠近 20 m 水深处，高差达 15 m，西坡坡度明显陡于东坡，达 21‰；复州湾外靠近 30 m 水深处，地形陡峭，高差达 20 m，西坡坡度陡于东坡，达 22‰。辽东湾东南部是辽东湾水深变化最为剧烈的海区，主要地形为辽东浅滩潮流沙脊。该沙脊区基本上以渤海海峡老铁山水道为中心呈指状或放射状向西和西北方向展布，形成六条沙脊。脊顶最浅水深 10~18 m，脊宽一般为 5~10 km，相对高度在 10~20 m，沙脊坡度 2‰~3.8‰。槽底地形平缓，槽底水深 23~34 m。

辽东湾海域的水动力主要包括波浪、潮汐和海流，加之渤海的水深较浅，故底质沉积物易受到波浪、潮流等动力作用的影响，沉积和再悬浮非常活跃，过程也相当复杂，其对整个渤海海域的沉积物输运可产生显著影响。波浪主要受季风控制，以风浪为主，夏弱冬强的季节性变化十分明显。渤海北部海域的潮波系统呈明显的驻波性质，而潮汐受潮波的影响较广，主要是半日潮。渤海北部海域除渤海海峡是正规半日潮、秦皇岛等海域属于不正规全日潮外，其余海域大多为不正规半日潮，潮差达 1~3 m（孟云等，2015）。渤海海域平均潮差为 2 m 左右，其中辽东湾北部潮差最大（平均为 2.7 m），秦皇岛周边最小（平均为 0.8 m）。渤海北部海域潮流流速最快的海域位于老铁山水道周边，流速可达 0.7 m/s（毕聪聪，2013）。渤海北部海域总体上包括两种海流，一种是大洋环流系统下的黄海暖流余脉，另一种是海域范围内的沿岸流（朱学明等，2012）。

辽东湾周边入海河流较多，主要包括辽河、六股河、大凌河、小凌河、大清河和复州河等河流（表2-1）。辽河是我国东北地区南部最大的入海河流，其发源于河北省平泉市七老图山脉的光头山，流经河北、内蒙古、吉林和辽宁，全长为 1396 km，流域面积约为 21.9×10^4 km²，在盘锦汇入辽东湾。众多的花岗岩及少量的白垩系沉积层出现在东辽河流域，而西辽河水系源头的老哈河和西拉木伦河是白垩纪和侏罗纪沉积的物源地。第四系沉积物主要分布在辽河中下游地区，尽管某些地区零散分布有上侏罗统、震旦系和白垩系地层，但辽河流域的岩石类型分布在不同河段，总体具有较大差异。在历史上，浑河曾是辽河的支流，1958年以前，辽河下游入海河道分为两支，西支旧称双台子河，为今辽河唯一入海河道；南支旧称外辽河，南行至海城附近与浑河、太子河汇合，遂成为大辽河，并从营口入海。1958 年实施外辽河截断工程后，大辽河单独作为浑河、太子河的入海水道。浑河为干流，太子河为浑河最大的支流，原大辽河三岔河至营口段为浑河干流下游入海河段。浑河前段主要流经太古代混合岩与混合花岗岩，而太子河上游主要是灰岩，两条河流的后半段以及汇合以后均流过第四系沉积物。六股河发源于建昌县谷杖子乡的荒砬山下,干流长度为 153.2 km,年均径流量为 6.02×10^8 m³,流域面积达 3080 km² (表 2-1)。六股河经过 6 次地上河与地下河的转换,最终在葫芦岛市建昌县娘娘庙的三家(戴杖子村)表露明水,在二海口注入渤海。六股河上游主要有土城子组砂岩、页岩,之后依次流经雾迷组燧石条带白云岩和流经花岗闪长岩与二长花岗岩分布区。六股河在入海前有近一半的河流流经太古代混合花岗岩基底之上的第四纪沉积物。小凌河发源于朝阳县元宝山,干流长度为 206.2 km,年均径流量为 4.03×10^8 m³,流域面积达 5475 km² (表 2-1)。汇入小凌河的支流众多,如女儿河、良图沟河、北小河等。小凌河上中段河水清澈,河床内砂卵石较多,女儿河汇入后,河水暴涨,下游段扇地广阔。小凌河南支支流主要是女儿河,途经地区岩性复杂,前半段主要是义县组,包括火山角砾岩、安山岩、砾岩、二长花岗岩及页岩;后半段主要是混合岩、太古代混合花岗岩及第四纪沉积物。小凌河北支支流是蓝旗组,包括砂岩、安山岩、砾岩、喷溢相岩石和义县组岩石。小凌河南北两支汇合后,形成第四纪沉积物,如全新统砂砾石、粉砂、亚黏土。复州河发源于大连市普兰店区同益街道(原同益乡)老帽山南麓,长为 133.7 km,年均径流量为 2.37×10^8 m³,流域面积约为 1593 km² (表 2-1)。复州河为山溪性河流,流域内地形复杂,平均比降 1.5‰。复州河两岸各有四条一级支流,且左岸的岚崮河和右岸的九道河较大。

表 2-1 辽东湾周边主要入海河流水文特征

河流	干流长度/km	流域面积/km²	水文站	年均径流量 /10⁸ m³	平均输沙量 /10⁴ t
辽河	1 396	219 000	六间房	38.84	699.1
			唐马寨+邢家窝棚	52.89	303
大凌河	397.4	23 549	凌海市	19.63	2 740
小凌河	206.2	5 475	锦州	4.03	364
六股河	153.2	3 080	绥中	6.02	148
复州河	133.7	1 593	关家屯	2.37	16.8
大清河	100.7	1 482	望宝山	3.459	18.48
狗河	86.7	539	赵家甸	1.20	—
洋河	100	1 110	响水堡	3.716	740

资料来源:中国海湾志编纂委员会(1998);杨大卓(2003);张良和原彪(2004);杨丽娜和马传波(2009);陈艳丽等(2012);王利波等(2013);郭如侠(2017)。六间房水文站代表双台子;唐马寨水文站代表太子河,邢家窝棚水文站代表浑河,两者之和代表大辽河

2.2.2 曹妃甸近岸海区

曹妃甸近岸海区位于渤海湾北部，地处渤海湾与辽东湾的交界处，多为滦河口海积-冲积平原，是曹妃甸围填海工程的直接影响区。湾内水深较浅，平均水深为 20 m，其中曹妃甸前 500 m 处水深达 25 m，深槽达 36 m；30 m 等深线水域东西长约为 6 km，南北宽约为 5 km；槽底呈平缓波状起伏，脊槽相间，相对水深差为 2.8~4.0 m。深槽的北坡较南坡陡，北坡坡度为 2.8‰，南坡坡度为 0.9‰，显示了曹妃甸近岸水深变化剧烈。深槽的东北面分布着浅滩和洼地，其上发育有沙波。由曹妃甸向渤海海峡延伸，有一条水深为 27 m 的天然水道直通黄海。水道和深槽的天然结合，使曹妃甸成为渤海沿岸唯一不需开挖航道和港池即可建设 30 万 t 级大型泊位的天然港址。

曹妃甸所在的渤海湾盆地东部界限为郯庐断裂带、南部为鲁西隆起带、西部为太行山隆起带、北部为燕山隆起区和辽西隆起区。湾内构造复杂，隆凹相间分布，渤海湾盆地为叠合盆地，基底由太古宇变质岩、古生界海相和海陆相以及中生界陆相三套层系组成。在平面上，湾内构造具有明显的分区性，不同分区之间以变化带或变换断层进行调节，主要的构造走向呈现出明显的三分趋势：西部 NE 向、中部近 EW 向和东部 NE 向。就盆地内主要断裂分布而言，走向主要集中在三个方向：NE—NNE 向、近 EW—NWW 向和 NW 向。其中，盆地内部存在两条明显的 NE 向走滑构造带，即兰—聊走滑构造带和郯庐走滑构造带，构造带内断层以 NE—NNE 向为主。以这两条走滑构造带为界，盆地呈二分区即位于兰—聊走滑构造带西部的 NE 向构造区和位于两走滑构造带中部的近 EW—NWW 向构造区。此外，盆地内还发育多个明显的 NW 向构造，这些构造多为变换构造。曹妃甸处于黄骅凹陷东北端与沙垒田凸起的交界带附近。

渤海湾海底地形由西南向东北缓慢倾斜，由于周边河流大量泥沙的输入，形成广阔且平坦的海湾平原，平均坡度约 0.3‰，仅曹妃甸南由于构造凹陷作用和曹妃甸岬角作用的影响，水动力增强，冲刷明显，水深可达 30 m。滦河口至曹妃甸沿岸，岸坡东北端与辽东湾水下岸坡相连，岸坡西南端内侧为曹妃甸浅滩，其端点为槽形潮流凹地。现代滦河口水下三角洲规模小，叠置在岸坡之上，可视为岸坡的一部分。

渤海湾位于渤海西部，同样三面被陆地包围，故其气候特征与渤海有明显的相似性。渤海湾海浪以风浪为主，与渤海的风向相似，风浪的波向也有较为明显的季节变化，且湾内波浪强度受季风方向和强度变化影响。渤海湾冬、春两季主要受北风和西北风影响，夏、秋两季主要受南风和东南风影响。当渤海湾盛行东风时（东北风和东南风），在风的作用下，较强风浪由湾外水域传入渤海湾对湾内浪强和浪高影响较大。渤海湾内的洋流为双环结构。黄海暖流由渤海海峡进入渤海，由于海岸的阻挡作用分为两支，一支在滦河口进入渤海湾，形成逆时针的洋流向西运动，同时由于大量黄河水的流入，在渤海湾南岸形成沿岸流向西顺时针运动，由滦河口而来的逆时针洋流和由黄河口而来的顺时针洋流在海河口附近交汇，形成切变锋，在海河口外转入渤海湾中部海区向东运动。因此，渤海湾的洋流主要分为南北两部分，即北部逆时针洋流和南部顺时针洋流。曹妃甸近岸海区主要以逆时针洋流为主。曹妃甸近岸海域的潮汐为不正规半日潮型，平均潮差为0.81 m，年平均波高在0.5~0.8 m。海域内涨潮流占优，大潮涨潮流平均流速为40~60 cm/s，落潮平均流速为35~50 cm/s；小潮涨潮流平均流速为25~40 cm/s，落潮平均流速为25~25 cm/s。湾内潮流呈往复流形式，主流流向有顺等深线趋势，涨潮流向东流，落潮流向西流。

  渤海湾周边入海河流较多，包括滦河、蓟运河、海河和黄河等主要河流（表2-2）。黄河发源于青藏高原的巴颜喀拉山脉，流经青藏高原、内蒙古高原、黄土高原和华北平原，共9个省（自治区），最后在垦利注入渤海。黄河为我国第二长河，干流全长约为5464 km，流域面积达75.27×10^4 km^2。黄河又以其含沙量高、水沙量变幅大、口门淤积严重、河口摆动频繁等著称。根据地理位置和河流特征，黄河可划分为上、中、下游。其中，河源到内蒙古的头道拐为上游，河道长为3472 km，流域面积约为36.79×10^4 km^2；头道拐到河南的花园口为中游，河道长为1206 km，流域面积约为36.21×10^4 km^2；花园口到山东利津为下游，河道长为786 km，流域面积约为2.27×10^4 km^2。黄河下游地势平坦，河道宽浅，水流速度大幅降低，泥沙淤积严重，河道滩面高出两岸4~5 m，有的河段甚至高出地面10 m。除南岸东平湖至济南为低山丘陵外，黄河其余河道全靠堤防挡水，堤防总长约为1400 km，形成举世闻名的"地上悬河"。黄河下游河道可分为4种类型：孟津至高村为游荡性河道；高村至陶城埠是过渡性河道，堤距为1.0~8.5 km，主槽宽为0.5~1.6 km，滩槽高差为2~3 m，由于河道整治工程，河势已基本得到控制；陶城埠至利津河段属于弯曲性河道，堤距为0.45~5 km，主槽宽为0.3~0.8 km，滩槽高差为3~4 m；利津以下河段称为尾闾河道（胡春宏，2005；杨明等，2014）。滦河发源于巴彦图古尔山，流经内蒙古高原和燕山山地，最终在河北乐亭入海。滦河干流长度约为877 km，流域面积达4.49×10^4 km^2，年均径流量为46.51×10^8 m^3，其在进入华北平原后汇入渤海。滦河在1950~1980年的年均输沙量约为0.1739×10^8 t，1988年修建潘家口水库后，其输沙量减少94%。海河为华北平原最大的河流，由南运河、子牙河、大清河、永定河和北运河五条河流汇合而成，最终在天津汇合入海。海河西起太行山，东临渤海，北跨燕山，南界黄河，年均径流量为 374.39×10^8 m^3（表 2-2）。

表 2-2 渤海湾周边主要入海河流水文特征

河流	干流长度/km	流域面积/10^{4}km^2	水文站	年均径流量/10^8 m^3	年均输沙量/10^8 t
滦河	877	4.49	滦县	46.51	0.173 9[a]
蓟运河	316	1.78	九王庄	0.66	0.001 56
海河	1 031	23.51	—	374.39	1.82[b]/0.175[c]
黄河	5 464	75.00	利津	141.39[d]	1.467[d]

资料来源：孙连成（2003）；孙连成（2010）；卢路等（2011）；水利部海河水利委员会（2013）；王利波等（2013）；闫云霞等（2014）。a 为潘家口水库未修建前的年均输沙量；b 为海河山区的年均输沙量；c 为建闸以后天津港的年均输沙量；d 为黄河改道清 8 汊流路以来 1997~2012 年的年均径流量和年均输沙量

曹妃甸围填海工程是我国最大的围填海工程之一。2008 年，国务院正式批准《曹妃甸循环经济示范区产业发展总体规划》。示范区规划面积约为 1943 km^2，陆域海岸线约为 80 km，计划在 2004~2020 年填海造陆 310 km^2，建立以大港口、大钢铁、大化工和大电能为核心的工业区（侯西勇，2018）。从 2004 年开始实施围填海工程至 2013 年，曹妃甸已由一个在海水高潮时不足 4 km^2 的小岛围填成为 250 km^2 的大型工业示范区，且其面积仍然在不断增加之中。

2.2.3 黄河口近岸海区

黄河尾闾河段摆动是影响黄河口近岸海区沉积环境变化的重要驱动因素。黄河尾闾河段全长约为 106 km，其中利津至王家庄河道长约为 10 km，属于弯曲性河段，河道主槽较稳定，水利工程分布密集；王家庄至渔洼河道长约为 30 km，属于窄河道向河口段的过渡段，主槽横向摆动较大；渔洼以下为河口段，河道比较宽浅，工程较少，清 4 断面以下为无工程控制区，河势变化频繁。自 1855 年黄河在河南铜瓦厢夺大清河注入渤海至今，尾闾河段不断延伸摆动，其间因自然因素和人为因素共有 10 次较大的改道（表 2-3）。1889~1933 年，以宁海为顶点的尾闾河段较大的流路变迁有 5 次，很少受到人类活动的影响，基本处于自然演变改道状态，每个河道平均历时约 13.2 年。1934~1996 年，尾闾河段摆动顶点下移到渔洼附近，流路变迁共 5 次。1953~1964 年，黄河流经神仙沟入海；1964 年在罗家屋子附近爆破，自此黄河改道至刁口与洼拉沟之间入海；1976 年 7 月，人工截流，黄河改道于清水沟入海；1996 年 7 月，在清水沟流路的清 8 断面附近实施人工调整入海流路至清 8 汊流路（尹延鸿和丁发庆，2001；彭俊等，2010）。淤积-延伸-摆动是目前尾闾河段的演变规律（张治昊，2005），其自 1976 年改

道清水沟流路以来，整体表现为淤积-冲刷交替的冲淤特征。2002年7月，黄河水利委员会实施了调水调沙工程（李国英，2002）。调水调沙工程长期实施以来，黄河入海水沙量发生了明显变化，进而对河口及其近岸海区的沉积环境产生显著影响（胡小雷，2014）。

表2-3　1855年至今黄河入海流路变迁

序号	改道时间（年.月）	改道地点	入海位置	流路历时	实际行水时间	改道原因
1	1855.07	铜瓦厢	利津铁门关以下肖神庙牡蛎嘴	33年9个月	18年11个月	铜瓦厢决口
2	1889.04	韩家垣	毛丝坨	8年2个月	5年10个月	决口改道
3	1897.06	岭子庄	丝网口（今宋家坨子）东南	7年1个月	5年9个月	决口改道
4	1904.07	盐窝	老鸹嘴	22年	17年6个月	决口改道
5	1926.07	八里庄	刁口河东北	3年2个月	2年11个月	决口改道
6	1929.09	纪家庄	南旺河、宋春荣沟、青坨子	5年	3年4个月	决口改道
7	1934.09	一号坝	老神仙沟、甜水沟、宋春荣沟	18年10个月	9年2个月	决口改道
8	1953.07	小口子	神仙沟	10年6个月	10年6个月	人工裁湾并汊
9	1964.01	罗家屋子	刁口与注拉沟之间	12年4个月	12年4个月	人工改道
10	1976.07	西河口	清水沟	20年	20年	人工截流改道
11	1996.07	清8断面	清8下方位角81°30′	至今	至今	人工截流改道

资料来源：尹延鸿和亓发庆（2001）；张治昊（2005）；庞家珍和姜明星（2003）

黄河口近岸海区地处渤海湾与莱州湾的交界处，在地质构造上处于郯庐断裂带的西侧，主要受到新华夏构造体系和NW向构造的控制，是中生代、新生代断块拗陷盆地，即渤海盆地（臧启运，1996）。海域内地壳在新生代发生强烈下沉，新生界最大厚度可达数千米，区内断裂较发育，将拗陷分割成次一级凹陷和凸起。受燕山渤海断裂带及沂沭断裂带影响，新构造活动较强烈，历史上区内及附近发生过多次大于4级的地震，属地壳较不稳定区。海域海底大面积分布淤泥质软土及粉砂土，由全新世冲积海积形成，属欠固结高压缩性土，土体结构松软，物理力学性质较差（宋晓帅等，2019）。海区西岸为黄河三角洲堆积沙岸，浅滩宽广平缓。该区沉积物主要以粉砂、砂质粉砂为主，受黄河影响，河流入海的陆源物质是该区沉积物的主要来源（王中波等，2016）。目前，黄河向NE方向入海，在河流和海洋水动力的综合作用下，黄河入海泥沙大部分堆积在现行河口口门附近，近岸地形区等深线曲折。在河口口门右侧（NE方向）和左侧（NW方向），6 m以内等深线分别呈舌状向海推进。黄河口近岸海区6 m等深线内，地形变化比较复杂，海底地形较陡。其中，西北角近岸地形区毗邻孤东海堤，地势从西南向东北缓慢倾斜，0~3 m等深线之间海底地形较陡，坡降稍大，约为

0.31°，等深线密集；3~5 m 等深线之间地形变化比较平缓，坡降约为 0.1°。南部莱州湾西岸，等深线稀疏，大致呈 EW 走向，地形比较平坦，坡降约为 0.023°；6~16 m 等深线之间的远岸地形区，地势由近岸向远岸缓慢倾斜，地形没有太大起伏，水深大部分在 10 m 以内，最深处达 18 m，总体比较平坦（密蓓蓓等，2010）。

黄河口近岸海区主要受海洋水动力以及入海径流和挟沙沉积的共同作用，地貌类型较为复杂。近岸地貌类型主要为水下三角洲，区内 2 m 等深线以外海域属于黄河水下三角洲。其中，孤东附近海域属于废弃时间较长的水下三角洲，5 m 等深线以内冲蚀、塌陷洼地比较普遍，局部塌陷洼坑互相连接，前缘斜坡坡折出现在水深接近 10 m、距海岸约 8 km 的地方，坡度大约为 0.07°。之前形成的三角洲叶瓣斜坡出现了强烈的侵蚀现象，三角洲前缘斜坡出现明显的冲蚀凹坑。斜坡坡折外为前三角洲水下岸坡，海底地形比较平坦。现行黄河口水下三角洲位于河口东北方向海域，水下三角洲前缘斜坡最远向海推进约 2.4 km，并略向东南方向偏转（杨作升等，1990）。老黄河口的沙嘴尖部已不再同以往那样明显向海延伸，目前该水下三角洲前缘斜坡向海延伸距离为 8.0~13.6 km，向东、向南方向延伸至莱州湾的水下三角洲前缘斜坡坡度较陡，前缘斜坡上尤其是南侧斜坡上出现多处明显的冲蚀凹坑（密蓓蓓等，2010）。

黄河口近岸海区大部分属于不规则半日潮，潮差曲线呈"马鞍"形分布，以神仙沟口外潮差最小，平均为 0.4~0.8 m，越近湾顶潮差越大，平均在 0.73~1.77 m，其中无潮点附近潮差最小，仅有 0.4 m，从无潮点分别向两侧的渤海湾和莱州湾方向，潮差均逐渐增大，至徒骇河口、小清河口潮差为 1.6~2.0 m（刘锋，2012）。潮汐对清水沟河口的影响范围为 15~30 km，洪水期海水基本进不了口门。潮汐对河口水流顶托的程度与盐水楔有关，而盐水楔特性取决于咸淡水的混合程度。洪水期是缓混合，河水受顶托小，枯水期是强混合，海水顶托河水下泄使河道淤积。该海区的潮流为往复流，方向多平行于海岸线，涨潮流从北到南，落潮流从南到北，潮流流速不大，大多不超过 50 cm/s（高佳等，2010）。由于地形等复杂因素的影响，河口海域附近在涨落潮转换过程中存在内涨外落型和内落外涨型切变锋，其首先出现在浅水区域，然后向深水区域传播，历时 1~2 h（Gao et al.，2016）。潮汐引起的欧拉余流在岬角两侧存在成对的涡旋，涡旋的方向为南顺北逆，且越靠近岸界流速越大，最大可达 20 cm/s，黄河径流对此涡旋有加强作用。黄河口近岸海区受东亚季风影响显著，风生余流是除潮余流外最重要的组成部分。潮余流方向常年为偏南向，而风生余流则受季风影响有所变化，冬季在北风影响下向南，夏季反之，流速为 10~25 cm/s。黄河口近岸海区的表层余流在偏南风作用下，由莱州湾向西偏北往神仙沟口外再流向渤海湾湾顶，而在偏北风作用下则由西北流向东南。相比表层余流，底层余流受风影响较小，二者都是由海洋向岸边流动，方向呈西偏北。该区余流流速一般在 0.1 m/s 左右，具有定向输送的特点，可起到长距离搬运泥沙的重要作用，其对黄河入海泥沙扩散特别是对大颗粒泥沙的输运可减轻河口的泥沙淤积。余流的非周期性使其成为浅海输运泥沙的重要动力之一（王楠，2014）。由于渤海和北黄海的半封闭性，黄河口近岸海区的波浪很少受到外海涌浪的影响，基本为本地或渤海风生浪，具有快速变化和季节性鲜明等特点。一般天气过程产生的海浪在 1.5 m 以下，冬季以北向浪为主，夏季以南向浪为主，强浪向为 NNE—ENE，对泥沙运动影响极大（密蓓蓓等，2010）。常见浪（波高<0.3 m）的出现频率为 50.1%；波高在 0.5~1.5 m 的浪出现频率为 36.3%；波高为 1.5~3.0 m 的浪出现频率为 11.8%；波高为 3.0~5.0 m 的浪出现频率为 0.5%（于帅，2014）。海浪中以寒潮形成的波浪最大，每年 10 月后约 15 天一次，波高实测达 5.7 m；台风海浪频率小，每 3~4 年一次，波高实测最大为 4.2 m。波浪向海岸传播的过程中，在浅化、摩擦等作用下，最终破碎形成沿岸流，沿岸流挟带泥沙形成沿岸输沙（王万战和张华兴，2007）。

2.2.4 龙口湾近岸海区

渤海南部的龙口湾位于山东半岛北岸，莱州湾的东北隅，指屺姆沙坝与界河口连线以东、呈对数螺线型的半敞开耳形海湾。本书所涉海区主要为龙口湾海域以及受人工岛建设影响的周边海域。龙口湾在地质构造上属新华夏系第二隆起带胶东隆起的次级构造——胶北台凸的北部、黄县断陷盆地的西部。本区的地质地貌以断裂构造为主，主要以华夏系的玲珑—北林院断裂和近 EW 向的黄县断裂为代表，少量规模的 NW 向断裂。龙口湾海岸地貌以沙砾质海岸为主，海底地貌为浅海平原，属堆积地貌；湾内发育有官道、尖子头和鸭滩等水下沙嘴。尽管龙口湾的沉积物类型较多，但分布规律明显，主要有中砂、中细砂、细砂、粉砂质砂、粉砂质黏土，且水下沙嘴和海底浅滩的物质组成不同。官道沙嘴和尖子头沙嘴主要为中细砂，分选好；湾内海底沉积物很细，主要为粉砂质黏土，砂和砾石含量较小。龙口湾周边的主要河流包括界河、河抱河、北马河、黄水河和龙口河等（表2-4）。龙口湾及其附近海域的沉积物具有明显的亲陆性和区域性，其物质来源主要为湾内河流输沙、海岸和海底侵蚀来沙、风沙以及庙岛群岛的冲刷产物，同时还受到黄河输沙和人工堆积的影响（王文海等，1988）。

龙口湾的潮汐属于不正规半日潮，潮流为不正规的半日潮类型，一般为顺岸的往复流和旋转流，涨潮（SE 向）和落潮时（NW 向）方向相反，潮差较小

(李秀亭和丰鉴章，1994）。龙口湾湾顶流速较低，向湾口流速逐渐增大。龙口湾是我国港湾震动比较显著的海域之一，易发生风暴潮和假潮。龙口湾海域的波浪以风浪为主，风浪和涌浪出现频率分别为89%和11%，且由于连岛沙坝的掩护以及湾内水下沙嘴的阻挡，龙口湾内外波浪有很大不同。龙口湾外波浪较大，强浪向和常浪向均为NE向，次强浪向和次常浪向均为NNE向；湾内波浪较湾外明显减弱，主要受SW、SSW和WSW向波浪控制，湾内常浪向为SW向，次常浪向为SSW、NE向，强浪向为WSW向，次强浪向为S、SSW和SW向。

表2-4 龙口湾周边主要入海河流水文特征

河流	干流长度/km	流域面积/km²	侵蚀模数/[t/(km²·a)]	输沙量/(10⁴t/a)	水库控制面积/km²	备注
黄水河	55	320	500~800	16.0~25.6	320	山区
		686	300~500	20.6~34.3		平原
中村河	38	205	300~500	6.2~10.3	110	
龙口河	10	64	300~500	1.9~3.2		
北马河	18	62.6	300~500	1.9~3.1	12	
河抱河	12	77	300~500	2.3~3.9		
界河	38	372	500~800	18.6~29.8		山区
		160	300~500	4.8~8.0		平原

资料来源：王文海等（1988）

龙口离岸人工岛群位于龙口湾南部海域，是打造山东半岛蓝色经济区"集中集约用海"的九大核心区之一。大规模离岸人工岛群位于注入龙口湾的北马南河和界河之间的海域，采用了人工岛式与区块组团式相结合的平面布局方式。龙口湾临港高端制造业聚集区一期工程龙口部分，北至龙口恒河入海口南侧，南至龙口界河以北300 m，西至约-8.5 m等深线，东至海岸线，集中集约填海约37 km²。规划设有1个突堤式填海岛屿、1个离岸小环岛和5个离岸人工岛，预计填海面积约37 km²（含招远市填海面积约9 km²），占用自然岸线3.9 km，形成陆地面积约为34.55 km²，形成人工岸线59.9 km。离岸人工岛间采用"两纵两横"四条水道将各人工岛及自然陆地分隔，岛间NE—SW向纵向主水道宽度为500 m，南部NW-SE向横向水道宽度200 m，北部NW—SE向横向水道宽度为300 m，岛群和陆地间水道宽度约为500 m。自2011年离岸人工岛建设以来，当年累计完成围填海工程量6.3×10^7 m³；2012年上半年完成围堰120 km，完成总工程量1.2×10^8 m³。截至2015年，累计填海造地面积为47 km²，围填海工程巨大。

第 3 章　典型近岸海区沉积环境研究方案

3.1　沉积物采样及处理

3.1.1　沉积物采样

按照《海洋调查规范 第 8 部分：海洋地质地球物理调查》（GB/T 12763.8—2007）采集环渤海典型近岸海区的沉积物样品。样品采集的同时，对采样站位的水深、水温等进行测量。2013 年 10 月，研究人员搭乘浩海 0007 号工程勘测船（东营市浩海海洋工程有限责任公司），采用箱式重力采样设备对曹妃甸近岸海区进行表层沉积物采样，共采集 15 个站位的样品（图 3-1）。2014 年 8 月，搭乘浩海 0007 号工程勘测船，采用箱式重力采样设备对渤海北部辽东湾近岸海区进行表层沉积物采样，共采集 22 个站位的样品（图 3-2）。2013 年 10 月和 2014 年 10 月，搭乘山东省黄河口水文水资源勘测局（东营）的黄测 A110 浅海测量船，采用箱式重力采样设备在龙口湾近岸海区由湾内向湾外进行表层沉积物采样，共采集 10 个站位的样品（图 3-3）。选择湾内和湾外的 5 个代表性表层沉积物样品（即 LK01、LK03、LK05、LK09 和 LK10）进行碎屑矿物分析。2012 年 9~10 月，为探讨调水调沙工程长期实施对黄河尾闾河段及河口区沉积物中重金属含量变化的影响，搭乘黄测 A110 浅海测量船，在尾闾河段及河口区，采用抓斗采泥器，进行表层沉积物采样，共采集 25 个站位（尾闾河段 17 个站位，河口区 8 个站位）的样品（图 3-4）。2013 年 10 月，为明确调水调沙工程长期实施对黄河口近岸海区沉积物粒度分布与黏土矿物组成特征的影响，搭乘黄测 A110 浅海测量船，在黄河口近岸海区进行表层沉积物样品采集，共采集 28 个站位的样品（图 3-5）。另外，为探讨调水调沙工程长期实施对黄河尾闾河段及河口区碎屑矿物组成特征的影响，分别于 2013 年汛前（5 月）及汛后（10 月）采集尾闾河段（利津水文站至现行入海口）9 个控制断面的表层沉积物样品。其中，上河段包括利津（三）、东张、一号坝和渔洼断面，下河段包括清 1（二）、清 3、清 7、汊 2 和临时断面（河海分界线），共采集 18 个站位的样品。2014 年 10 月，为探讨调水调

第 3 章 | 典型近岸海区沉积环境研究方案

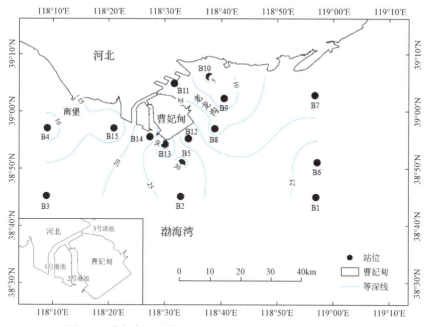

图 3-1 曹妃甸近岸海区沉积物采样站位（2013 年 10 月）

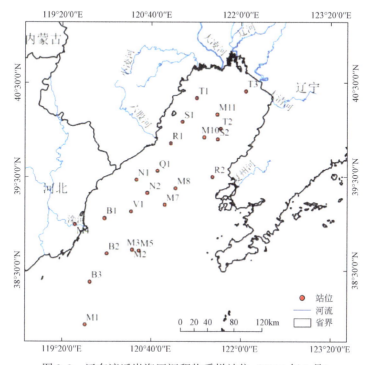

图 3-2 辽东湾近岸海区沉积物采样站位（2014 年 8 月）

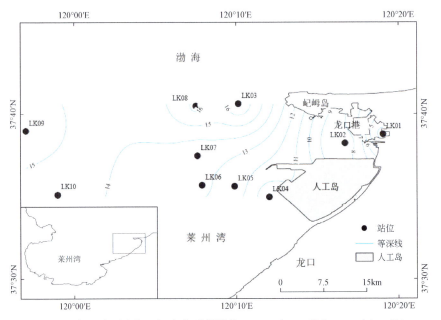

图 3-3　龙口湾近岸海区沉积物采样站位（2013 年 10 月和 2014 年 10 月）

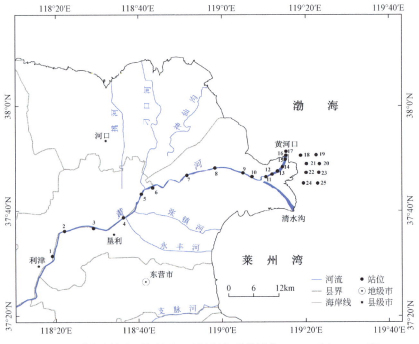

图 3-4　黄河尾闾河段及河口区沉积物采样站位（2012 年 9~10 月）

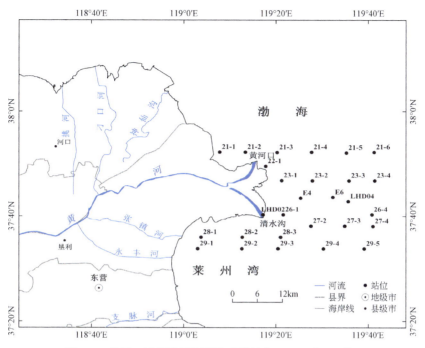

图 3-5 黄河口近岸海区沉积物采样站位（2013 年 10 月）

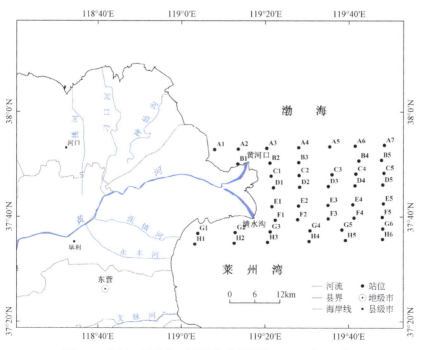

图 3-6 黄河口近岸海区沉积物采样站位（2014 年 10 月）

沙工程长期实施影响下黄河口近岸海区沉积物中重金属含量变化的影响,搭乘黄测 A110 浅海测量船,采用箱式重力采样设备在黄河口近岸海区进行表层沉积物采样,共采集 44 个站位的样品(图 3-6)。

3.1.2 沉积物保存

样品的处理及保存亦按照《海洋调查规范 第 8 部分:海洋地质地球物理调查》(GB/T 12763.8—2007)进行。沉积物样品采集时,对沉积物的物理性质(颜色、气味、厚度、孔隙度、稠性和黏性等)、物质组成(粒度特征、岩屑砾石、生物化石、结核团块等)和结构构造(层理特征、接触关系等)进行描述或测定。之后,将样品放入聚乙烯自封袋中,并置于 4 ℃ 冰箱中保存,带回实验室。

3.2 样品处理及分析

3.2.1 粒度分析

采用 Mastersizer 2000 激光粒度仪对样品的粒度进行测定。粒度分析方法依据海洋环境调查技术规程,具体步骤如下:①烘干,取实验样品进行烘干,去除大量水分,平均烘干时间为 80 h,以烘干成泥状为宜;②洗盐,取烘干的样品 5~10 g 放入烧杯中,加入去离子水充分搅拌,静置至泥样完全沉淀,将上部清水倒去,反复三次;③去除有机质,向烧杯中加入 15 mL 浓度为 10% 的 H_2O_2 溶液,同时用加热板,加热过程中用洗瓶不断冲洗烧杯壁,使有机质充分反应并防止样品随气泡溢出烧杯,到完全去除有机质为止;④去除钙胶结物,在样品中加入 10% 的 HCl,以去除样品中的钙胶结物。先在样品中加入适量 HCl 并用玻璃棒搅拌,使碳酸盐与 HCl 充分反应,并在加热板加热到 100 ℃,液体由沸腾到静置为反应完全;⑤中和及清洗钙离子、氯离子,经过前几步的处理,样品呈酸性,在样品中加入去离子水,然后静置,待其完全沉淀倒掉上部澄清液,重复多次,直至样品液 pH=7 为止;⑥样品的分散,在样品中加入 15 mL 1 mol/L 的六偏磷酸钠,将烧杯放入超声波清洗仪震荡数分钟,使样品充分分散,待测。

3.2.2 碎屑矿物分析

沉积物中碎屑矿物的分析主要分四步:①取沉积物原样适量,烘干后称重,得到沉积物干样重量；②将样品放烧杯中用清水浸泡，经充分搅拌使碎屑矿物与黏土组分分离，依次用孔径为 0.063 mm 和 0.125 mm 的铜筛对沉积物进行分离；③选取 0.063～0.125 mm 粒级的细砂组分烘干称重，加三溴甲烷进行重液分离（重液相对密度为 2.89）；④分离后分别称重，得到轻、重矿物质量分数及此粒级碎屑矿物质量分数，称重精度为 0.001 g。其后对每个样品的重矿物鉴定 300～350 颗、轻矿物鉴定 300±1 颗，以实际鉴定颗粒数为 100%，分别求得各种轻、重矿物颗粒的比例。研究工作采用了实体显微镜和偏光显微镜观察，鉴定中对矿物特征，如颜色、形态、条痕、铁染程度、蚀变程度、颗粒相对大小、磁性和光学性质等，进行描述。

3.2.3 黏土矿物分析

沉积物黏土矿物组成的分析过程如下：取定量的全岩样品，用去离子水浸泡，超声分散后过 250 目筛；将筛下部分样品转入 800 mL 烧杯中，加入去离子水至固定界面；玻璃棒搅拌均匀后静置；依照 Stokes 定律提取出黏土粒级（<2 μm）组分；将上述提取液离心、去上清液、制作定向片。分别制成自然定向片、乙二醇饱和定向片（60℃乙二醇蒸汽中保持 12 h）和加热定向片（490℃加热 2 h）后，采用 X-射线衍射仪进行测试分析。

3.2.4 重金属含量分析

取适量沉积物样品于真空冷冻干燥机中冷冻干燥，去除杂质，用玛瑙研钵研磨，过 100 目筛且充分混匀后，置于干燥器中备用。称取 0.1000 g 干燥的表层沉积物样品，置于高温消解罐的聚四氟乙烯内胆中，依次加入 5 mL HF、2 mL HNO_3 和 1 mL $HClO_4$，将装有聚四氟乙烯内胆的高温消解罐放入烘箱中，在 180 ℃条件下消解 12 h。待消解罐冷却后，将内胆取出，在通风橱内置于电热板上以 80 ℃加热，直至液体呈滴状。冷却后，再将 2 mL HNO_3 和 2 mL 去离子水放入消解罐中，并再次置于烘箱内在 150 ℃条件下消解 12 h。待冷却后，将内胆中的溶液转移至聚乙烯瓶中，加入去离子水，定容至 30 mL（以上所用 HF、HNO_3 和 $HClO_4$ 均为优级纯）。利用电感耦合等离子体质谱仪（美国 PerkinElmer 公司），测定沉积物中 Pb、Cr、Cu、Zn、Ni、Cd、V、Co、Mn、As 和 Hg 的含量。采用国家标准物质（GBW07314）近海海洋沉积物进行质量控制，标准物质回收率在 86%～114%（表 3-1），平行样的相对标准偏差<10%。

表 3-1　标准物质中主要元素含量的标准值与实测值

元素	标准值/(mg/kg)	实测值/(mg/kg)	回收率/%
Cr	86±4	95.33	110.85
Ni	34.3±4.0	37.02	107.93
Cu	31±4	28.57	92.16
Zn	87±2	75.44	86.71
As	10.3±1.4	11.47	111.36
Cd	0.20±0.04	0.19	95.00
Pb	25±4	25.30	101.20
V	103.10	116.75	113.24
Co	14.2±1.2	16.19	114.01

3.3　研究方法与数据分析

3.3.1　主要指标计算

3.3.1.1　粒度参数

常用的粒度参数主要有平均粒径（M_z）、中值粒径（M_d）、标准偏差（σ_i）、偏度（S_K）和峰度（K_G），一般采用 Folk 和 Ward（1957）的计算公式。

1）平均粒径（M_z）和中值粒径（M_d）

$$M_z = \frac{\varphi_{16} + \varphi_{50} + \varphi_{84}}{3} \tag{3-1}$$

$$M_d = \varphi_{50} \tag{3-2}$$

式中，φ_{50} 为粒度累积频率曲线上百分含量为 50% 处对应的粒径，φ_{16} 等的定义类似。

平均粒径是沉积物最主要的粒度特征之一，表示沉积物颗粒分布的集中趋势，其平面分布特征可在一定程度上反映沉积介质的平均动能。平均粒径主要受物源区物质粒度分布和搬运介质平均动能的影响。在物源相同的条件下，平均粒径可作为搬运介质速度的替代性指标来反映搬运营力的平均动能，顺流向粒度递减。一般而言，细粒沉积常见于低能环境，粗粒沉积常见于高能环境，而两者之间的中值区，代表着过渡区域复杂的水动力环境和物质来源。

2) 标准偏差（σ_i）

$$\sigma_i = \frac{\varphi_{84}-\varphi_{16}}{4} + \frac{\varphi_{95}-\varphi_5}{6.6} \tag{3-3}$$

标准偏差用来指示沉积物粒度的分选程度（即反映颗粒大小的均匀性或离散性），代表着沉积物粒度分布的集中态势（刘秀明和罗祎，2013）。若粒级分布范围很广，主要粒级不突出，甚至是双峰或者多峰沉积物，分选性就差；若粒级少，主要粒径很突出，百分含量高，分选就好，即当粒度集中分布在某一较狭窄范围的数值区间时，就可大致认为分选较好。沉积物分选程度，除了受沉积环境的自然地理条件和水动力条件影响外，还受物源的影响。许多沉积地区的沉积物是来自多物源，不同物源区供应的物质不一样，粒度也不一定连续，这些都是沉积物分选性差的重要原因，特别在分选效能差的沉积环境中。沉积物粒度分选性的好坏可作为环境标志，常用于分析沉积环境的动力条件和沉积物的物质来源，且分选作用与运动介质的性质和碎屑物被搬运的距离密切相关。根据Folk 和 Ward（1957）的粒度分级标准：当σ_i>0时，其值越小分选程度越好，反之越差。其中，规定标准偏差σ_i在1.00~2.00为分选性较差，规定σ_i在2.00~4.00为分选性很差。

3) 偏度（S_K）

$$S_K = \frac{\varphi_{16}+\varphi_{84}-2\varphi_{50}}{2(\varphi_{84}-\varphi_{16})} + \frac{\varphi_5+\varphi_{95}-2\varphi_{50}}{2(\varphi_{95}-\varphi_5)} \tag{3-4}$$

偏度用来判别粒度分布的不对称程度，表明沉积物平均粒径与中值粒径的相对位置，反映沉积过程中的能量变异。当偏度为0时，粒度累积频率曲线近似对称分布；偏度大于0时，平均粒径细于中值粒径，沉积物粗颗粒较多；偏度小于0时，平均粒径粗于中值粒径，沉积物细粒物质较多（刘秀明和罗祎，2013）。根据Folk 和 Ward（1957）的粒度分级标准：S_K在-1.0~-0.1时，沉积物粒度集中在颗粒物的细端；S_K在-0.1~0.1时，沉积物的粒度频率曲线对称分布；S_K在0.1~1.0时，沉积物粒度集中在颗粒物的粗端。

4) 峰度（K_G）

$$K_G = \frac{\varphi_{95}-\varphi_5}{2.44(\varphi_{75}-\varphi_{25})} \tag{3-5}$$

峰度用来衡量沉积物粒度频率曲线的尖锐或钝圆程度，即计算粒度频率曲线尾部展开与中部展开的比例，可用来指示沉积物物源及沉积环境。根据Folk 和 Ward（1957）确定的峰值等级界限：很平坦时，K_G<0.67；平坦时，K_G为0.67~0.90；中等（正态）时，K_G为0.90~1.11；尖锐时，K_G为1.11~1.56；很尖锐时，K_G为1.56~3.00；非常尖锐时，K_G>3.00。

3.3.1.2 矿物特征指数

矿物特征指数可用于揭示沉积物搬运过程中矿物分布规律及其控制因素（颜彬等，2017）。其中，矿物成熟程度指数（M）是以碎屑岩中最稳定组分的相对含量来标志其成分的成熟程度，反映了沉积物中碎屑矿物的改造程度（Frihy et al.，1995）。本书采用石英/长石之比来评价沉积物轻矿物的成熟程度，即

$$M = \frac{石英\%}{长石\%} \tag{3-6}$$

水动力条件和埋藏成岩作用是影响物源信息的两个主要因素，所以在相似水动力条件和成岩作用下，稳定重矿物的质量比值可更好地反映物源特征，将这些比值称为重矿物特征指数，主要包括磷灰石-电气石指数（AT_i）、石榴子石-锆石指数（GZ_i）和锆石-电气石-金红石指数（ZTR）等。

AT_i指数是代表稳定重矿物特性的指数之一，可指示磷灰石的风化强度，即

$$AT_i = \frac{100 \times 磷灰石\%}{磷灰石\% + 电气石\%} \tag{3-7}$$

GZ_i指数表示在包含石榴子石的岩石和沉积体中母岩构成的改变情况，即

$$GZ_i = \frac{100 \times 石榴子石\%}{石榴子石\% + 锆石\%} \tag{3-8}$$

ZTR 指数可反映重矿物的成熟度（邵磊等，2013），即

$$ZTR = 锆石\% + 电气石\% + 金红石\% \tag{3-9}$$

重矿物分异指数（F）可反映水动力变化对重矿物分异的影响程度，通常选择含量相对高的角闪石和不透明矿物进行计算（王中波等，2010），即

$$F = \frac{角闪石\%}{不透明矿物\%} \tag{3-10}$$

其中，角闪石类代表密度相对较低、不稳定的重矿物；不透明矿物主要为钛铁氧化物类（磁铁矿、钛铁矿、赤褐铁矿）矿物，代表密度较大的稳定矿物。F值高表明沉积水动力作用较弱，重矿物的沉积动力分选作用不明显；F值低则反映强水动力沉积环境，水流急，沉积速率较低，矿物的沉积动力分选作用明显。

3.3.1.3 河流水沙系数

水沙系数（K）可视为单位流量的含沙量大小或者相同流量条件下含沙量的大小，即

$$K = \frac{\rho}{Q} \tag{3-11}$$

式中，ρ 为年均含沙量（kg/m³）；Q 为年均流量（m³/s）。

对于某一特定河流，流量大小代表了该河流的运动强度和动能大小，也代表了河流输送泥沙能力的大小。水沙系数大意味着单位流量含沙量大，相同流量或相同水流输沙能力所对应的含沙量大，河道可能处于超饱和状态而发生淤积，反之则可能处于次饱和状态而发生冲刷（吴保生和申冠卿，2008）。当 $K>0.015$ kg·s/m⁶ 时，河道发生淤积；当 $K<0.015$ kg·s/m⁶ 时，河道发生冲刷；当 $K=0.015$ kg·s/m⁶ 时，河道基本保持稳定（胡春宏，2005）。

3.3.2 入海水沙趋势及周期性分析

本书以黄河入海水沙（利津水文站）47 年（1964~2012 年，缺失 1970 年、1971 年数据）的年均径流量、年均输沙量和年均水沙系数为基础数据（山东省黄河口水文水资源勘测局提供），利用 Db3 小波进行趋势分析；利用 M-K 非参数突变检验，监测水沙突变点；利用复值 Morlet 连续小波进行多尺度分析，研究其周期性。

3.3.2.1 入海水沙趋势性分析

在小波分析的实际应用中，小波函数的选择是一个难点。目前，一种是通过经验或不断的试验来选择小波函数（刘素一等，2003），另一种是参照研究目标的分布形态，力求选择与待分析序列形态相似的小波函数（Bradshaw and McIntosh，1994）。径流序列、输沙序列和水沙系数序列是一个随时间变化的波动过程，波峰和波谷分别对应丰枯变化，因此本书选用与其形态相近的 Db3 小波函数作为趋势分析的基本小波。

根据 Db3 小波的波形，通过离散小波变换来分解图像信号，然后再把分解的系数还原为原始信号，以实现小波的重构。其原理是，在使用 Db3 小波进行图像增强时，图像经二维小波分解后，图像的轮廓主要体现在低频部分，细节部分体现在高频部分，因此可通过对低频分解系数进行增强处理，对高频分解系数进行衰减处理，从而使图像的轮廓得到增强；或者通过对高频分解系数进行增强处理，对低频分解系数进行衰减处理，从而使细节部分得到增强（Vidal et al.，2005）。相似的原理可应用于本书基于 Db3 小波的一维小波分解，通过对高频分解系数的衰减处理，对低频分解系数的增强处理，可得到低频的趋势性特征。

在离散小波变换里，信号的最大分解尺度是由式（3-12）决定：

$$J = \text{fix}(\log_2^N) \tag{3-12}$$

式中，N 为信号长度；fix 为选取最接近的整数。在基于 MATLAB 小波工具箱中，要求信号分解的最高层数的长度不能小于小波滤波器的长度，因此信号的最大分解尺度取决于：

$$J = \text{fix}\left(\log_2\left(\frac{N}{n_w} - 1\right)\right) \tag{3-13}$$

式中，N 为信号长度；n_w 为所选择的母小波滤波器长度。Db3 滤波器长度为 6。本书中，利津站水沙序列信号长度为 47，进行对称延拓处理后信号长度变为 141。使用 Db3 小波时，对应的 $n_w=6$，则最大分解尺度为 7。

3.3.2.2 入海水沙突变性分析

设有一时间序列为 x_1，x_2，x_3，$\cdots$，x_n，构造一秩序列 r_i，r_i 表示 $x_i > x_j$（$1 \leq j \leq i$）的样本累积数。定义 S_k：

$$S_k = \sum_{i=1}^{k} r_i \quad (k = 2, 3, \cdots, n) \quad \begin{cases} r_i = 1 & x_i > x_j \quad (j = 1, 2, \cdots, i) \\ r_i = 0 \end{cases} \tag{3-14}$$

S_k 均值 $E(S_k)$ 以及方差 $\text{var}(S_k)$ 定义如下：

$$E(S_k) = \frac{n(n+1)}{4} \tag{3-15}$$

$$\text{var}(S_k) = \frac{n(n-1)(2n+5)}{72} \tag{3-16}$$

在时间序列随机独立假定下，定义统计量：

$$\text{UF}_k = \frac{S_k - E(S_k)}{\sqrt{\text{var}(S_k)}} \quad (k = 1, 2, \cdots, n) \tag{3-17}$$

其中，$\text{UF}_1 = 0$。UF_k 为标准正态分布，给定一显著水平 α，查正态分布表得到临界值 U_α。当 $|\text{UF}_k| > U_\alpha$，序列存在一个明显的增长或减少趋势，所有 UF_k 将组成一条曲线 c_1，通过信度检验可知其是否具有趋势。把此方法引用到反序列中，再重复上述计算过程，并使计算值乘以 -1，得到 UB_k，UB_k 在图中为 c_2。分析绘出的 UF_k 和 UB_k 曲线图，若 UF_k 或 UB_k 的值大于 0，则序列呈上升趋势，小于 0 则呈下降趋势；当 UF_k 和 UB_k 超过信度线时，即表示存在明显的上升或下降趋势；若 c_1 和 c_2 的交点位于信度线之间，则此点可能是突变点的开始。设定显著性水平为 $\alpha = 0.05$，即 $\mu_{0.05} = \pm 1.96$，作为信度线。

3.3.2.3 入海水沙周期性分析

本书应用复值 Morlet 连续小波变换方法，从径流量、输沙量和水沙系数三个方面分析了黄河入海水沙在 1964~2012 年的多时间尺度特征，以期深入揭示黄河入海水沙的周期性规律。为避免量纲不一致导致结果的不可比性，对径流量、输沙量和水沙系数的时间序列数据进行标准化处理。由于数据序列长度有限，为减少数据起端和终端受边界效应的影响，采用把数据反褶的方法对序列进行外延，得到长度为原序列长度3倍的时间序列，以此序列作为小波变换的基础数据（林振山和邓自旺，1999）。在小波变换完成后，只提取中间的小波系数作为最终的小波变换结果。根据年均径流量、年均输沙量和年均水沙系数时间序列的复值Morlet连续小波变换的模的平方的等值线图，分析入海水沙在小波变化域中波动能量强弱的变化特性，进而反映哪些能量聚集中心主导黄河入海水沙在时间域上的波动变化。

对于一维时间序列 $f(t) \in L^2(R)$，小波变换 $W_f(a, b)$ 的含义是把 $\Psi(t)$ 作位移 b 后，在不同尺度 a 下与待分析信号 $f(t)$ 作内积，其表达式为

$$W_f(a, b) = |a|^{-\frac{1}{2}} \int_{-\infty}^{+\infty} f(t) \overline{\psi}\left(\frac{t-b}{a}\right) dt \tag{3-18}$$

式中，$\overline{\Psi}(t)$ 为 $\Psi(t)$ 的复共轭函数；$W_f(a, b)$ 称为小波变换系数。

小波变换的关键是小波函数，这不仅是小波理论的重要内容，也是水文水资源时间序列分析的前提和条件（王文圣等，2002）。复值小波的实部和虚部有 $\pi/2$ 的位相差，可以消除实数形式的小波变换系数模的振荡，分离出小波变换系数的模和位相，前者给出能量密度，而从后者中可发现信号的奇异性和瞬时频率（姚棣荣和钱恺，2001）。本书采用复值 Morlet 连续小波对年水沙序列进行分析。复值 Morlet 连续小波是高斯包络下的单频率复正弦函数，表示为

$$\psi(t) = e^{ict} e^{-\frac{t^2}{2}} \tag{3-19}$$

式中，c 为常数；i 为虚部。

由小波变换理论可知，小波变换模部的平方同函数 $f(t)$ 在其小波变换域中能量的大小成正比。因此，为分析方便和直观，把反映黄河入海水沙在小波变化域中波动的能量曲面以等值线的形式投影到以尺度 a 为纵坐标、以时移 b 为横坐标的 $(a-b)$ 平面上，等值线上的每一点值都对应曲面上的点值，而曲面上能量集中的顶点是其极值点，它在 $(a-b)$ 平面上的投影为一点，此点称为能量中心点，其强弱用小波变换系数 $W_f(a, b)$ 模部的平方值来反映。

3.3.3 重金属污染及风险评价

3.3.3.1 污染评价方法

1）地累积指数（I_{geo}）

地累积指数基于重金属与其地球化学背景值的关系，直观反映重金属在沉积物中的富集程度（Müller，1969）。该指标考虑了地质背景的影响，计算公式为

$$I_{\text{geo}} = \log_2\left(\frac{C_i}{kB_i}\right) \quad (3\text{-}20)$$

式中，C_i 为沉积物中重金属 i 的实测值；B_i 为重金属的参比浓度（地球化学背景值）；k 为背景值变动系数（$k = 1.5$）。根据 I_{geo} 可将重金属污染程度划分为：$I_{\text{geo}} \leq 0$，无污染；$0 < I_{\text{geo}} \leq 1$，轻度污染；$1 < I_{\text{geo}} \leq 2$，偏中度污染；$2 < I_{\text{geo}} \leq 3$，中度污染；$3 < I_{\text{geo}} \leq 4$，偏重度污染；$4 < I_{\text{geo}} \leq 5$，重度污染；当 $I_{\text{geo}} > 5$，极重度污染。

2）富集因子（EF）

富集因子是评价人类活动对沉积物中重金属富集程度影响的重要参数，计算公式为

$$\text{EF} = \frac{(C_i/C_n)_{\text{sample}}}{(C_i/C_n)_{\text{baseline}}} \quad (3\text{-}21)$$

式中，EF 为富集因子；C_i 为沉积物中重金属 i 的含量（mg/kg）；C_n 为参比元素含量（mg/kg）。本书中的参比元素选择 Fe 的背景值，sample 和 baseline 分别代表样品和环境背景值。根据富集因子的大小，可以判断元素的富集程度。Sutherland（2000）将其分为 5 个等级：当 EF≤2 时，沉积物中重金属无富集或轻微富集；当 2<EF≤5 时，为中度富集；当 5<EF≤20 时，为显著富集；当 20<EF≤40 时，为强烈富集；当 EF>40 时，为极强富集。

3）内梅罗污染指数（P）

内梅罗污染指数法是一种兼顾极值的评价方法，也是目前进行综合污染指数计算最常用的方法之一，计算公式：

$$P = \sqrt{\frac{(P_{i\max})^2 + (P_{i\text{avr}})^2}{2}} \quad (3\text{-}22)$$

式中，$P_{i\max}$ 为沉积物各污染因子指数的最大值；$P_{i\text{avr}}$ 为沉积物各污染因子指数的平均值。根据 Bi 等（2017）：当 $P<1$ 时，为无污染水平；当 $1 \leq P < 2.5$ 时，为轻度污染水平；当 $2.5 \leq P < 7$ 时，为中度污染水平；当 $P \geq 7$ 时，为重度污染水平。

3.3.3.2 风险评价方法

1）潜在生态风险指数

潜在生态风险指数法是根据重金属性质及其在环境中的迁移转化和沉积等行为特点，从沉积学角度对沉积物中的重金属进行评价（Hakanson，1980），即

$$C_f^i = \frac{C_m^i}{C_n^i} \quad (3\text{-}23)$$

$$E_r^i = T_r^i \cdot C_f^i \quad (3\text{-}24)$$

$$\text{RI} = \sum E_r^i \quad (3\text{-}25)$$

式中，RI 为某一区域沉积物中重金属潜在生态风险指数；C_f^i 为第 i 种重金属的富集系数（污染系数）；C_m^i 为沉积物中重金属 i 的实测含量；C_n^i 为参比值（背景值或评价标准值）；E_r^i 为第 i 种重金属的单项潜在风险指数；T_r^i 为重金属 i 的毒性系数，反映重金属的毒性水平和生物对重金属污染的敏感程度。本书采用的 T_r^i 值为徐争启等（2008）的推荐值（Cr = 2、Ni = 5、Cu = 5、Zn = 1、As = 10、Cd = 30 和 Pb = 5）。

潜在生态风险指数评价的分级标准如表 3-2 所示。

表 3-2　潜在生态风险指数评价分级标准

E_r^i	单项潜在生态风险程度	RI	综合潜在生态风险程度
<40	轻微	<150	轻微
40～80	中等	150～300	中等
80～160	较强	300～600	强
160～320	强	>600	极强
>320	极强	—	—

2）沉积物质量基准系数法

沉积物重金属基准（SQG_s）是指与沉积物接触的底栖生物或上覆水生生物不受重金属危害的临界水平，反映了重金属与底栖生物或与上覆水生生物之间的效应关系（陈明等，2015）。沉积物质量基准系数法的计算公式如下：

$$(PEL\text{-}Q)_i = \frac{C_i}{PEL_i} \tag{3-26}$$

$$SOG\text{-}Q = \frac{\sum_{i=1}^{n}(PEL\text{-}Q)_i}{n} \tag{3-27}$$

式中，PEL-Q 为可能效应浓度系数；C_i 为重金属 i 的实测含量；PEL_i 为重金属 i 的可能效应浓度。根据计算得到的沉积物质量基准系数（SQG-Q 系数），对研究区域沉积物中的重金属进行生态毒性风险评估。当 SQG-Q<0.1 时，沉积物无重金属生态毒性风险；当 0.1≤SQG-Q<1 时，沉积物存在较低重金属生态毒性风险；当 1≤SQG-Q<10 时，沉积物存在中等重金属生态毒性风险；当 SQG-Q≥10 时，沉积物存在很高的重金属生态毒性风险（Feng et al.，2011）。

3）毒性单位（TU_s）

毒性单位是对各种重金属元素的毒性进行标准化，以此来比较不同元素的相对毒性效应，其可定义为毒性物质化学浓度与其对应的可能效应浓度（PEL）之

比（Pedersen et al.，1998），即

$$TU_s = \frac{C_s^i}{C_{PEL}^i} \tag{3-28}$$

式中，C_s^i 为沉积物中重金属 i 的实测含量；C_{PEL}^i 为重金属 i 的可能效应浓度（PEL）。

某一站位的潜在急性毒性可采用所研究重金属的毒性单位总和（ΣTU_s）来表征，即

$$\sum TU_s = \sum_{i=1}^{n} \frac{C_s^i}{C_{PEL}^i} \tag{3-29}$$

当 $\Sigma TU_s < 4$ 时，沉积物中重金属可视为无毒性；当 $\Sigma TU_s > 6$ 时，沉积物中重金属具有急性毒性（Pedersen et al.，1998）。本书中，河流的尾闾河段为淡水生态系统，而河口及近岸海区为海洋生态系统。因此，对尾闾河段和河口近岸海区沉积物中重金属的生态毒性风险分别采用已建立的淡水生态系统沉积物质量标准（MacDonald et al.，2000）和海洋生态系统沉积物质量标准来评价（MacDonald et al.，1996）（表3-3）。当重金属含量低于临界效应浓度（TEL）时，毒性效应很少发生；当重金属含量高于可能效应浓度（PEL）时，毒性效应将频繁发生；当重金属含量介于二者之间时，毒性效应会偶尔发生。

表3-3　沉积物中主要重金属的基准值　　（单位：mg/kg）

项目	指标	Cr	Ni	Cu	Zn	Pb	Cd
淡水沉积物重金属质量基准	PEL	90	36	197	315	91.3	3.53
	TEL	37.3	18	35.7	123	35	0.596
海洋沉积物重金属质量基准	PEL	160	42.8	108	271	112	4.21
	TEL	52.3	15.9	18.7	124	30.2	0.68

4）毒性风险指数（TRI）

基于临界效应浓度（TEL）和可能效应浓度（PEL）计算重金属毒性风险指数（TRI）以评估重金属的综合毒性风险（Gao et al.，2017），即

$$TRI = \sqrt{\frac{\left(\frac{C_s^i}{C_{TEL}^i}\right)^2 + \left(\frac{C_s^i}{C_{PEL}^i}\right)^2}{2}} \tag{3-30}$$

式中，C_s^i、C_{PEL}^i 同上；C_{TEL}^i 为重金属 i 的临界效应浓度。TRI<5，为无毒性风险；5≤TRI<10，为低毒性风险；10≤TRI<15，为中等毒性风险；15≤TRI<20，为相当高毒性风险；当 TRI≥20，为极高毒性风险。

3.3.4 数据来源与统计分析

3.3.4.1 数据来源

本书所用的数据主要包括实测数据和历史数据。其中，利津水文站黄河入海水沙历史数据（1964~2012 年）以及黄河不同流路时期近岸水下岸坡水深历史数据（1971 年、1975 年、1976 年、1978 年、1985 年、1992 年、1996 年、1999 年、2001 年、2003 年、2008 年、2009 年和 2011 年）由山东省黄河口水文水资源勘测局提供。通过选择不同流路时期的代表性控制断面，以水深数据为基础，在 GIS 技术的支持下，获得黄河三角洲近岸水下岸坡的淤积/侵蚀厚度及其变化速率。

3.3.4.2 统计分析

运用 Origin 8.0 软件对数据进行计算，并对沉积物粒度和黏土矿物组成进行三角端元图及其他图形的绘制；利用 ArcGIS 10.0 软件对不同站位的粒度组成、碎屑矿物组成、黏土矿物组成以及重金属含量进行反距离加权插值处理，并绘制粒度、碎屑矿物和重金属含量的空间分布图；采用 SPSS 20.0 软件对数据进行相关分析、主成分分析和聚类分析等。

第 4 章 辽东湾近岸海区沉积环境特征

4.1 沉积物粒度组成及分布特征

4.1.1 沉积物粒度组成及分布

渤海北部辽东湾海域的表层沉积物以粉砂和砂质组分为主（图4-1）。其中，砂含量为5.8%~83.8%，平均含量为29.7%；粉砂含量为12.8%~73.8%，平均含量为59.2%；黏土含量为3.5%~20.0%，平均含量为11.1%。砂含量高值区（含量>50%）主要位于六股河口、复州河口、滦河口与辽东浅滩；砂含量低值区（含量<30%）主要位于小凌河口南部以及研究区南部。粉砂含量高值区（含量>50%）和黏土含量高值区（含量>20%）的分布趋势大致与砂含量分布趋势相反，其在六股河口、复州河口、滦河口以及研究区东北部含量较低，而在小凌河口南部、大石河口、狗河口以及研究区南部含量较高。

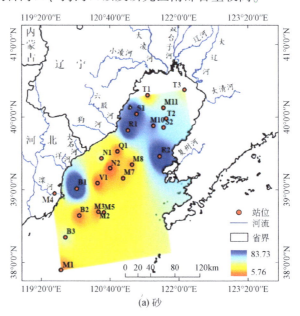

(a) 砂

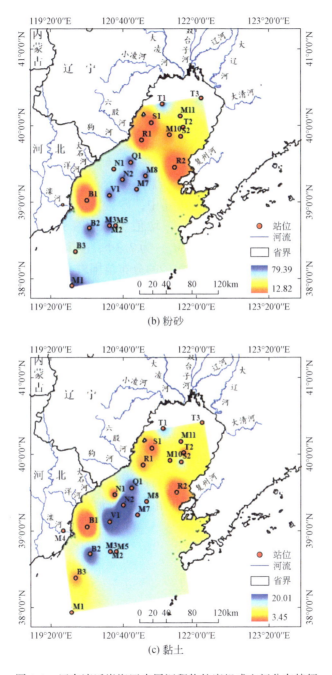

(b) 粉砂

(c) 黏土

图 4-1 辽东湾近岸海区表层沉积物粒度组成空间分布特征

4.1.2 沉积物粒度参数

根据 Folk 和 Ward（1957）的沉积物分类方法，在研究区共鉴定出三种沉积物类型，分别为粉砂质砂、砂质粉砂和粉砂。在这三种沉积物类型中，砂质粉砂在大部分区域均存在，属于主要沉积物类型。粉砂质砂大范围分布在研究区东北部。其中，砂含量为 13.0%～58.0%，均值 39.5%；粉砂含量为 34.9%～73.4%，均值为 51.0%；黏土含量为 9.0%～13.6%，均值为 9.5%；平均粒径（M_z）为 5.7Φ，范围为 5.3～5.9Φ；标准偏差（σ_i）为 3.0～3.6，均值为 3.2。砂质粉砂在研究区的分布最为广泛。其中，砂含量为 9.9%～83.8%，均值为 28.4%；粉砂含量为 27.9%～73.8%，均值为 60.0%；黏土含量为 3.4%～20.0%，均值为 11.6%；平均粒径（M_z）为 7.3Φ，范围为 6.2～8.3Φ；标准偏差（σ_i）为 1.2～2.7，均值为 1.8。粉砂的分布范围较小，集中分布在狗河口和大石河口。其中，砂含量为 11.5%～35.1%，均值为 21.3%；粉砂含量为 62.1%～73.9%，均值为 68.0%；黏土含量为 6.8%～14.6%，均值为 10.7%；平均粒径（M_z）为 8.8Φ，范围介于 8.5～9.0Φ；标准偏差（σ_i）为 0.9～1.1，均值为 1.0。

辽东湾近岸海区表层沉积物的平均粒径（M_z）为 7.1Φ，范围介于 5.3～9.0Φ。平均粒径高值区位于辽东沙脊群和辽东湾近岸海区北部海域，与沉积物中砂质高值区相对应，并向辽东湾中部逐渐递减（图4-2）。平均粒径低值区位于狗河口以南西侧海域，与沉积物中砂质低值区相对应。在辽东湾近岸海区西侧，平均粒径呈现出由岸向海逐渐递增的趋势。整体而言，辽东湾近岸海区表层沉积物的平均粒径自北偏东方向向南过渡过程中呈现出由粗变细的趋势，且在向南部海域过渡的过程中，砂质组分逐渐被粉砂质组分或黏土质组分取代。

4.1.3 沉积分区及主要特征

海洋沉积物的粒度特性可有效反映研究区的物源、海洋动力条件以及地形地貌特征等。辽东湾海域是一个半封闭的海湾，海洋沉积物作为陆源的水下延伸部分，具有继承性控制作用，而这种控制作用主要通过周边河流的物源输入予以体现（表2-1），因此对河流沉积物的粒度分析有利于揭示渤海北部海域的矿物组合特征及水动力状况。辽东湾海域的物质分布及输运还受到海洋水动力如海流、潮汐、离岸流和沿岸流等因素的影响。辽东湾海域的海流主要分为两种类型，一

第 4 章 | 辽东湾近岸海区沉积环境特征

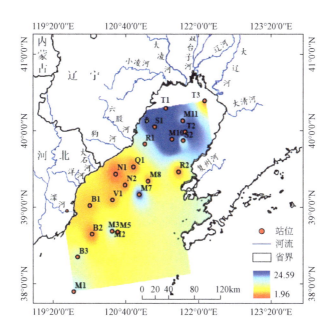

图 4-2 辽东湾近岸海区沉积物平均粒径空间分布

种是大洋系统下的黄海暖流余脉,另外一种是海域内部的沿岸流。辽东湾海域的水深较浅,故大多存在于-20 m 深度范围内的外海区的沿岸流对辽东湾物质输运的影响较为明显。基于辽东湾海域的沉积物类型及粒度分布特征,从物源及海洋动力条件的影响角度将其分成以下 4 个典型沉积区。

(1) 辽东湾北部浅海粉砂及砂质泥沉积区。位于辽东湾北部至-20 m 等深线附近的水下岸坡处,沉积物类型以粉砂和砂质泥为主。该区主要的物源来自北部多条河流(大辽河、小凌河、人凌河、双台子河),输入的沉积物以粉砂和泥为主。这些河流沉积物的分布主要受沿岸流和潮流顶托的影响,所以沉积物的细颗粒组分(粉砂、黏土)有向中部逐渐递减趋势。

(2) 辽东湾六股河、滦河及复州河口砂质沉积区。位于辽东湾西侧六股河口、滦河口以及东侧的复州河口附近海域,其特点是砂、粉砂质砂含量高,还有少量含砾沉积物。该区主要的物源来自六股河、滦河及复州河,输入的沉积物以砂组分为主,沿岸流对沉积物的分布具有一定影响。

(3) 辽东湾六股河-洋河口黏土质沉积区。位于辽东湾西侧六股河口至洋河口附近海域,以黏土组分为主。该区主要的物源来自六股河、狗河、大石河及滦河。

(4) 辽东湾中部及东部过渡沉积区。位于辽东湾中部及东部向南部海域的过渡区，其特点是泥质砂和砂质粉砂含量高，还有少量粉砂质砂。该区沉积物主要受潮流的影响，长期的潮流运动将沉积物中的泥和粉砂等细颗粒物质不断地冲刷带走，导致表层沉积物中的砂含量较高。

4.2 沉积物碎屑矿物组成及分布特征

4.2.1 沉积物碎屑矿物组成及空间分布

辽东湾表层沉积物中碎屑矿物含量的变化范围为 1.67%~48.58%，平均值为 17.1%，整体呈现由东北向西南逐渐降低趋势（图 4-3）。高值区位于辽东湾东北侧，范围包括复州河口、大清河口、辽河口和大凌河口附近海域，平均含量为 31.9%，极大值出现在 S2 站位（48.58%）；低值区位于辽东湾西侧，分布范围主要包括六股河口和滦河口，平均含量为 11.9%，极小值出现在 M1 站位（1.7%）。

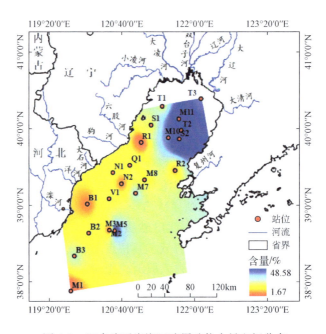

图 4-3 辽东湾近岸海区碎屑矿物含量空间分布

辽东湾近岸海区共鉴定出重矿物 33 种,其含量为 0.09%~35.16%,平均值为 3.2%。研究区表层沉积物中的普通角闪石和绿帘石为主要优势矿物,其含量分别为 32.5% 和 15.8%。岩屑、褐铁矿、磁铁矿、钛铁矿、磷灰石、榍石、石榴子石、水黑云母、黑云母、斜黝帘石和阳起石为次要矿物,其平均含量均为 1%~10%。少量矿物为风化碎屑、自生黄铁矿、白钛石、赤铁矿、菱镁矿、紫苏辉石、透辉石、普通辉石、萤石、电气石、锆石、白云母、黝帘石、玄武闪石和透闪石,其平均含量均小于 1%。样品中偶见金红石、绿泥石、自生碳酸盐、胶磷石、锐钛矿。辽东湾近岸海区共鉴定出 7 种轻矿物与 2 种碎屑矿物(岩屑、风化碎屑),其含量为 64.8%~99.9%,平均值为 96.8%。整体而言,轻矿物含量在六股河口附近海域较低[图 4-4(a)],重矿物含量则在六股河口、复州河口和滦河口附近海域较高,而在其他海域较低[图 4-4(b)]。石英与斜长石为辽东湾近岸海区的主要轻矿物,平均含量分别为 45.8% 和 41.0%。方解石、风化云母、钾长石为辽东湾近岸海区的次要轻矿物,其含量均为 1%~10%。风化碎屑、岩屑、海绿石和白云母为辽东湾近岸海区的少量轻矿物,其平均含量均小于 1%(表 4-1)。

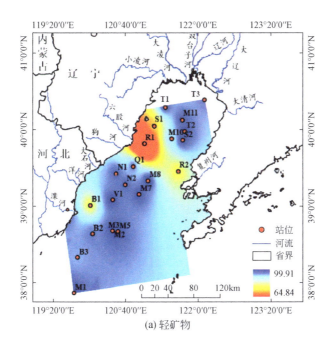

(a) 轻矿物

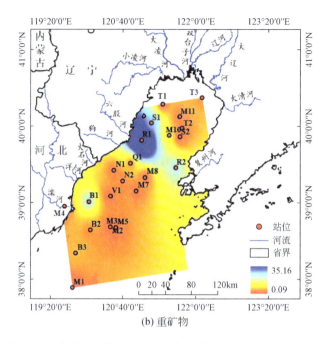

(b) 重矿物

图 4-4 辽东湾近岸海区沉积物中轻矿物及重矿物含量空间分布

表 4-1 辽东湾近岸海区轻、重矿物种类及颗粒百分含量

	重矿物（33 种）	轻矿物（7 种）
含量	0.09%~35.16%	64.8%~99.9%
平均值	3.2%	96.8%
主要优势矿物 （平均含量>10%）	普通角闪石（32.5%）、绿帘石（15.8%）	石英（45.8%）、 斜长石（41.0%）
次要矿物 （1%<平均含量<10%）	岩屑、褐铁矿、磁铁矿、钛铁矿、磷灰石、榍石、石榴子石、水黑云母、黑云母、斜黝帘石、阳起石	方解石、风化云母、 钾长石
少量矿物 （平均含量<1%）	风化碎屑、自生黄铁矿、白钛石、赤铁矿、菱镁矿、紫苏辉石、透辉石、普通辉石、萤石、电气石、锆石、白云母、黝帘石、玄武闪石、透闪石	海绿石、白云母
偶见种矿物	金红石、绿泥石、自生碳酸盐、胶磷石、锐钛矿	—

注：轻、重矿物含量单位为质量分数，主要优势矿物含量单位为颗粒百分数

4.2.2　沉积物碎屑矿物空间分区

聚类分析表明，构成重矿物聚类树状图的主要指标为闪石类、帘石类和金属

矿物类，三类矿物之间的含量差异明显。沉积物中三类矿物的平均含量为74.6%，其中闪石类含量平均为38.0%，金属矿物类含量平均为19.9%，帘石类含量平均为17.2%。三类矿物含量高且分布差异较大，故可作为主要优势矿物组合来分析辽东湾海域的矿物组合区特征。

基于聚类分析结果，将辽东湾近岸海区表层沉积物中的碎屑矿物划分为W和E两个区，并细分为W1、W2、E1、E2四个亚区（图4-5）。其中，W区分布在辽东湾海域的西侧，主要受小凌河口、六股河口和滦河口沉积矿物的影响。W区的闪石类含量不但低于E区，而且低于辽东湾近岸海区均值；金属矿物和石榴子石的含量不但高于E区，而且分别高于辽东湾近岸海区均值。W1区的碎屑矿物含量为14.9%，分布在研究区西北侧。普通辉石含量高是划分W1区、W2区的关键指标，而云母类、赤铁矿和透闪石含量在全区普遍较低。W2区的碎屑矿物含量为16.1%，分布在辽东湾西侧的滦河口及六股河口南侧，该区极稳定重矿物（ZTR）含量较高。E区分布在辽东湾的东侧，主要受辽河、大清河和复州河口沉积矿物的影响。E区的闪石类含量不但高于W区，而且高于辽东湾近岸海区均值；金属矿物含量不但低于W区，而且低于研究区含量均值。帘石类含量高（23.1%）是区分E1区、E2区的关键指标。E1区的碎屑矿物含量为21.2%，分布在辽东湾近岸海区东北侧；E2区的碎屑矿物含量为19.0%，分布在辽东湾近岸海区东南部。不同分区表层积物碎屑矿物中的主要重矿物平均含量见表4-2。

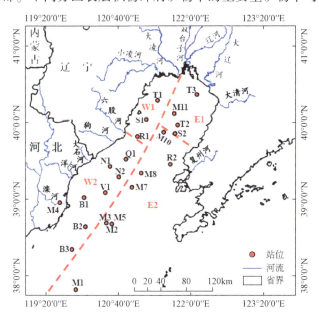

图4-5 辽东湾近岸海区碎屑矿物空间分区

表 4-2　不同分区表层沉积物碎屑矿物中主要重矿物平均含量（单位:%）

矿物种类	W 区		E 区		辽东湾近岸海区
	W1	W2	E1	E2	
闪石类	29.68	30.79	42.19	52.93	37.99
帘石类	19.15	18.74	23.13	13.20	17.18
云母类	0.31	0.39	0.45	3.96	4.39
石榴子石	12.48	11.62	8.76	5.00	8.14
榍石	4.95	5.67	5.73	3.90	4.64
辉石类	0.93	0.71	0.45	0.38	0.54
金属矿物	26.40	25.22	13.06	10.83	19.85

4.2.3　沉积物矿物特征指数

4.2.3.1　Q/F 指数

Q/F 即石英/长石比值，是辨别沉积物中碎屑矿物改造程度的常规指标之一（叶青，2014）。辽东湾近岸 4 个亚区的 Q/F 值为 1.06~1.70，平均值为 1.35 [图 4-6（a）]，说明轻矿物成熟度差异不大。E1 区的物源来自辽河和双台子河，流域面积大，搬运距离远、风化时间较长，风化条件复杂，故其 Q/F 值较其他一些山溪性河流的 Q/F 值略高。E2 区 Q/F 值较低的原因主要是其物源来自流域相对较小的复州河，且风化条件较差。极小值 M7 正好位于潮流沙脊的北坡。由于潮流会挟带风化程度较高的第四纪松散沉积物由西北向东南方向运移，但在遇到潮流沙脊的阻挡后，原本自然沉积就弱的 M7 站位的少量沉积物被东侧潮流冲刷槽冲刷搬运，使得更多的母岩成分出露，导致后期现代沉积物含量低。据此，本书认为虽然辽东湾海底大多被现代陆源沉积物所覆盖，但辽东浅滩处的沉积方式属于残留沉积而非全新世潮流沉积。

4.2.3.2　AT_i 指数

AT_i 指数是代表稳定重矿物特性的指数之一，指示的是磷灰石的风化强度。辽东湾近岸 4 个亚区的 AT_i 指数值为 53.38~82.43，平均值为 69.26 [图 4-6（b）]。其中，E 区相对较高的 AT_i 指数说明双台子河、辽河和复州河的磷灰石遭受风化溶蚀的程度较高。相反，小凌河等相对较小的河流侵蚀能力差，矿物成熟度低，故风化磷灰石的能力也差，W 区的 AT_i 指数整体较 E 区低。

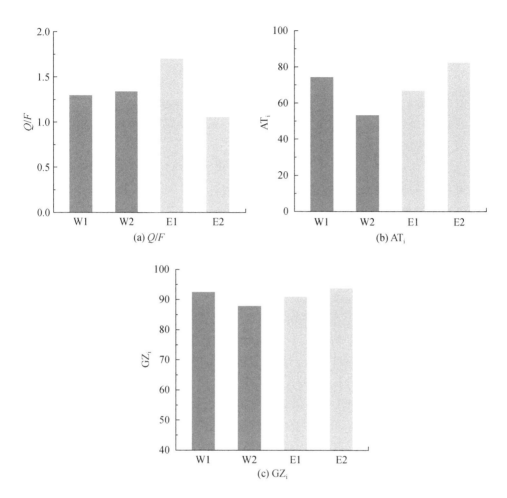

图 4-6　辽东湾近岸海区沉积物矿物特征指数

4.2.3.3　GZ_i 指数

GZ_i 指数表示在包含有石榴子石的岩石和沉积体中母岩构成的改变情况。辽东湾近岸海区的 GZ_i 指数为 71.43~100.00，平均值为 90.77 [图 4-6（c）]。除分布在六股河口和狗河口附近的 Q1 站位外（71.43），W2 区其他站位的 GZ_i 指数值均高于 80，且大多高于 90。石榴子石是产于基性-超基性岩浆岩和变质岩中的母岩类型，故 GZ_i 指数与出露于变质岩中的石榴子石含量的高低呈正相关，而在相同母岩类型下又与 AT_i 指数呈正相关。六股河口的石榴子石含量低是因为分布区内广泛出露太古期的片麻状花岗岩以高含量的磁铁矿、重矿物和钾长石为主，加之基性岩石不发育，Q1 站位的 GZ_i 指数较低。

4.2.4　沉积物碎屑矿物分类及特征

碎屑矿物中的重矿物组分在表生环境中具有较强的稳定性，故重矿物组分除用于识别陆源物质外，还可用来判别辽东湾近岸海区的沉积环境特征。本书将前述识别的33种重矿物分为8种类别，并对每种类别的矿物特性以及其所反映的辽东湾近岸海区环境特点进行概述。

（1）闪石类矿物：辽东湾海域的闪石类矿物主要包括少量的阳起石、微量的透闪石以及较多的角闪石。其中，普通角闪石分布普遍且含量较高，是辽东湾近岸海区内最具有代表性的矿物种类。闪石类矿物是不稳定矿物，其在辽东湾近岸海区内的较高含量反映了泥沙来源区的富集强度是决定其占比的重要因素。闪石类矿物在大辽河和复州河沉积物中的含量较高（表4-3），且其在辽东湾东侧海区（E区）的含量要高于西侧海区（W区）（表4-2），反映了河流物源及水动力条件对其分布可能具有较大影响。

（2）帘石类矿物：辽东湾海域的帘石类矿物以绿帘石和黝帘石为主，其在沉积物中的占比较高，平均含量为17.2%，极大值为55.9%，表明帘石类矿物在辽东湾近岸海区亦分布广泛，且含量较高的区域位于辽东湾西侧海区（W区）。绿帘石为帘石类碎屑的主要优势种类，也是仅次于角闪石的碎屑种类。帘石类矿物性质的特殊性在于其易风化，且受环境变化扰动明显。

（3）金属矿物：辽东湾海域的金属矿物主要包括褐铁矿、钛铁矿和磁铁矿等，平均含量为19.9%，极大值为57.0%。辽东湾近岸海区的金属矿物以钛铁矿和褐铁矿居多，其中褐铁矿是次生矿物，广泛分布于各站位的沉积物中，尤其在六股河口附近海域的沉积物中含量较高。金属矿物在大凌河、小凌河、六股河和滦河沉积物中的含量较高（表4-3），且其在辽东湾西侧海区（W区）的含量要高于东侧海区（E区）（表4-2），也反映了河流物源及水动力条件对其分布可能具有较大影响。

（4）石榴子石：辽东湾海域的石榴子石平均含量为8.1%，最高值为32.8%。石榴子石是变质矿物，化学性质稳定，可作为判断辽东湾近岸海区区风化条件的有效代用指标。辽东湾近岸海区的石榴子石风化强度与其颗粒数百分含量呈正相关关系。

（5）榍石：榍石是产于岩浆岩的代表性矿物，且是一种副矿。榍石类矿物的分布较为广泛，本书获取的所有样品中均存在榍石类矿物。整体而言，辽东湾近岸海区的榍石类矿物含量较低，平均为4.6%，极大值为12.8%。榍石类矿物的高值区主要分布在辽东湾东侧海区，特别是在复州河口附近海域含量较高，而这主要与复州河沉积物中的榍石类矿物含量较高有关（表4-3）。

（6）云母类矿物：辽东湾海域的云母族类矿物含量为1.0%~12.9%，均值为4.4%，包括大量黑云母和水黑云母，其分布范围与闪石类矿物相似。云母类矿物对于海洋沉积环境的意义在于其在静水中含量高，可作为研究物源和水动力的替代物，尤其是对水动力的判断更为有效。辽东湾海域的云母类矿物以黑云母占主导，水黑云母次之，白云母很少。

（7）辉石类矿物：辽东湾海域的辉石族类矿物主要包括普通辉石、透辉石和紫苏辉石三大类，而占主导的是普通辉石，其在大凌河口附近海区的含量明显高于其他海区；透辉石和紫苏辉石亦占有较高比例。辉石类矿物不稳定，其在水动力强的条件下较易风化磨损。虽然辽东湾海域的辉石类矿物平均含量仅为0.5%，但其在大凌河口附近海区的含量要高于其他海区，这不仅是与蚀源区的分布辉石族类矿物有关，而且更主要是与大凌河口扇形堆积物宽广，造成了水下岸坡抬升，进而降低了河流冲刷动力有关。

（8）极稳定组合矿物：主要指锆石+电气石+金红石类，特点是化学性质稳定，为辽东湾海域重矿物中的极稳定矿物，其含量之和（即ZTR指数）可反映重矿物的成熟度。研究区的ZTR指数平均为1.56%，且西侧海区（W区，1.85%）要高于东侧海区（E区，1.15%）。尽管辽东湾西侧海区的洋流冲刷和磨蚀强度较东侧大，但受辽东湾近岸海区西侧入海河流物源（表4-3）以及矿物自身所具有的稳定性质的影响，上述极稳定矿物的高耐风化特点被保存下来了。

表4-3 辽东湾周边主要河流沉积物中不同轻、重矿物平均含量

（单位:%）

碎屑矿物		滦河	六股河	小凌河	大凌河	双台子河	大辽河	复州河
轻矿物	石英	62.1	46.4	37.7	52.9	70.3	54.6	55.7
	斜长石	27.5	32.6	44.0	24.1	19.9	25.4	26.8
	钾长石	6.5	15.1	10.0	6.3	3.9	1.0	14.3
	白云母	—	0.1	0.1	0.1	1.1	2.7	
	风化云母	2.2	3.4	1.7	0.7	2.3	7.9	1.8
	绿泥石	1.0	1.1	2.8	0.7	0.6	0.9	1.0
	碳酸盐矿物	—	0.1	0.2	0.1	0.1	—	
	岩屑	0.3	0.1	0.6	0.3	0.1	0.1	
	风化碎屑	0.3	0.6	1.9	2.7	0.4	1.0	0.3
	其他	0.1	0.4	1.1	12.1	1.2	6.4	—

续表

碎屑矿物		滦河	六股河	小凌河	大凌河	双台子河	大辽河	复州河
重矿物	普通角闪石	38.8	11.3	14.3	15.9	34.3	45.5	73.0
	透闪石	0.3	0.4	0.3	0.2	1.1	0.7	0.2
	阳起石	2.0	0.5	1.3	1.6	2.2	5.0	0.9
	绿帘石	13.5	8.4	7.9	12.5	26.9	16.9	2.1
	黝帘石	0.4	—	—	0.5	1.4	1.1	—
	黑云母	0.1	0.1	0.3	0.1	0.6	1.2	0.5
	白云母	—	0.1	—	—	—	0.1	—
	水黑云母	0.1	0.3	0.1	—	0.2	1.9	0.8
	绿泥石	0.1	—	—	—	0.1	0.2	0.2
	石榴子石	6.1	0.6	3.3	10.2	7.3	2.2	4.9
	榍石	2.3	3.2	2.4	3.8	6.1	2.3	4.3
	磷灰石	1.1	1.2	0.7	0.7	0.4	0.6	0.8
	电气石	0.3	—	0.1	0.5	0.9	0.6	0.2
	锆石	0.6	0.7	0.6	0.2	0.1	—	0.5
	金红石	0.1	—	—	—	—	—	—
	萤石	0.1	0.1	—	—	—	—	—
	普通辉石	2.4	1.9	15.9	3.4	1.9	1.4	0.6
	透辉石	1.3	0.7	—	0.4	1.0	0.6	—
	紫苏辉石	0.9	—	0.2	0.1	0.2	0.1	—
	白云石	0.1	—	—	0.1	—	—	—
	菱镁矿	0.2	—	—	0.4	—	0.3	—
	钛铁矿	8.8	6.2	12.0	10.8	5.6	1.1	1.3
	磁铁矿	12.7	45.5	17.8	26.6	0.4	4.1	0.5
	褐铁矿	4.0	5.8	10.1	4.7	2.7	3.7	6.6
	赤铁矿	1.8	9.9	6.4	5.5	0.4	7.1	2.4
	白钛石	—	—	—	0.2	0.5	—	—
	自生黄铁矿	—	—	—	—	2.5	0.9	—
	软锰矿	—	—	—	—	—	0.3	—
	菱铁矿	—	—	—	—	0.2	—	—
	磷钇矿	0.1	—	—	—	—	—	—
	霓石	—	—	0.1	—	—	—	—

续表

碎屑矿物		滦河	六股河	小凌河	大凌河	双台子河	大辽河	复州河
重矿物	霓辉石	—	0.1	0.1	—	0.2	—	—
	玄武闪石	—	—	0.2	0.2	—	—	—
	岩屑	1.6	2.4	5.6	0.6	1.8	1.7	0.2
	风化碎屑	0.4	0.3	0.3	0.5	0.9	0.4	0.3

资料来源：王利波等（2013）

4.2.5 沉积物碎屑矿物分布及沉积环境影响因素

应用 R 型因子分析法对影响辽东湾海域碎屑矿物组合与空间分布的关键因子进行识别，得到了特征值大于 1 的三个主要因子。第一因子的贡献率为 41.9%，是主导研究区表层沉积物风化搬运规律的主要依据，其代表的沉积物组合是帘石类矿物、榍石类矿物，且 ZTR 指数高。帘石类矿物、榍石类矿物是渤海北部辽东半岛侵入岩体的特征副矿物，也是影响辽东湾表层沉积物组成特征的一个重要物源，故第一因子较好地反映了物源对碎屑矿物空间分异的影响。第二因子的贡献率为 22.7%，其代表的特征矿物组合为云母类矿物，云母类矿物受水体扰动影响较大，可很好地反映水动力状况，因此第二因子反映了水动力强弱对碎屑矿物空间分布的影响。第三因子的贡献率是 14.7%，其代表的沉积物组合类型是辉石类矿物和石榴子石类沉积物。石榴子石不易风化，化学性质稳定，而辉石类矿物极易风化，因此第三因子反映了矿物本身风化性质对碎屑矿物分布的影响。上述分析表明，影响辽东湾海域碎屑矿物空间分布的最重要因素是碎屑矿物的来源。尽管已有研究显示，矿物自身的风化性质对碎屑矿物分布具有一定影响，但物源和水动力对研究区碎屑矿物组合及其空间分布的影响程度可能更大。

4.2.5.1 物质来源对碎屑矿物分布特征的影响

海洋沉积物作为陆源的水下延伸部分，具有继承性控制作用。W 区和 E 区分布在辽东湾近岸海区的东、西两侧，这种控制作用主要通过两侧河流的物源输入予以体现，而对河流沉积物碎屑矿物的分析有助于揭示辽东湾海域的矿物组合特征。辽东湾为半封闭型海湾，尽管黄河对渤海的三大海湾均有影响，但其对辽东湾海域的影响较弱。辽东湾海域的碎屑矿物组成更主要受到周边中小型河流输入沉积物的影响（表4-3），且受不同侵蚀源区矿物种类与矿物作用过程的控制（表4-4）。

W 区分布在辽东湾西侧陆架浅海区，是华北块体的水下延伸部分，以太古代混合花岗岩、基底混合岩为主（李西双，2008），在强烈的变质作用影响下金属矿物含量高。大量金属矿物通过河流输送到辽东湾海域的西侧即 W 区，导致该海域金属矿物含量高（表4-2和表4-3）。聚类分析显示，W1区的海洋沉积物多来源于大凌河、小凌河和六股河。其中，大凌河主要出露太古代变粒岩夹磁铁石英岩、片麻状花岗岩，这些岩石经过变质作用产生磁铁石副矿是金属矿物含量高的主要原因。六股河和小凌河流域均以太古期片麻状花岗岩、早燕山期二长花岗岩为主，在太古代强变质作用影响下，金属矿物（磁铁矿、赤铁矿）、锆石、磷灰石、榍石等副矿含量明显较高（表4-4）。在三条河流的共同影响下，W1区的金属矿物（菱镁矿、钛铁矿、磁铁矿和褐铁矿）、锆石、磷灰石和榍石之和比 E 区高出6倍（表4-3）。特别是六股河口处闪石类矿物（普通角闪石和透闪石）含量极低（11.7%），而金属矿物含量极高（67.4%）。六股河流量大，并处在 W1、W2 区的分界线上，因而其对 W1、W2 区的沉积物分布特征均存在明显影响。W2 区的沉积物主要来自六股河和滦河。滦河以近岸沉积为主，沉积物集中分布在滦河口-曹妃甸附近海区，花岗岩经过太古代变质作用产生了角闪石和大量金属矿物（表4-4）。W 区的小凌河、大凌河流域同时以白垩系、侏罗系安山岩为主，安山岩中赋存大量辉石（辽宁省区域地质志，1989），并且辉石类矿物极易被风化，仅在小凌河口处含量略高。辉石类矿物含量的高低造成 W1、W2 区以六股河口为界而南北分异，W1 区的辉石类矿物含量要比 W_2 区高出31%。

表4-4 不同蚀源区矿物种类与矿物作用过程

沉积区	母岩	来源	主要出露的矿物种类及其作用过程
W1	华北块体	大凌河 小凌河	1) 大凌河流域主要出露第四纪松散沉积物，太古代变粒岩夹磁铁石英岩、片麻状花岗岩、白垩系安山岩、砂岩、侏罗系安山岩、砂岩等，该河流较高含量的磁铁矿主要源于流域内磁铁石英岩及强烈变质作用产生的副矿，中上游广泛出露的砂岩导致河流沉积物中石英含量较高； 2) 小凌河流域主要出露白垩系安山岩，侏罗系安山岩，太古代片麻状花岗岩、早燕山期二长花岗岩等。辉石和斜长石是安山岩的常见矿物组分，广泛分布的安山岩经风化剥蚀，导致河流沉积物中的辉石和斜长石含量均较高。该河流高含量的金属矿物主要来源于下游太古代片麻状花岗岩强烈变质作用产生的副矿物
W2		六股河 滦河	1) 六股河流域主要出露太古代片麻状花岗岩、早燕山期二长花岗岩。花岗岩经过太古代强烈变质作用导致金属矿物（磁铁矿、赤铁矿）、磷灰石、榍石、锆石和角闪石等副矿物的产出，使得该河流下游沉积物中的上述矿物尤其是金属矿物含量较高。二长花岗岩的风化剥蚀提供了大量斜长石和钾长石，导致下游沉积物中的长石含量也较高； 2) 滦河以花岗岩近岸沉积为主，花岗岩经过太古代变质作用产生了角闪石和大量金属矿物

续表

沉积区	母岩	来源	主要出露的矿物种类及其作用过程
E1	胶辽朝块体	双台子河大辽河	1）双台子河流域分布有太古和远古期片麻状花岗岩、燕山期二长花岗岩、太古界斜长角闪岩，斜长角闪岩风化造成角闪石含量较高； 2）双台子河流域的金属矿物含量低，并非基岩中缺乏，主要是由于上游蚀源区金属矿物密度较大，难以长途搬运，导致河流沉积物中磁铁矿、赤铁矿和褐铁矿含量均很低； 3）双台子河和大辽河沉积物被鉴定出含有自生黄铁矿，可能导致 E1 区的 S2 站位存在少量自生黄铁矿； 4）大辽河出露太古期片麻状花岗岩、太古斜长角闪石等，斜长角闪岩的风化剥离导致闪石类矿物特别是普通角闪石含量升高； 5）E1 区的帘石类含量高，仅次于普通角闪石。其中，绿帘石易风化，是帘石类矿物的主要种类，主要产自花岗岩。大辽河与双台子河流域出露着多种类型的花岗岩，花岗岩风化剥蚀导致帘石类矿物含量偏高
E2		复州河	发育上元古界青白系和震旦系长石砂岩、石英砂岩，太古界鞍山群低角闪岩相变质岩以及印支期石英闪长岩。E2 区沉积物中高含量的闪石类矿物可能来源于复州河上游的角闪质变质岩和石英闪长岩的风化。E2 区黑云母可能来源于长石砂岩、石英砂岩和低角闪岩相变质岩

资料来源：辽宁省区域地质志（1989）；王利波等（2013）

E 区分布在辽东湾东侧海域，为胶辽朝块体的水下延伸部分，以中上元古界绢云片岩、片岩和古生界灰岩、石英砂岩为主（李西双，2008）。丰富角闪岩的剥蚀和风化使辽东湾东侧（E 区）周边河流沉积物中的闪石类含量明显偏高（表4-3），并通过河流将其输送至 E 区附近海域。由北向南，双台子河、大辽河、大清河、复州河等河流沉积物中的闪石类矿物含量呈逐渐增加趋势（表4-3），这一趋势主要是受距闪石类富集区距离的影响。E1 区的沉积物类型来源于双台子河和大辽河两条河流的陆源输入，双台子河和大辽河在 1958 年前曾是辽河下游入海河道的两条分支，故其沉积物类型具有相似特征。双台子河流域分布有太古和远古期片麻状花岗岩、燕山期二长花岗岩和太古界斜长角闪岩等，斜长角闪岩风化造成角闪石含量较高（表4-4）。双台子河、大辽河流域内的金属矿物含量低，主要是上游蚀源区金属矿物密度较大，难以长途搬运，导致河流沉积物中的磁铁矿、赤铁矿和褐铁矿含量均很低（表4-3）。大辽河与双台子河类似，都出露太古期片麻状花岗岩、太古期斜长角闪石等，沉积物中普通角闪石含量高，主要为斜长角闪岩的风化剥离造成闪石含量上升（表4-4）。E1 区的帘石类含量高，其中绿帘石易风化，是帘石类矿物的主要种类，其主要产自花岗岩中，含量仅次于普通角闪石。大辽河与双台子河流域出露有多种类型的花岗岩，故花岗岩的风化剥蚀导致其沉积物中的帘石类矿物（绿帘石和黝帘石）含量偏高（表4-3）。影响E2区沉积物特征的主要是复州河。复州河流域发育上元古界青白系和震旦系长石砂岩、石英砂岩，太古界鞍山群低角闪岩相变质岩，以及印支期石英闪长岩（表4-4）。E2区沉积物中高含量的闪石类矿物来源于复州河上游的角闪质变质岩、石英闪长岩这两种类型基岩的风化。复州河及河口沉积物中的云母类含量高，且大部分是黑云母（表4-3），而黑云母主要产于变质岩以及一些花岗岩中，因此E2区的黑云母可能来源于长石砂岩、石英砂岩和低角闪岩相变质岩（表4-4）。复州河流域的帘石类矿物含量低主要与其基岩类型中缺乏花岗岩有关（张华锋等，2005）。实际上，E区分异的主要特征在于帘石类矿物含量的差异（表4-2）。

4.2.5.2 水动力对碎屑矿物分布特征的影响

辽东湾海域的洋流以顺时针沿岸流为主（图4-7），以黄海暖流余脉为辅，其中沿岸流对沉积矿物的影响主要为冲蚀、搬运及再沉积。W区以大凌河、小凌河和六股河输入的粉砂和泥为主，受西南-东北方向沿岸流和潮流顶托作用的影响，沿岸物质有向中部搬运的趋势。辽河平原长期处于下陷状态，使W1区的蚀

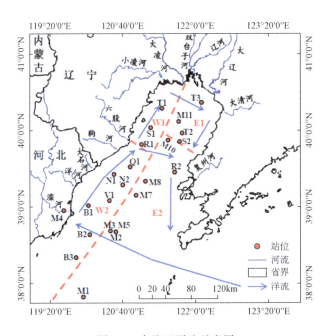

图4-7　各海区洋流示意图

源区低于海平面，入海泥沙动力减弱后堆积形成大型冲积扇，并以淤泥有机质为主在河口堆积。T1 站位的少量非外源自生黄铁矿的生成与前人研究结果相吻合，证明了 W1 区的水动力较弱，水体环境稳定，且沉积物中的有机质含量高（王利波等，2014）。W2 区海岸带的主要岩石是花岗岩，长期风化剥蚀后形成剥蚀残丘，在汛期来临时大量泥沙输入，演化为滨海堆积平原，以六股河口输入的砂质组分和滦河口输入的粉砂、黏土组分为主（刘忠诚等，2014）。其中，六股河口受沿岸洋流控制，R1 站位较高的金属矿物含量与河流沉积物特性不符，且其重矿物含量明显高于其他区域（图 4-4），这可能是六股河流量大、风化作用强，较耐风化的金属矿物沉积并积累所致。滦河口的潮流流场较弱，以沿岸流挟带悬浮物质下沉为主要方式，具有近源性。

辽东湾海域 E1 区与 E2 区的水动力存在较大差异，位于 E2 区的复州河口水动力较强。E1 区的岩石类型为震旦纪花岗岩和石英砂岩，易风化堆积而使海岸线趋于平直，水动力以较弱的沿岸冲刷为主，洪积物发育良好，不稳定的闪石类矿物含量高表明其具有近源性的特点（秦蕴珊等，1985；刘忠诚等，2014）。图 4-3 中 E1 区的碎屑矿物含量略高于西侧的 W1 区，可能与辽河、双台子河年均径流量大、水动力较强有关。物源分析表明，帘石类矿物仅在 E1 矿物组合区中含量较高，但在 E2 区的复州河口也有分布，原因可能主要与自北向南的沿岸流常年对其搬运有关（图 4-7）。E2 区的岸线以长石砂岩、石英岩为主，抗蚀性强，利于海蚀地貌的保持（秦蕴珊等，1985），受往复的周期性潮流、暖流余脉的控制，无自生黄铁矿产出，水动力较强。E2 区处于复州河口的辽东浅滩潮流冲刷槽，由于槽部方向不一致，潮流冲刷方向有向北、西北偏移的倾向（赵保仁等，1995；李琰等，2013）。云母类矿物呈片状易随洋流漂移，故其含量可很好地反映海洋水动力状况。一般而言，水动力较弱海区的沉积物中云母类矿物含量偏高。E2 区 M8 站位的云母类矿物含量具有异常高的特点，其值（69.2%）远高于该区均值（4.0%），原因主要有两方面：一是潮流冲刷槽处可能是云母类矿物输入的重要通道；二是该区存在的洋流涡旋可能将其大量聚集起来。大连地区云母类矿物含量较高，其中云母类矿物可通过复州河输送到辽东浅滩潮流冲刷槽处，加之云母类矿物受到往复的周期性潮流冲刷而易沿西北方向搬运，并在动力减弱后大量堆积下来。另外，M8 站位处在顺时针潮流涡旋的中心，四周洋流形成了闭合环流圈。北半球洋流做顺时针运动时，表层海水向内辐聚，上层海水下沉，这就使得大量云母类矿物在海底表层沉积物的中心聚集。

4.3 沉积物重金属地球化学特征

4.3.1 沉积物重金属空间分布及影响因素

4.3.1.1 重金属空间分布特征

辽东湾近岸海区沉积物中 Mn、V、Zn、Cr、Pb、Ni、Cu、As、Co 和 Cd 的平均含量分别为 551.88mg/kg、49.81mg/kg、44.80mg/kg、33.47mg/kg、18.85mg/kg、15.32mg/kg、14.83mg/kg、11.72mg/kg、11.72 和 0.14mg/kg（表4-5）。除 Cd 外，As 和其他 8 种重金属的空间分布特征较为相似，高值区主要分布于辽东湾西南近岸海区，而低值区主要分布于北部和东南部海区，并呈现出由近岸向海递减的变化特征。与之相反，Cd 含量高值区主要分布于辽东湾北部海区，而低值区主要分布于西南部海区（图4-8）。

**表4-5 辽东湾近岸海区表层沉积物中 As 和重金属含量
与背景值及中国海洋沉积物质量基准对比** （单位：mg/kg）

区域或标准		Mn	V	Zn	Cr	Pb	Ni	Cu	As	Co	Cd	参考文献
辽东湾近岸海区		551.88	49.81	44.80	33.47	18.85	15.32	14.83	11.72	11.72	0.14	本书
辽东海域		—	—	104.61	54.88	28.45	—	19.84	10.13	—	1.70	张珊荣等（2012）
黄河口海域		—	—	63.90	65.03	19.95	—	19.97	11.36	—	0.12	林曼曼等（2013）
辽东湾海域	春季	—	—	108.89	—	26.62	—	28.77	12.09	—	0.5	宋永刚等（2015）
	夏季	—	—	71.93	—	24.22	—	26.05	11.03	—	0.22	
渤海湾西部		—	—	87.22	60.47	38	—	23.18	16.09	—	0.23	周笑白等（2015）
莱州湾		—	—	59.4	57.1	20.2	19.4	13.3	13.1	—	0.081	胡宁静等（2011）
《海洋沉积物质量》（GB 18668—2002）	I 级	—	—	150	80	60	34	35	20	—	0.5	NSPRC（2002）
	II 级	—	—	350	150	130	40	100	65	—	1.5	

续表

区域或标准	Mn	V	Zn	Cr	Pb	Ni	Cu	As	Co	Cd	参考文献
TEL	—	—	124	52.3	30.2	15.9	18.7	7.24	—	0.68	MacDonald
PEL	—	—	271	160	112	42.8	108	41.6	—	4.21	等（1996）

整体而言，As 和重金属含量高的海区主要为大石河口附近海区以及滦河口东南部海区，其次为复州河口附近海区。其中，大石河口附近海区沉积物中 As 和 9 种重金属的含量均较高，曹妃甸东北部海区沉积物中 V、Cr、Ni、As、Co、Cu、Zn 的含量均较高，而复州河口附近海区沉积物中 Mn、As、Cd 的含量均较高，特别是 Mn 含量达到了研究区的最高值（1443.1 mg/kg）。As 和重金属含量低的海区主要包括洋河口附近海区、滦河口附近海区、六股河口附近海区以及辽东湾北部海区。其中，洋河口附近海区沉积物中 As 和 9 种重金属含量均较低；滦河口附近海区仅 Pb 含量较高，而 As 和其他 8 种重金属含量均较低；辽东湾北部有诸多河流如大清河、辽河、大凌河和小凌河等注入，其沉积物中的 Mn、Co、V 和 Cu 含量均较低，而 Cd 含量较高；六股河口附近海区沉积物中的 As、Pb、Ni 和 Cd 含量均较高，而其他 6 种重金属含量均较低（图 4-8）。

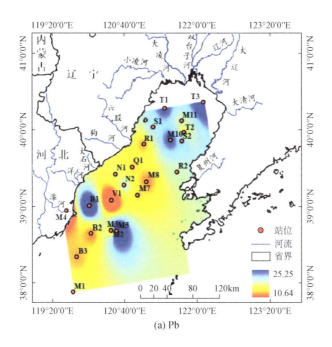

(a) Pb

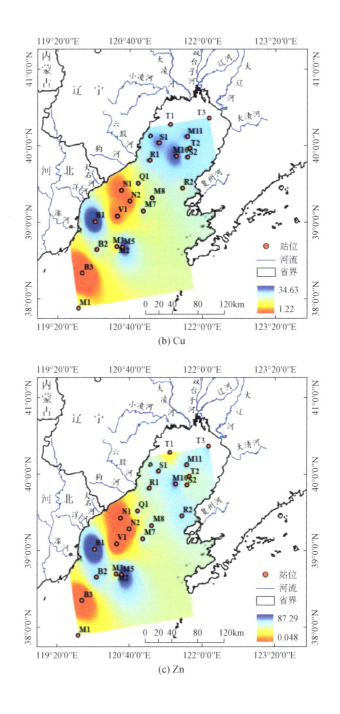

(b) Cu

(c) Zn

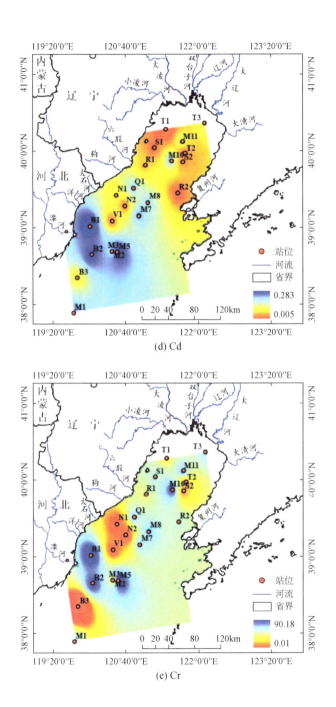

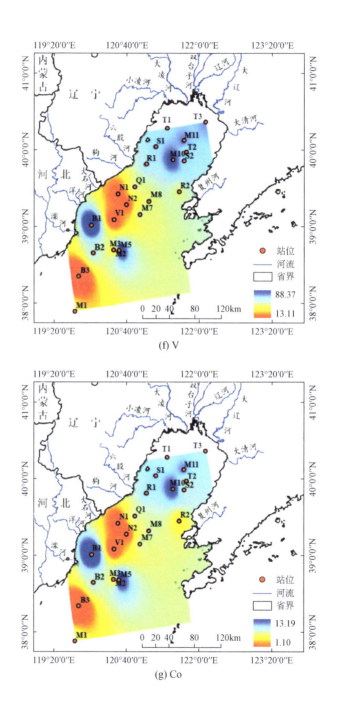

(f) V

(g) Co

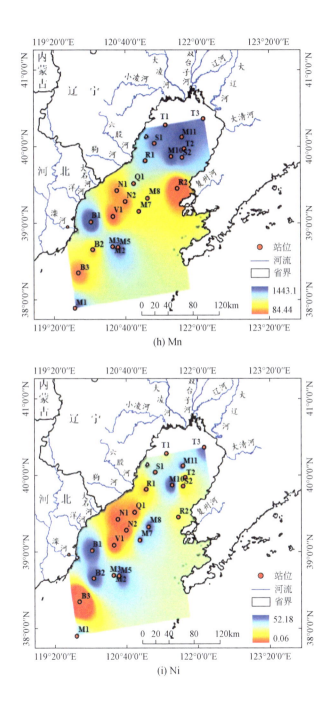

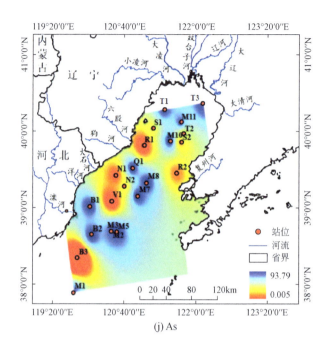

图4-8 辽东湾近岸海区表层沉积物中 As 和重金属含量空间分布

对比研究发现，辽东湾近岸海区沉积物中的 Pb 含量与黄河口海域和莱州湾相近，但明显低于渤海湾西部、辽东海域和辽东湾海域。辽东湾近岸海区 Cu 含量与莱州湾相近，但均低于其他海域。辽东湾近岸海区 Zn 含量略低于莱州湾和黄河口海域，但明显低于渤海湾西部、辽东海域以及辽东湾海域。辽东湾近岸海区 As 含量与辽东海域、黄河口海域、莱州湾以及辽东湾海域相近，但明显低于渤海湾西部。辽东湾近岸海区 Cr 含量明显低于辽东海域、黄河口海域、渤海湾西部和莱州湾。辽东湾近岸海区 Cd 含量略高于莱州湾，而与黄河口海域、渤海湾西部以及辽东湾海域相近，但明显低于辽东海域（表4-5）。

4.3.1.2 重金属空间分布影响因素

沉积物粒度组成与重金属分布关系密切，大多数重金属与黏粒之间存在显著相关关系，这主要是由于重金属的迁移和富集机制主要由黏土中带负电荷基团的吸附作用控制。相关分析表明，Cu、Zn、Cr、V、Co 与黏粒均存在显著相关关系（$p<0.05$），而 Pb、Cd、As、Mn、Ni 与黏粒的相关性并不显著（$p>0.05$）（表4-6）。除 Cd 外，其他9种元素之间大多存在极显著或显著相关关系（$p<0.01$ 或 $p<0.05$），说明这些元素的来源较为相似，可能主要受辽东湾周边河流输入和矿物风化的影响；Cd 可能具有单独的来源，其主要与辽东湾沿海地区

电镀、冶金行业排放的"三废"以及农业活动中的磷肥施用有关。

表 4-6 研究区表层沉积物中 As 和重金属与黏粒相关分析

指标	Pb	Cu	Cd	Zn	Cr	As	Mn	V	Ni	Co	黏粒
Pb	1										
Cu	0.628**	1									
Cd	0.095	0.163	1								
Zn	0.604**	0.939**	0.417	1							
Cr	0.531**	0.789**	0.594**	0.892**	1						
As	0.678**	0.550**	0.630**	0.654**	0.774**	1					
Mn	0.360	0.532*	0.286	0.430*	0.350	0.485*	1				
V	0.729**	0.981**	0.124	0.897**	0.745**	0.591**	0.553*	1			
Ni	0.585**	0.722**	0.686**	0.832**	0.954**	0.906**	0.954**	0.696**	1		
Co	0.676**	0.969**	0.281	0.906**	0.811**	0.643**	0.811**	0.975**	0.773**	1	
黏粒	0.285	0.745*	-0.352	-0.899**	0.713*	0.353	0.476	0.618*	0.439	0.673*	1

** $p<0.01$；* $p<0.05$

本书中，河口近岸沉积物中的重金属含量一般较高，原因可能在于，入海口咸淡水交汇导致环境条件（如 EC、pH 等）发生改变，进而使得陆源物质中的重金属发生水解和凝聚，且与胶体物质发生交换、吸附，并最终沉降而赋存于沉积物中（Rao et al.，2018；黎静等，2019）。河口及近岸海域也是渔业生产活动的重要场所，而渔业生产活动亦可导致重金属在近岸沉积物中大量富集（张婷等，2019）。洋河口和滦河口附近海域沉积物中的重金属含量普遍较低的原因可能在于，两个河口近岸海水较深，悬浮颗粒物少，对重金属的吸附能力差，加之两条河流的径流量大，水动力较强，被吸附的重金属不易沉积。大石河口和曹妃甸东部海底抬升，洋流速度减缓，导致沉积物变细（粉砂质砂及黏土含量增加）（图 4-1）。细颗粒泥沙随洋流沉积下来，加之该区悬浮颗粒物增加，故细颗粒对重金属的吸附能力增强。另外，大石河流域面积较小、干流较短，径流量不大，故河口水动力较弱，易发生重金属的富集。复州河流域面积亦不大，河口水动力较弱，加之河口附近海区的沉积物颗粒较细（图 4-1）以及周边工农业生产和生活污水的排放，其近岸海区沉积物中的重金属（特别是 Mn、As、Cd）含量较高。

4.3.2 沉积物重金属污染及生态风险

4.3.2.1 重金属污染评估

通过比较《海洋沉积物质量》（GB 18668—2002）中的重金属含量基准，结合地累积指数（I_{geo}）分析，确定沉积物中的重金属污染状况。结果表明，辽东湾近岸海区所有站位的 Zn、Pb、Cu、Cd 含量均低于海洋沉积物 Ⅰ 级标准，大部分站位的 Cr、Ni 含量低于 Ⅰ 级标准，而大部分站位的 As 含量高于 Ⅰ 级标准（表4-5，图4-8）。地累积指数的研究则表明，所有站位 Zn、V、Co、Cr 的 I_{geo} 值均小于0，处于未污染水平。除 B3 站位 Cu、Ni 的 I_{geo} 值介于 0～1 外（轻度污染水平），其他站位的 I_{geo} 值均小于0。除 B3、N2、R2、V1 站位的 Mn 以及 M3、M4、M8、B2 站位的 Pb 的 I_{geo} 值介于 0～1 外，其他站位的 I_{geo} 值均小于0。就 Cd 而言，43.5%站位的 I_{geo} 值小于0，52.2%站位的 I_{geo} 值介于 0～1，仅 T1 站位的 I_{geo} 值介于 1～2（偏中度污染水平）。对 As 来说，其在 B3、R1 和 V1 站位的 I_{geo} 值均介于 2～3（中度污染水平），在 N1、N2、R2 和 S2 站位的 I_{geo} 值均介于 1～2，而在 S1、T2 站位的 I_{geo} 值均介于 0～1。综上，辽东湾近岸海区沉积物中的 As 污染较为突出。

4.3.2.2　重金属生态风险评估

基于 TEL/PEL 的研究表明，辽东湾近岸海区所有站位的 Zn、Pb 和 Cd 含量均低于 TEL，表明这些元素无毒性效应。大石河口附近海区以及滦河口东南海区沉积物中的 Cr、Cu 含量明显高于 TEL 但低于 PEL，表明其毒性效应会偶尔发生。六股河口、狗河口和大石河口附近海区以及滦河口东南海区沉积物中的 Ni 含量明显高于 PEL，表明其毒性效应可能频繁发生。六股河口和大石河口附近海区、滦河口东南海区以及复州河口附近海区沉积物中的 As 含量明显高于 PEL，表明其毒性效应亦可能频繁发生（表4-5，图4-8）。

单项潜在生态风险指数（E_r^i）的研究表明，研究区所有站位表层沉积物中 Zn、V、Co、Pb、Cu、Mn、Ni、Cr 的 E_r^i 值均低于40，表明其潜在生态风险非常低。As 的 E_r^i 均值为17.37，最大值为83.76。其中，B3 站位的 E_r^i 值高于80，处于较高生态风险水平；而 N1、R1、R2 和 V1 站位的 E_r^i 值介于 40～80，处于中等生态风险水平。就 Cd 而言，其 E_r^i 均值为53.61，最大值为106.31。其中，43.5%站位的 E_r^i 值介于 40～80，17.4%站位的 E_r^i 值介于 80～160，其余站位的 E_r^i 值均低于40。就综合潜在生态风险指数（RI）而言，研究区大部分站位沉积物中重金属的 RI 值均低于150，表明其整体存在较低生态风险。另外，Cd 对 RI 的贡献最高，As 次之，说明二者是产生生态风险的主要重金属。

第 5 章　曹妃甸近岸海区沉积环境特征

5.1　沉积物粒度及黏土矿物组成特征

5.1.1　沉积物粒度组成及空间分布特征

5.1.1.1　沉积物粒度组成及分布特征

曹妃甸近岸海区表层沉积物的粒度组成主要以粉砂为主（45.2%），其次是砂（30.2%），黏土最少（24.6%）。通过以黏土–粉砂–砂为三端元的三角图式可知，研究区内各个站位间黏土、粉砂和砂的组成差异较大，样点投影较分散（图5-1），黏土含量为 6.8%~40.0%，粉砂含量为 12.4%~65.4%，砂含量为 0.0%~80.7%，各个站位之间黏土、粉砂和砂的变化较为明显。曹妃甸近岸海区

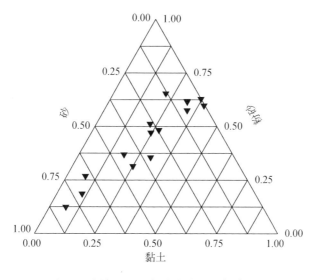

图 5-1　研究区沉积物粒度特征三角端元图

的黏土分布特征与粉砂分布特征类似（图5-2），二者的高值区整体均分布在曹妃甸西侧以及曹妃甸甸头较远的南侧，而低值区主要分布在曹妃甸甸头近岸以及老龙沟向东方向的海域，即整体呈现出离曹妃甸越远粉砂和黏土含量越高的趋势。与之相比，砂的分布特征正好相反，粉砂和黏土含量低的区域即靠近曹妃甸周边区域恰是砂含量高的区域，反之亦然。

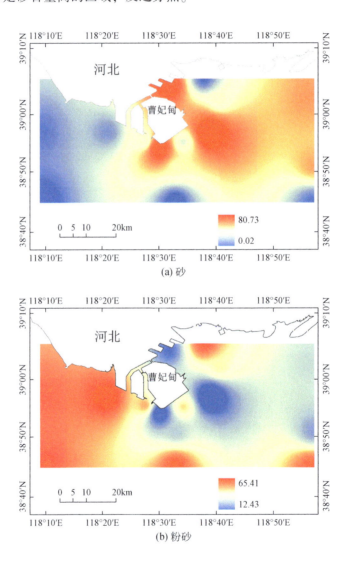

(a) 砂

(b) 粉砂

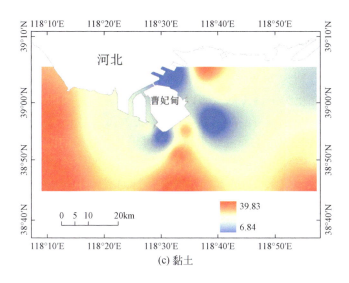

(c) 黏土

图 5-2　研究区表层沉积物粒度分布特征

5.1.1.2　沉积物粒度空间分布影响因素

已有研究表明，表层沉积物中的砂、粉砂和黏土之间由于粒径和相对密度的不同，其对水动力的响应存在很大差异，不同粒度特征的沉积物分布是对研究区内水动力强弱的最直接反映（Gibbs，1977）。黏土的粒径最小、相对密度最小，对水动力反应最为敏感，水动力较强的区域黏土含量低，而水动力较弱的区域黏土含量高。渤海湾是双环流结构，在渤海湾北部的曹妃甸近岸海区为逆时针洋流，在渤海湾洋流的影响下，表层沉积物在洋流的作用下悬浮并不断自东向西输运（图 2-1）。曹妃甸东部海区，在滦河入海动能的影响下水动力较强，所以黏土含量较低；但在不断输运过程中水动力逐渐减弱，黏土在曹妃甸甸头东侧海区开始沉积（图 5-2）。由于曹妃甸大规模围填海工程的实施，部分自东向西的海流由于曹妃甸围填海区域的阻挡而向曹妃甸甸头挤压（季荣耀等，2011a，2011b），强化了曹妃甸甸头的岬角效应，水动力再度增强，所以曹妃甸甸头海区黏土含量低，向西随着水动力减弱黏土含量逐渐增高。研究还表明，在紧靠曹妃甸东侧老龙沟附近的黏土含量也比较低，原因在于大规模围填海工程的实施导致了曹妃甸近岸海区原有潮流通道发生改变，使得曹妃甸东侧老龙沟附近的纳潮量减少，水动力条件发生变化，引起该区域的沉积环境由原来的冲刷为主转变为现在的轻微淤积为主（陆永军等，2009）。由于潮流的搬运能力减弱，大量粒径较大、相对密度较大的砂在该区域沉积，而粒径较小的粉砂和黏土随较弱的潮流向南输运，最终导致老龙沟口门附近的砂含量相对增加，而黏土和粉砂的含量相对减少。由

图 5-2 可知，粉砂和黏土的分布特征具有一定的相似性，而砂的分布与黏土和粉砂正好相反。已有研究表明，曹妃甸甸头海区在 2005 年以粉砂和黏土为主（王斌，2007；季荣耀等，2011a），但在本书中的曹妃甸甸头海区即 B13 站位的砂、粉砂和黏土含量分别为 70.9%、18.6% 和 10.5%，说明曹妃甸甸头海区在近 10 年中由以粉砂和黏土为主逐步演变为以砂为主；曹妃甸甸西即 B14 和 B15 站位由以砂和粉砂为主（季荣耀等，2011a）逐步转变为以粉砂为主，细化趋势较为明显，这与张宁等（2009）的研究结果一致。可见，大规模的围填海工程已对曹妃甸近岸的水动力产生一定影响，并引起曹妃甸近岸的冲淤关系发生改变，特别是已对该区近岸沉积物粒度特征产生一定影响，即对粒径小于 63 μm 的表层沉积物具有明显的搬运能力，而对粒径大于 63 μm 的表层沉积物则未产生显著影响。

5.1.2 沉积物黏土矿物组成及空间分布特征

5.1.2.1 黏土矿物组成与分布特征

伊利石和蒙皂石是研究区内的优势矿物，结合前人对黄河、海河和滦河的研究结果（刘建国，2007；韩宗珠等，2011），分别以伊利石、蒙皂石和高岭石+绿泥石三个端元绘制三角端元图（图5-3）。据图5-3可知，研究区内黏土矿物投影相对集中，黏土矿物含量差异不大，且矿物组成基本与黄河与海河的黏土矿物组成相似，这与韩宗珠等（2011）的研究结论一致。伊利石是研究区内表层沉积物中含量最高的黏土矿物，其含量为 49.0%~64.6%，平均为 58.5%。研究区伊利石含量的高值区主要分布在距离曹妃甸较远的南侧海域，低值区主要分布于曹妃甸甸头的位置以及老龙沟东侧海域，其在整体上呈现出离岸越远含量越高的空间分布特征 [图 5-4（a）]。蒙皂石的含量仅次于伊利石，其含量介于 11.4%~39.7%，平均为 24.9%。蒙皂石的含量高值区位于曹妃甸甸头海域以及老龙沟及其以东海域，低值区则位于曹妃甸南侧海域，其在整体上与伊利石的空间分布特征正好相反 [图 5-4（b）]。相关分析表明，不同站位伊利石和蒙皂石的含量之间存在显著负相关关系，相关系数为 -0.894（$p<0.01$）（图5-5）。研究区表层沉积物中的绿泥石含量为 5.4%~16.7%，平均为 9.9%，其含量高值区位于曹妃甸的东侧和西侧海域，低值区则位于曹妃甸甸头南侧海域，极低值出现在二号港池口海域 [图 5-4（c）]。高岭石是研究区表层沉积物中含量最低的黏土矿物，其含量为 3.5%~10.3%，平均为 6.7%。高岭石的含量高值区主要分布在远离曹妃甸的西侧和南侧海域，而低值区主要出现在曹妃甸二号港池口海域和老龙沟东侧海域 [图 5-4（d）]。

第 5 章 | 曹妃甸近岸海区沉积环境特征

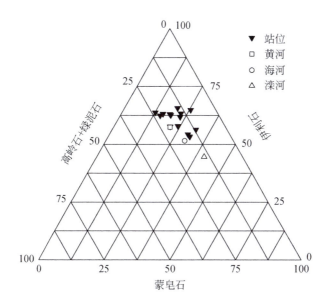

图 5-3 研究区表层沉积物黏土矿物三角端元图

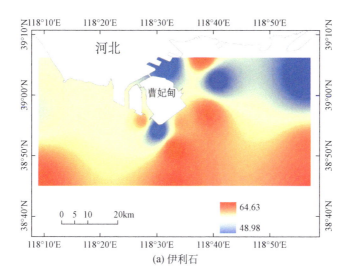

(a) 伊利石

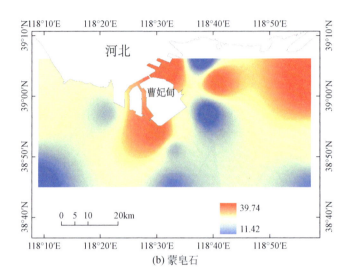

(b) 蒙皂石

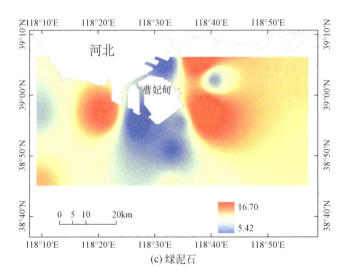

(c) 绿泥石

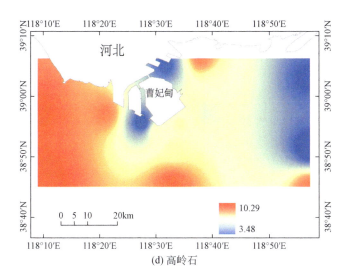

(d) 高岭石

图 5-4 研究区表层沉积物中黏土矿物含量空间分布

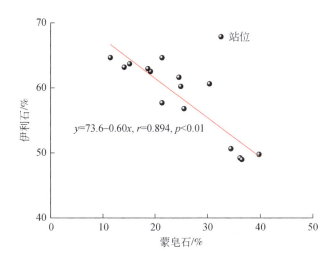

图 5-5 研究区表层沉积物中伊利石与蒙皂石相关关系

5.1.2.2 黏土矿物空间分布影响因素

黏土矿物主要为陆源矿物，物源与气候是影响其在河流沉积物中含量高低的决定性因素。渤海湾为半封闭"U"形海湾，周边黄河、滦河和海河的入海泥沙可能为研究区黏土矿物的主要来源，因此河流入海泥沙中的黏土矿物含量对于研究区表层沉积物中的黏土矿物组成特征具有重要影响。比较而言，三条河流分别处于不同的气候环境区，其岩石风化模式存在较大差异，由此导致以三条河流为来源的黏土矿物组成有所不同，即由北向南入海河流的蒙皂石含量逐渐降低，而高岭石含量依次增加（刘建国，2007）。另据图 5-4 可知，研究区表层沉积物中蒙皂石和高岭石的分布规律整体与中国近海黏土矿物的分布规律相符合，即自北向南蒙皂石含量降低，而高岭石含量增加（陈丽蓉等，1980）。进一步分析表明，研究区内的黏土矿物含量大部分与海河沉积物中的黏土矿物含量相近，少部分与黄河和滦河沉积物中的黏土矿物含量接近，其中蒙皂石含量大部分介于海河和滦河、海河和黄河沉积物中的蒙皂石含量之间（刘建国，2007）（图 5-3），说明研究区内的表层沉积物受海河、滦河和黄河的共同影响，其中以海河和滦河的影响为主，而黄河入海泥沙虽对研究区域存在一定影响，但影响程度较小，这与韩宗珠等（2011）的研究结论较为一致。

黏土矿物的分布不仅与物源有关，而且其在入海后也受到海洋水动力条件的较大影响。黏土矿物由于自身粒径和相对密度等因素，在随洋流输运过程中的沉积分异作用明显。已有研究表明，四种黏土矿物中蒙皂石粒径最小（平均粒径 0.4 μm）、相对密度最小（2.10 g/cm^3）；绿泥石粒径最大（平均粒径 10 μm）、相对密度最大（2.50 g/cm^3）。由于蒙皂石和伊利石的相对密度较小，故其对水动力的响应更加敏感，更易随洋流输运到较远的海域（Gibbs，1977）。本书中，伊利石主要分布在距离曹妃甸较远的渤海湾中部海域和西北部海域，而在曹妃甸近岸海区含量较低，其在整体上呈现出由岸向海递增的分布特征，与众多研究中伊利石的分布规律相一致（何良彪，1984；李国刚，1990；周连成等，2009；Liu et al.，2010）。蒙皂石粒径小、相对密度小，对水动力较为敏感，一般在河口和近岸的含量较低而向海方向明显增加，所以其高值区分布在水动力较弱、水深较深的海区，且离岸越远值越高（何良彪，1984）。但在本书中，伊利石和蒙皂石呈显著负相关关系，蒙皂石的分布规律正好与伊利石相反（图 5-5）。图 5-4（b）显示，渤海湾北部的蒙皂石出现高值区，其原因一方面在于蒙皂石是陆源矿物，滦河物源的黏土矿物中蒙皂石含量较高（图 5-3），而研究区正是滦河三角洲边缘的水下残体，由于水动力增强，以冲刷为主，水下残体出露（王斌，2007；韩宗珠等，2011；刘建国，2007）。虽然蒙皂石易随洋流输运，但仍有大量滦河沉积物在此处残留，由此导致曹妃甸近岸北部海区的蒙皂石含量较高。另一方面不同气候条件下形成的伊利石和蒙皂石含量往往不同。海河和滦河沉积物中的蒙皂石含量较高，其值分别为 35% 和 63%；而黄河沉积物中的蒙皂石含量较低，为 21%（刘建国，2007），与研究区沉积物中的蒙皂石平均含量相近（24.9%）。曹妃甸甸头东侧的水动力条件较曹妃甸东、西两侧的水动力条件强，所以部分伊利石和绿泥石的沉积对蒙皂石存在一定的稀释作用，加之同一物源的伊利石和蒙皂石存在互补关系（图 5-5），导致曹妃甸甸头东侧出现蒙皂石低值区。可见，研究区表层沉积物中的黏土矿物分布特征是在物源和水动力等多种因素共同影响下形成的。

前述可知，黏土相对密度较小，粒径小于 2 μm，极易随潮流搬运；而粒径较大、质量较重的沉积物在原海域较难被搬运，机械分异作用导致黏土矿物含量相对较低。围填海工程的大规模实施已导致了曹妃甸近岸水动力条件的改变，使得甸头冲刷而甸西淤积，其对研究区内粒径小于 63 μm 的表层沉积物沉积、悬浮、再沉积的分布存在明显影响。研究区的黏土粒径均小于 4 μm，故其对水动力改变的响应更加敏感。本书中，曹妃甸东侧老龙沟的近岸海区，伊利石、高岭石和绿泥石含量相对蒙皂石含量均较高。原因在于曹妃甸大规模围填海工程实施以来，附近海域的潮流流路并未发生改变，仅仅是潮流通道变窄，且在涨落潮过程中纳潮量减少，潮流流速减慢（王斌，2007；季荣耀等，2011b），所以正如前文所述，潮汐涨落对水动力较为敏感的蒙皂石的输运更加明显，由此导致蒙皂石含量相对降低。在曹妃甸甸头位置，三种黏土矿物的含量均较低，这是由于曹妃甸围填海工程的实施使得甸头海区本来就存在的岬角效应得以加强，甸头深槽水流较快，近岸海床以轻微冲刷为主。在曹妃甸西侧，海床演变为以淤积为主（季荣耀等，2011a），故导致该海区三种黏土矿物的含量均较高。

5.2 沉积物碎屑矿物组成及分布特征

5.2.1 沉积物碎屑矿物组成及空间分布特征

5.2.1.1 碎屑矿物组成与分布

通过对不同站位的样品进行分析，共鉴定出 40 种碎屑矿物，其含量变化范围为 0.1%~47.3%，平均含量为 8.0%。其中，重矿物有 29 种，含量变化范围为 0.06%~9.13%，平均含量为 3.4%；轻矿物有 11 种，含量变化范围为 90.9%~99.9%，平均含量为 96.6%（表 5-1）。整体而言，研究区表层沉积物中碎屑矿物含量呈现出由北向南逐渐降低的趋势，其极大值出现在曹妃甸东北侧（图 5-6）。曹妃甸近岸海区尤其是老龙沟及浅潮通道区域的碎屑矿物含量等值线比较密集，空间分异较为明显。渤海湾西北部的碎屑矿物含量较高，且主要分布在天津港外围海区。渤海湾南部海区的等值线比较稀疏，碎屑矿物分布比较均匀，无明显空间分异。

表 5-1 研究区沉积物中轻、重矿物种类、颗粒百分含量及其特征

碎屑矿物	含量	矿物种类	矿物特征
重矿物	主要重矿物（平均含量>10%）	普通角闪石	柱状、粒状、绿色、个别褐色、次棱角状、个别风化较强
		绿帘石	粒状、柱状、黄绿色、淡黄色、无色、次棱角状
		自生黄铁矿	莓球状、生物内膜状、粒状、铜黄色、灰黄褐色、较新鲜
	次要重矿物（1%<平均含量<10%）	阳起石	柱状、浅绿色、次棱角状
		黑云母	片状、绿色、褐色、次棱角片状
		水黑云母	片状、黄绿色、黄褐色、土褐色、性软
		石榴子石	粒状、粉红色、无色、次棱角状
		榍石	粒状、楔状、柱状、黄色、淡褐色、次棱角状、次圆状
		磷灰石	粒状、白灰色、次棱角状
		碳酸盐	粒状、浅黄褐色、性脆易碎、加 HCl 强烈反应
		磁铁矿	粒状、黑色、具有强磁性、次棱角状
		钛铁矿	粒状、亮黑色、金属光泽、次棱角状
		褐铁矿	粒状、暗褐色、黄褐色、有一定硬度
		岩屑	两种矿物集合体，多为暗色金属矿物+浅色造岩矿物组合
	少量重矿物（平均含量<1%）	透闪石	柱状、无色、次棱角状
		黝帘石	粒状、柱状、灰白色、浅绿色、一级及异常干涉色、平行消光
		斜黝帘石	粒状、柱状、无色、浅黄色、一级及异常干涉色、斜消光
		白云母	片状、无色、次棱角片状
		赤铁矿	粒状、铁黑色、条痕红色、次棱角状
		白钛石	粒状、灰白色
		风化碎屑	粒状、土黄色、泥质、风化残积物集合体
		锆石	粒状、无色、次棱角状
		电气石	粒状、柱状、褐色、多色性明显、次棱角状
		透辉石	柱状、无色、次棱角状、较新鲜
		紫苏辉石	柱状、浅褐色、次棱角状
	微量重矿物（偶见于某一样品）	普通辉石	粒状、绿色、次棱角状、较新鲜
		菱镁矿	菱面体状、无色、闪突起明显
		金红石	浅褐红色、次棱角状
		胶磷矿	椭球状、黄褐色、内部见放射性结构

续表

碎屑矿物	含量	矿物种类	矿物特征
轻矿物	主要轻矿物（平均含量>10%）	石英	粒状、不规则粒状，无色、少量铁染浅红色，透明，次棱角状
		斜长石	粒状，灰白色，次棱角状，风化较强
		风化碎屑	土粒状、土状，土黄色，泥质，性软
	次要轻矿物（1%<平均含量<10%）	钾长石	粒状，肉红色、浅黄色，次棱角状，表面浑浊，风化较强
		白云母	片状，无色，次棱角片状、次圆片状
		风化云母	板状、片状，绿色、土黄色，次棱角片状、次圆片状
		方解石	粒状，无色、白色、浅黄色，次棱角状
		生物碎屑	钙质碎屑，白色，为有孔虫外壳、贝壳碎屑等
	少量轻矿物（平均含量<1%）	绿泥石	泥状集合体，集合体呈粒状，绿色，性软
		岩屑	两种矿物集合体，原生碎屑，石英+金属矿物。
		有机质碎屑	纤维素状、粒状，土黄色、暗褐色，性软
	微量轻矿物	—	—

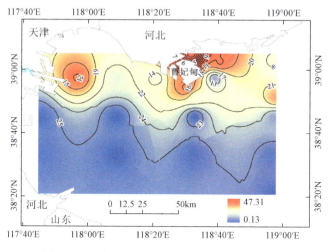

图 5-6 研究区表层沉积物中碎屑矿物含量分布

5.2.1.2 重矿物与轻矿物组成与分布

1）重矿物组成与分布特征

研究区共鉴定出重矿物 29 种，根据颗粒百分含量，重矿物以普通角闪石为主（27.7%），自生黄铁矿（10.4%）和绿帘石（10.2%）次之，其平均含量均大于 10%，三者为研究区的主要重矿物。次要重矿物有阳起石、黑云母、水黑云母、石榴子石、榍石、磷灰石、碳酸盐、磁铁矿、钛铁矿、褐铁矿和岩屑等，其平均含量为 1%~10%。少量重矿物有透闪石、黝帘石、斜黝帘石、白云母、赤铁矿、白钛石、风化碎屑、锆石、电气石、透辉石和紫苏辉石等，其平均含量小于 1%。样品中偶见普通辉石、菱镁矿、胶磷矿和金红石。曹妃甸近岸及周边海区的重矿物含量一般为 0.01%~9.13%，平均值为 2.2%，其在整体上呈现出由东北向西南逐渐降低趋势 [图 5-7（a）]。具体而言，渤海湾北部海区沉积物中的重矿物含量较高，尤其是在曹妃甸人工围填海东侧和南侧的近岸区域出现明

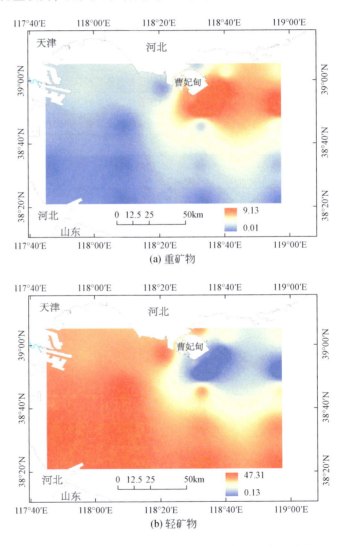

图 5-7 研究区表层沉积物中重矿物与轻矿物含量分布

显高值,而这一分布基本与曹妃甸前缘深潮通道的分布相吻合,即与此处水动力较强有关。与之相比,曹妃甸西部海区以及渤海湾南部海区沉积物中的重矿物含量较低,出现极低值。

2) 轻矿物组成与分布特征

研究区内共鉴定出石英、斜长石、钾长石、白云母、风化云母、方解石和绿泥石 7 种轻矿物,以及生物碎屑、有机质碎屑、岩屑和风化碎屑 4 种碎屑。其中,石英含量最高,平均含量为 38.2%;风化碎屑(27.3%)和斜长石(11.0%)次之,三者为研究区的主要轻矿物。钾长石、白云母、风化云母、方解石和生物碎屑的平均含量在 1%~10%,为研究区的次要轻矿物。绿泥石、岩屑、有机质碎屑为少量轻矿物。研究区的轻矿物含量一般为 90.87%~99.99%,平均值为 97.8%,其含量分布与重矿物恰好相反,整体呈现出由东北向西南逐渐升高趋势[图 5-7(b)]。渤海湾西南部海区沉积物中的轻矿物含量较高,为 98.98%~99.99%;而曹妃甸近岸及其东北部海区沉积物中的轻矿物含量较低,为 90.87%~98.84%。

5.2.1.3 碎屑矿物分区及矿物成熟度

1) 碎屑矿物分区

以轻、重矿物质量百分数和主要轻、重矿物组分的颗粒百分数为变量,运用 SPSS 20.0 软件,选择组间连接方法对曹妃甸近岸及周边海区进行 Q 型聚类分析。结果表明,研究区表层沉积物中的碎屑矿物可以划分为 A、B、C 3 个大区(图 5-8),各区轻、重矿物和主要矿物的含量差异较大(表 5-2)。A 区位于渤海湾南部,受黄河影响明显。黄河的特征矿物为白云母,其在 A 区含量最高(4.6%)[图 5-9(a)],可用于判断物源(秦蕴珊和廖先贵,1962)。除风化碎屑(48.6%)和生物碎屑(4.6%)外,石英是 A 区含量最高的轻矿物(14.6%),但其值明显低于 B 区、C 区。A 区主要的重矿物是普通角闪石-黑云母-水黑云母-褐铁矿-自生黄铁矿。B 区位于渤海湾西部、西北部及渤海湾中部,海河是汇入该区的最主要河流。与 A 区类似,除风化碎屑(35.7%)和生物碎屑(5.3%)外,石英是该区含量最高的轻矿物,其含量为 37.2%,比 C 区低而比 A 区高,该区主要的重矿物是普通角闪石-绿帘石-自生黄铁矿,其中自生黄铁矿(20.3%)含量在三个区域中最高。C 区位于曹妃甸近岸,人工围填海工程的东侧,主要受滦河的影响,特征矿物为石榴子石[图 5-9(b)]。C 区轻矿物中的石英含量远高于 A 区、B 区,高达 62.7%。同时,斜长石、钾长石的含量也较 A 区和 B 区分别高 10.4%、6.2%和 5.5%、6.3%。C 区主要重矿物是普通角闪石-绿帘石-磁铁矿。整体而言,研究区的主要重矿物为普通角闪石-绿泥石-

自生黄铁矿，主要轻矿物为石英-斜长石。A 区的褐铁矿、片状矿物和方解石含量较高，C 区的普通角闪石、绿帘石、石榴子石、榍石、钛铁矿、磁铁矿、石英和长石类矿物含量较高，而 B 区除碳酸盐、磷灰石和自生黄铁矿含量较高外，其他矿物含量值均介于 A 区和 C 区的相应数值。

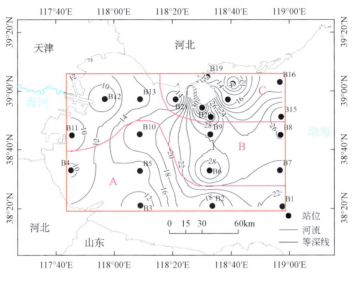

图 5-8 研究区表层沉积物中碎屑矿物分区

表 5-2 研究区表层沉积物碎屑矿物分区中主要轻、重矿物平均含量

（单位：%）

矿物类型	矿物种类	A 区	B 区	C 区	平均值
重矿物	普通角闪石	15.3	31.0	36.4	27.7
	绿帘石	4.7	10.5	14.9	10.2
	黑云母	17.6	0.6	0.2	6.1
	水黑云母	17.8	0.4	0.3	6.1
	石榴子石	2.0	5.5	9.5	5.8
	榍石	1.2	2.8	3.6	2.6
	磷灰石	0.8	1.9	1.5	1.4
	碳酸盐	3.6	7.7	0.3	3.7
	钛铁矿	2.6	4.0	7.9	5.0
	磁铁矿	2.3	2.8	10.0	5.2
	褐铁矿	13.6	3.7	3.9	7.0
	自生黄铁矿	11.9	20.3	0.3	10.4

续表

矿物类型	矿物种类	A 区	B 区	C 区	平均值
重矿物	岩屑	0.7	1.4	1.3	1.1
	重矿物质量百分比	0.05	1.40	4.43	2.17
轻矿物	石英	14.6	37.2	62.7	38.1
	斜长石	5.9	10.7	16.3	11.0
	钾长石	6.0	5.9	12.2	8.0
	白云母	4.6	1.9	0.2	2.2
	风化云母	10.1	1.1	1.4	4.2
	方解石	3.8	2.3	0.9	2.4
	生物碎屑	4.6	5.3	0.5	3.2
	风化碎屑	48.6	35.7	4.1	27.3
	轻矿物质量百分比	99.95	98.60	95.57	97.83

2) 轻矿物成熟度

研究区轻矿物成熟度的变化范围为 0.95~4.00，均值为 2.01。其中，A 区的轻矿物成熟度均值为 1.23，除向北方向出现极大值外（4.00），A 区的轻矿物成熟度远低于研究区的平均值，这与 A 区石英的颗粒百分含量较低相一致。另外，A 区的风化碎屑含量较高，说明沉积物并未完全风化，其对该区轻矿物成熟程度具有一定的影响。B 区的轻矿物成熟度均值为 2.44，明显高于研究区的均值。尽管 B 区的风化碎屑仍然较多，但石英含量明显升高，长石含量相对较低，导致该区的轻矿物成熟度最高。C 区的轻矿物成熟度为 2.21，同样高于研究区的均值。

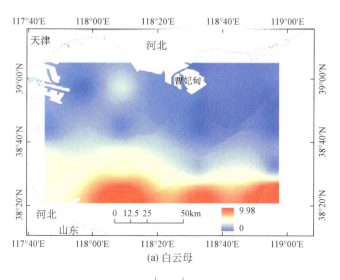

(a) 白云母

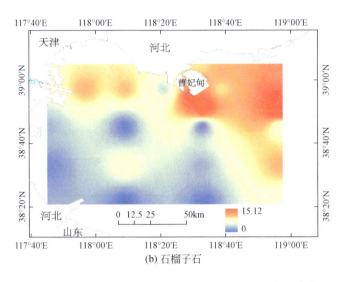

(b) 石榴子石

图 5-9 研究区表层沉积物中白云母和石榴子石含量分布

5.2.2 沉积物碎屑矿物分布及沉积环境影响因素

5.2.2.1 碎屑矿物分布影响因素

本书表明，在曹妃甸近岸海区（C区）出现重矿物含量最大值，且越靠近滦河口，重矿物含量越高。本书的范围相对较小，相当于邹昊（2009）研究中的Ⅲ区西部，其研究结果显示，碎屑矿物和重矿物含量分别为2.1%~6.6%和3.3%~5.6%，而本书中的碎屑矿物和重矿物含量分别为16.1%和4.4%。与邹昊（2009）的研究结果相比，本书研究区的碎屑矿物呈现较大幅度的增长，而重矿物含量则与之相差不大，说明大规模围填海工程的长期实施并未对重矿物造成显著影响。这可能是因为曹妃甸大规模围填海工程的实施对原有潮流通道有一定影响，使潮流通道变窄，纳潮量减少，涨落潮时水流速度减慢，质量轻的细颗粒黏土被水流冲刷，大量碎屑矿物在老龙沟附近沉积；重矿物主要富集在北部海区，可能由于其相对密度较大，潮流冲刷对其影响较小，保留了早期滦河在此入海形成的水下残体的矿物组成特征（邹昊，2009；季荣耀等，2011a）。

本书还表明，渤海湾的重矿物呈现出北部高于南部、由沿岸向海方向递增的空间分布特征［图5-7（a）］。曹妃甸近岸尤其是老龙沟及浅潮通道区域的碎屑矿物等值线比较密集，含量空间变化较为明显（图5-6），这可能是围填海工程的实施使潮流通道变窄，涨落潮时水流速度存在一定程度减缓，导致渤海湾北部分选性较好,而在渤海湾南部的分选性较差(季荣耀等,2011a)。研究发现,碎屑矿物含量在近几年来均是在渤海湾北部较高,而在渤海湾南部较低;重矿物分布规律在A区、B区、C区的分布上与前人研究结果基本相同。碎屑矿物分布高值区(图5-6)和重矿物分布高值区[图5-7(a)]并不一致,原因在于碎屑矿物中依然含有大量的轻矿物,由此导致重矿物的相对含量变化不明显。可见,曹妃甸大规模围填海工程的长期实施,导致近岸潮流流速发生变化,大量细颗粒黏土矿物被冲走;但增大后的潮流流速并不足以将碎屑矿物中的轻矿物冲走,使得碎屑矿物中的重矿物含量较工程实施前未发生明显变化。

5.2.2.2 沉积环境特征分析

渤海是一个半封闭的内海,仅通过渤海海峡这一狭窄水道与黄海相连,而渤海湾又只有湾东部与外海联系,因此渤海湾的物质来源大多来自周边河流,以黄河、滦河和海河等为主;其次受外海输入等因素的影响。黄河以泥沙量大闻名于世,每年入海的泥沙大部分在河口地区沉积,部分随着洋流向附近沿岸地区扩散。已有研究表明,黄河对渤海湾南部、莱州湾、渤海海峡南部以及渤海中央盆地海区均有影响(季荣耀等,2011a),但以向北扩散影响为主。根据多年数据统计,1977~1996年黄河年均入海泥沙量为$6.21×10^8$ t,1997年黄河改道并由现行河道入海,至2012年年均入海泥沙量为$1.47×10^8$ t,黄河入海泥沙的影响范围和强度明显减弱[①]。滦河的输沙量较黄河少很多,虽也有部分泥沙随滦河输入渤海,但影响范围较小。海河相对黄河、滦河小很多,入海泥沙更少,因此海河的影响范围仅仅在河口附近,影响范围不大。

曹妃甸近岸围填海工程影响区的沉积物碎屑矿物组成在很大程度上受滦河挟带泥沙沉积的直接影响。1950~1980年,滦河年均输沙量为$0.17×10^8$ t,1988年修建潘家口水库后,滦河泥沙量减少94%。由于滦河的输沙量较黄河低很多,故其泥沙随滦河流入渤海后影响范围不大,主要沉积在曹妃甸东侧的近岸海区(钱春林,1994)。可以说,曹妃甸近岸海区的沉积环境同时受到滦河的直接影响以及围填海工程实施所产生的间接影响。此外,该区还受到外海输入等因素的影响,但相比周边河流而言其影响较小。已有研究表明,黄河和滦河的特征矿物分别为白云母和石榴子石,且其含量存在明显差别。据表5-3可知,在以三条主要河流为物源的渤海湾沉积物中,白云母和石榴子石的分布规律差异较为明显,且与本书中二者的分布规律较为吻合。由图5-9可知,白云母主要分布在A区,而石榴子石主要分布在C区。因此,渤海湾北部的C区主要以滦河为物源,A区主

---

① 资料来源于山东省黄河口水文水资源勘测局。

要以黄河为物源，而 B 区则同时受海河、滦河和黄河物源的共同影响。

表 5-3　研究海区主要特征矿物含量　　　　　（单位:%）

	特征矿物			参考文献
	普通角闪石	石榴子石	白云母	
黄河	13.5	2.8	1.5	陈丽蓉等（1980）
海河	48.3	3.5	—	
滦河	42*	5.4	0.3	
A 区	15.3	2.0	4.6	本书
B 区	31.0	5.5	1.9	
C 区	36.4	9.5	0.2	

* 引自邹昊（2009）

渤海湾碎屑矿物的分布与输运除受物质来源的影响外，还与该海区的水动力因素有关。现代海洋水动力作用是控制碎屑矿物迁移方向和分布的主要影响因素（周福根，1983）。在渤海环流的影响下，滦河三角洲的物质随洋流不断向西南输运。在曹妃甸岬角效应的影响下水流速度增大，形成深槽水流最强区，但重矿物仍在曹妃甸东侧和南侧沉积，形成了重矿物富集区，说明早期滦河入海的水下残体是该海区重矿物的主要来源，物源影响大于水动力影响。与之不同，以长石为代表的部分轻矿物则被强大的水动力冲刷至渤海湾西部和西北部。渤海湾北部的逆时针洋流与渤海湾南部的顺时针洋流相切，形成切变锋，阻止了以滦河物源为主的轻矿物向南继续输运，故轻矿物在该海区沉积下来。研究发现，曹妃甸近岸海区的矿物成熟度相对较高，而渤海湾周边海区的矿物成熟度相对较低。就整个渤海湾海区而言，渤海湾中部及西北部的矿物成熟度最高。在该海区，滦河物源的碎屑矿物与黄河物源的碎屑矿物交汇，并随着洋流经过一系列动力分选以及受自身和地形因素的影响，矿物成熟度发生较大改变。

5.3　沉积物重金属地球化学特征

5.3.1　沉积物重金属空间分布及影响因素

5.3.1.1　重金属空间分布特征

研究区沉积物中 Cd、Cr、Cu、Ni、Pb 和 Zn 的含量范围分别为 0.19 ~

0.65 mg/kg、27.16~115.70 mg/kg、11.14~39.01 mg/kg、17.37~65.90 mg/kg、15.08~24.06 mg/kg 和 41.64~139.56 mg/kg，均值分别为 0.36 mg/kg、78.64 mg/kg、29.07 mg/kg、41.35 mg/kg、21.11 mg/kg 和 89.60 mg/kg。沉积物中所有重金属的平均含量均超过大陆上地壳中相应元素的背景值（表5-4）。与中国其他部分海湾和河口相比，曹妃甸近岸海区沉积物中的 Cd 含量低于辽东湾，而其他元素含量一般高于其他海湾或河口（表5-4）。

表5-4 研究区表层沉积物中重金属含量与相关研究或标准对比

（单位：mg/kg）

区域或标准		Cd	Cr	Cu	Ni	Pb	Zn	参考文献
曹妃甸近岸海区		0.19~0.65	27.16~115.70	11.14~39.01	17.37~65.90	15.08~24.06	41.64~139.56	本书
		0.36	78.64	29.07	41.35	21.11	89.60	
渤海湾潮间带		0.12	68.6	24	28	25.1	73	Gao 和 Li（2012）
莱州湾		0.12	60	22	—	21.9	60.4	Xu 等（2015）
渤海湾沿岸		0.22	101.4	38.5	40.7	34.7	131.1	Gao 和 Chen（2012）
辽东湾		1.2	46.4	19.4	22.5	31.8	71.7	Hu 等（2013b）
滦河口		0.09	41.14	17.17	15.6	30.98	44.63	Liu 等（2016）
长江口		0.19	79.1	24.7	31.9	23.8	82.9	Wang 等（2015）
		0.15	34.64	17.46	—	30.47	66.91	Han 等（2017）
上地壳背景值		0.10	35	25	20	20	71	Taylor 和 McLennan（1995）
《海洋沉积物质量》（GB 18668—2002）	Ⅰ级	0.50	80	35		60	150	NSPRC（2002）
	Ⅱ级	1.5	150	100	—	130	350	
	Ⅲ级	5.00	280	200	—	250	600	
TEL		0.68	52.3	18.7	15.9	30.2	124	MacDonald 等（1996）
PEL		4.21	160	108	42.8	112	271	

沉积物中不同重金属含量呈现出明显的空间分布特征（图5-10）。相对于研究区的东南和西南侧海区，曹妃甸周边海区沉积物中的 Cd 含量普遍较低。对比研究发现，沉积物中 Cr、Cu、Ni 和 Zn 含量的空间分布特征较为相似。与其他海区相比，这四种元素在研究区东部和西部海区沉积物中的含量较低。就 Pb 而言，其在曹妃甸近岸海区以及渤海湾中部沉积物中的含量较高，而在西部海区沉积物中的含量较低。

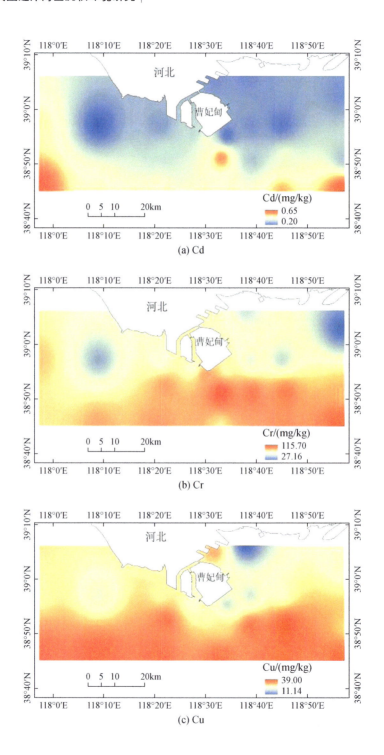

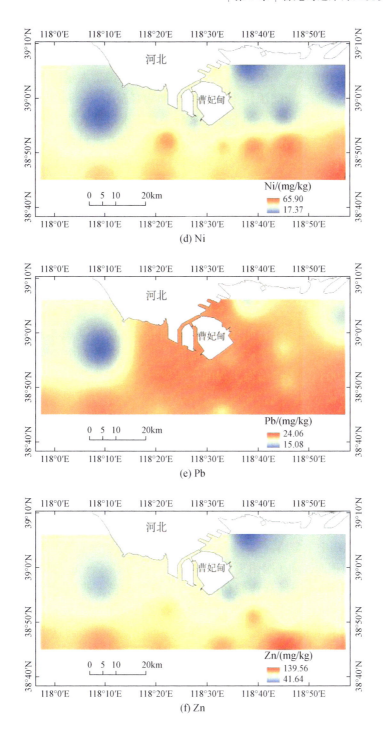

图 5-10 研究区表层沉积物中重金属含量空间分布特征

5.3.1.2 重金属空间分布影响因素

渤海为半封闭的浅海，注入渤海的大小河流每年携带大量泥沙入海，是渤海沉积物的最主要来源，而陆源污染基本均与地表径流有关。陆上地壳岩石风化、水土流失、工业化进程中产生的工业污水和采矿废水以及农业生产过程中农药的使用均可导致大量重金属随河流排放入海。另外，化石燃料在燃烧过程中释放的大量重金属可通过干、湿沉降进入海洋沉积物中，而化石燃料废渣由于处理不当被吹入大气中后亦可随大气的搬运而进入海洋。近海养殖业的发展以及内源性污染物的增加（如沉积物及悬浮物向海水中释放重金属）对于渤海湾重金属的污染也有重要影响。但已有研究表明，随河流入海的重金属是渤海湾及其邻近河口区沉积物中重金属的最主要来源（李淑媛和刘国贤，1992），这些重金属在被输入海洋后受水动力条件、沉积物颗粒组成以及元素地球化学行为等因素的影响而呈现出不同的空间分布特征。

水动力条件是影响沉积物中重金属分布的主要因素。除 Pb 外，其他重金属在渤海湾中部的含量要高于曹妃甸近岸的西侧和东侧海区（图 5-10）。已有研究表明，在曹妃甸围填海工程实施之前，渤海湾北部的洋流自东向西流经曹妃甸海区（Lu et al.，2008），但围填海工程的实施使得渤海湾北部的洋流通道变窄，老龙沟海区沉积物被大量冲刷，并随洋流流经曹妃甸南部的岬角（Lu et al.，2008，2009）。曹妃甸岬角周边水动力条件的变化导致细颗粒被冲刷，但这些细颗粒难以沉积在东部海区和曹妃甸岬角附近（Kuang et al.，2012）。上述原因导致了曹妃甸东部的老龙沟海区以及曹妃甸岬角附近沉积物中的重金属含量较低。随着洋流向西运动，水动力条件变弱，而这有利于沉积物沉积，进而导致重金属在研究区西侧海区的沉积物中又呈富集趋势。

相关分析表明，Cu、Zn 含量与黏粒和粉粒均呈显著相关关系（$p<0.05$）（表 5-5）。沉积物中重金属含量均随砂粒含量的减少而增加，这与细颗粒沉积物具有较高的比表面积而倾向于吸附更多的重金属有关（Dou et al.，2013；Xiao et al.，2016）。与老龙沟附近海区和曹妃甸岬角附近海区相比，曹妃甸西侧海区以及渤海湾中部海区沉积物的细颗粒含量显著增加（图 5-2）。Lu 等（2009）也报道了研究区沉积物的粒度自曹妃甸东部向西部呈逐渐降低趋势，而这种粒度的变化与洋流导致的沉积物输运及分选密切相关（Yang and Yang，2015）。正是如此，曹妃甸西侧海区以及渤海湾中部海区沉积物中的 Cu、Zn 含量要高于老龙沟附近海区以及曹妃甸岬角附近海区。然而，其他重金属与细颗粒无显著相关关系，说明其他因素可能决定了它们在沉积物中的分布。另外，表 5-5 亦显示，Cd、Cr、Cu、Ni、Pb 和 Zn 之间存在极显著正相关关系（$p<0.01$ 或 $p<0.05$），说明研究区

沉积物中六种重金属的来源可能具有相似性或同源性。

有机质和Fe/Mn氧化物或氢氧化物被认为是影响沉积物中重金属空间分布的控制因素。有机物可通过吸附、解吸和络合来影响重金属的地球化学行为（Bermejo et al.，2003）。本书中，沉积物中的Cd、Cr、Cu、Ni、Zn与TOC均呈显著正相关（$p<0.05$）（表5-5），表明有机物的吸附或络合可能显著影响这些重金属在沉积物中的分布。然而，曹妃甸西侧海区沉积物中的TOC与重金属空间分布存在明显差异，说明有机物可能不是影响该海区重金属分布的主控因素。附着在黏土矿物或单个矿物中的Fe/Mn氧化物或氢氧化物亦是重金属的重要载体。本书中，沉积物中的重金属与Fe、Mn均呈极显著或显著相关关系（$p<0.01$ 或 $p<0.05$）（表5-5），表明Fe/Mn氧化物或氢氧化物可能是影响研究区（特别是曹妃甸西侧海区）沉积物中重金属空间分布的重要因素。

表5-5　研究区表层沉积物理化性质与重金属相关分析

指标	Mn	Fe	Cd	Cr	Cu	Ni	Pb	Zn	黏粒	粉粒	砂粒	TOC
Mn	1											
Fe	0.80**	1										
Cd	0.52*	0.77**	1									
Cr	0.81**	0.82**	0.71**	1								
Cu	0.60**	0.86**	0.64**	0.68**	1							
Ni	0.77**	0.84**	0.71**	0.92**	0.86**	1						
Pb	0.61**	0.63**	0.45*	0.69**	0.47*	0.69**	1					
Zn	0.57**	0.89**	0.71**	0.68**	0.90**	0.81**	0.60**	1				
黏粒	0.16	0.51*	0.32	0.21	0.70**	0.42	0.14	0.68**	1			
粉粒	-0.09	0.35	0.27	-0.04	0.53*	0.17	0.02	0.58**	0.88**	1		
砂粒	0.06	-0.38	-0.28	0.01	-0.56**	-0.21	-0.04	-0.61**	-0.91**	-1.00**	1	
TOC	0.47*	0.80**	0.64**	0.50*	0.81**	0.61**	0.30	0.85**	0.76**	0.68**	-0.70**	1

* $p<0.05$；** $p<0.01$

本书中，沉积物中Pb的空间分布不同于其他重金属（图5-10）。除上述水动力条件和Fe/Mn氧化物或氢氧化物两方面因素外，曹妃甸近岸海区沉积物中Pb的富集可归因于其来源。在曹妃甸周边地区，古滦河冲积层具有较高的Pb地质背景（Zhang，2002）。因此，陆源物质的侵蚀可能是沉积物中Pb的空间分布与其他重金属不同的一个重要原因。曹妃甸工业区东部为唐山工业区，唐山有众多河流流入渤海湾，其中较大河流为滦河，而滦河沉积物中的Pb含量整体较高（表5-4）。据统计，滦河每年入海的重金属总量在25 t左右（河北省海洋局，

2011），而唐山市以及曹妃甸工业区内工业污水和生活废水的排放使得相当一部分重金属经由河流流入渤海湾，并在渤海湾随洋流输送至曹妃甸近海，在流动过程中这些重金属又被悬浮颗粒物吸附、沉淀。曹妃甸两侧钢铁化工厂（如南堡的盐化厂、焦化厂等）产生的大量污水也有相当一部分被排入曹妃甸西侧近海，由于该海区水动力较弱，污染物扩散难度大，加之大量较细颗粒和有机物的吸附作用，该海区沉积物中的重金属特别是 Pb 富集明显。此外，曹妃甸近岸海区的海上油田以及大量过往船只产生的油污亦含有大量 Pb 等重金属，同样由于化学作用、物理作用和生物作用而在沉积物中不断富集。同时，曹妃甸在围填海工程开展后已逐步成为我国北方大港，来往船只较多，而船体的防污损涂层中也含有重金属，这些重金属在船舶航行过程中可进入海洋并最终富集于海洋沉积物中。上述原因导致了曹妃甸近岸海区沉积物中的 Pb 含量整体较高，且空间分布更为复杂。

5.3.2 沉积物重金属污染及生态风险

5.3.2.1 重金属污染评估

基于《海洋沉积物质量》（GB 18668—2002）中的重金属含量基准（表5-4），结合富集因子（EF）和地累积指数（I_{geo}）分析，确定研究区沉积物中的重金属污染状况。结果表明，所有站位沉积物中的 Cd、Pb、Zn 含量均低于海洋沉积物Ⅰ级标准，54.5%站位的 Cr 含量和31.8%站位的 Cu 含量介于海洋沉积物Ⅰ级和Ⅱ级标准之间。富集因子（EF）大于1.5通常表征沉积物中的重金属存在富集（Armid et al.，2014）。据表5-6可知，Cd 的 EF 值高于2.5，平均为3.44，表明其在沉积物中存在明显富集。与之不同，Cu 的 EF 值为0.75~1.46，表明其在沉积物中几乎未出现富集。Cr、Ni 的 EF 值均高于1.5但低于3.0，说明二者在沉积物中的富集水平较低。Pb 和 Zn 的 EF 值分别为0.81~1.54和0.91~1.52，表明其沉积物中存在轻微富集。与 EF 的分析结果相似，地累积指数（I_{geo}）亦表明研究区沉积物中的 Cd 处于中度至重度污染水平，Cr、Ni 处于未污染至中度污染水平，而 Cu、Pb、Zn 处于未污染水平（表5-6）。在空间分布上，沉积物中重金属污染分布与其含量分布一致。

表5-6 研究区表层沉积物中重金属污染及生态风险指标

指标	Cd	Cr	Cu	Ni	Pb	Zn
<Ⅰ级标准比例/%	100.0	45.5	68.2	—	100.0	100.0

续表

指标		Cd	Cr	Cu	Ni	Pb	Zn
Ⅰ～Ⅱ级标准比例/%		0	54.5	31.8	—	0	0
<TEL 比例/%		100.0	18.2	4.5	0	100.0	9.1
TEL～PEL 比例/%		0	81.8	95.5	40.9	0	90.9
>PEL 比例/%		0	0	0	59.1	0	0
EF	范围	2.50～5.00	1.00～2.82	0.75～1.46	1.08～2.64	0.81～1.54	0.91～1.52
EF	均值	3.44	2.11	1.09	1.92	1.03	1.19
I_{geo}	范围	0.54～2.24	-0.95～1.14	-1.75～0.06	-0.79～1.14	-0.99～0.32	-1.35～0.39
I_{geo}	均值	1.32	0.52	-0.42	0.38	-0.51	-0.30
E_r^i	范围	65.45～212.75	1.55～6.61	2.23～7.80	1.73～6.59	3.77～6.01	0.57～1.97
E_r^i	均值	118.80	4.49	5.81	4.13	5.28	1.26

5.3.2.2 重金属生态风险评估

根据 TEL 和 PEL，当重金属含量低于 TEL 时，不会发生对生物不利的毒性效应；当重金属含量高于 PEL 时，毒性效应将频繁发生；当重金属含量介于二者之间时，毒性效应会偶尔发生（MacDonald et al.，1996）。研究表明，100%站位的 Cd 含量、18.2%站位的 Cr 含量、4.5%站位的 Cu 含量、100%站位的 Pb 含量和 9.1%站位的 Zn 含量均低于 TEL，59.1%站位的 Ni 含量超过 TEL，而 81.8%站位的 Cr 含量、95.5%站位的 Cu 含量、40.9%站位的 Ni 含量和 90.9%站位的 Zn 含量介于 TEL 和 PEL（表5-6），表明这些重金属的毒性效应偶尔发生。

根据表5-6中单项潜在生态风险指数（E_r^i）可知，研究区沉积物中 Cd 的 E_r^i 值为 65.45～212.75，平均值为 118.80，说明其潜在生态风险处于较高水平。与之相比，沉积物中其他重金属的 E_r^i 值均低于10，表明其潜在生态风险非常低。就综合潜在生态风险指数（RI）而言，研究区沉积物中重金属的 RI 值为 77.93～236.83，平均值为 137.29，表明其整体存在较低生态风险。然而，仍有 36.4%站位的 RI 值为 150～300，存在中等生态风险。另外，Cd 对 RI 的贡献高达 86.5%，说明它是产生生态风险的主要重金属。

本书中，沉积物中重金属的 ΣTU_s 低于 4.0，表明其对海洋生物无毒性。在空间分布上，渤海湾中部沉积物中重金属的 ΣTU_s 高于曹妃甸周边海区（图5-11）。研究区沉积物中6种重金属的平均 TU 值整体表现为 Ni（0.97）>Cr（0.49）>Zn（0.33）>Cu（0.27）>Pb（0.19）>Cd（0.09），其对 ΣTU_s 的平均贡献率分别为 41.4%、21.1%、14.2%、11.5%、8.1% 和 3.7%。综合考虑了 TEL 和

PEL 的 TRI 指数亦可用于评估沉积物中重金属对海洋生物产生的毒性风险。本书中，沉积物中重金属的 TRI 指数为 3.08~8.25，平均值为 5.6（图 5-11）。研究区 31.8% 的站位（曹妃甸周边海区）处于无毒性风险水平，而 68.2% 的站位（渤海湾中部海区）处于低毒性风险水平。研究区沉积物中 6 种重金属对 TRI 的平均贡献分别为 34.7%（Ni）、19.8%（Cr）、19.7%（Cu）、9.9%（Zn）、9.1%（Pb）和 6.8%（Cd）。尽管研究区沉积物中 Cd 的 EF 值和 I_{geo} 值在所研究的重金属中最高，但其对 ΣTU_s 和 TRI 的贡献最低，表明 TUs 和 TRI 评价方法可能低估了 Cd 的毒性风险，而这可能与 Cd 的 TEL 和 PEL 值较高有关。因此，亟须探讨一种包括沉积物质量基准和不同评价互补的方法，对重金属产生的生态风险进行更为准确和全面的评价。

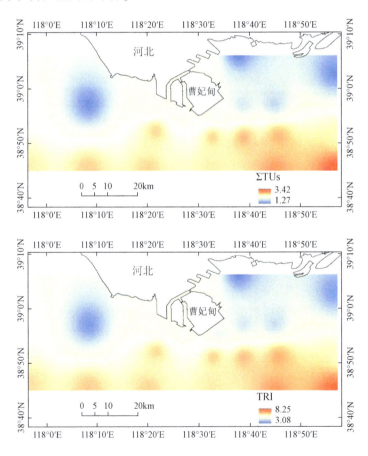

图 5-11 研究区表层沉积物中重金属 ΣTUs 和 TRI 空间分布

5.3.2.3　围填海工程对重金属污染及风险的影响

已有研究表明，用于发展农业或建设港口的围填海工程可能会引发一系列环境问题。Bai 等（2011）研究发现，珠江口沉积物中的重金属含量随着围垦时间的增加而升高。Rahman 和 Ishiga（2012b）报道了日本毗邻城市及港口的海岸沉积物受到重金属的严重污染。Xiao 等（2015）和 Zhang 等（2017）揭示了沿海地区长期的围垦活动导致珠江口湿地及水生生态系统存在较为严重的重金属污染。可见，围填海工程对水生生态系统产生了负面影响。但本书发现，曹妃甸的围填海工程并未导致近岸海区沉积物中重金属的明显富集且生态风险亦不高，特别是老龙沟海区以及曹妃甸岬角附近海区沉积物中的重金属处于低污染水平，这主要与该区的围填海方式以及曹妃甸近岸海区的水动力条件有关（Lu et al.，2009）。虽然在围填海过程中曹妃甸原有的潮流通道并未改变，但是潮流流向和流速发生变化，水动力条件发生一定程度的改变。研究区重金属处于低污染水平的原因在于曹妃甸海区较深且存在甸前深槽（深度达 30 m 以上），加之悬浮颗粒物浓度较低，其对重金属的吸附作用较弱。另外，曹妃甸海区由于曹妃甸岬角的存在，海流流速较大，重金属及其附着的悬浮颗粒物在研究区内难以沉降，由此导致其在曹妃甸近岸海区沉积物中的富集程度较低。然而，曹妃甸围填海工程的长期实施是否会导致其周边海区沉积物中重金属的富集？未来仍需开展长期评估研究。

第 6 章　龙口湾近岸海区沉积环境特征

6.1　沉积物粒度及黏土矿物组成特征

6.1.1　沉积物粒度组成及分布特征

通过以黏土–粉砂–砂为三端元的三角图式可知，龙口湾近岸海区表层沉积物的粒度组成以粉砂为主（平均占62.9%），其次是砂（平均占19.05%），黏土组分相对较少（平均占18.05%）。站位分布较为分散说明各站位间的粒级组成差异较大，龙口湾近岸海区在沉积物粒度组成上呈现出明显的空间异质性（图6-1）。另由图6-2可知，黏土和砂的分布特征整体呈相反趋势，而粉砂的分布特征与二者均不相同。龙口湾近岸海区表层沉积物的粒度组成尽管均存在高值和低值中心，但这种差异性强度并不一致。从图6-2等值线的疏密亦可知，黏土组分和粉砂组分含量的等值线较为稀疏，而砂组分最为密集，说明黏土组分和粉砂组分的空间异质性较低，而砂组分最高。具体而言，黏土组分含量在龙口湾近岸以及龙口湾最外侧小范围海域相对较低，在龙口湾湾内海域较高；砂组分含量在龙口湾近岸和龙口湾最外侧小范围海域较高，在龙口湾湾内海域较低。与之相比，粉砂含量在整个研究区均较高，而在龙口湾近岸和龙口湾最外侧小范围海域含量较低。龙口湾近岸和龙口湾最外侧小范围海域为砂含量高值区（>20%），同时也是粉砂含量低值区（<60%）和黏土含量低值区（<15%）；砂含量低值区（<20%）主要呈带状从龙口湾湾内一直延伸至龙口湾湾外海域，该海域同时也是黏土含量高值区（>15%）和粉砂含量高值区（>60%）。粉砂含量除在龙口湾近岸和龙口湾最外侧小范围海域出现低值区外，其总体上呈现出由近岸向海递增变化；黏土含量在龙口湾湾内呈现出由近岸向海递增趋势，而在湾外则呈递减趋势。在龙口湾湾内，砂组分含量为9%~36%，除近岸存在小范围高值区外，其整体呈现出由近岸向湾内递增趋势；在龙口湾湾外，砂组分含量出现明显高值区，其值为20%~35%。

| 第6章 | 龙口湾近岸海区沉积环境特征

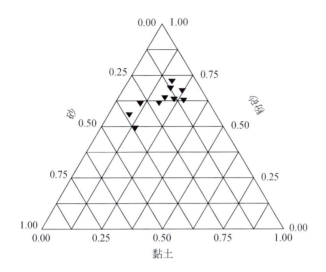

图 6-1 龙口湾近岸海区表层沉积物粒度特征三角端元图

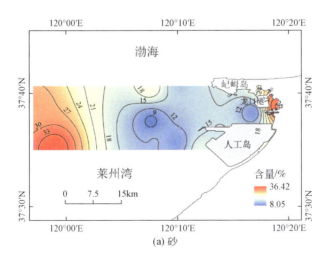

(a) 砂

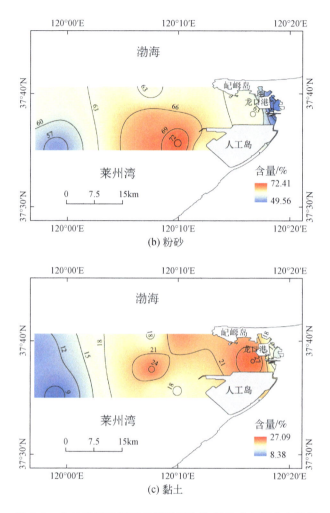

图 6-2 龙口湾近岸海区表层沉积物粒度组成空间分布特征

6.1.2 沉积物粒度参数及分布特征

龙口湾内表层沉积物的平均粒径(M_z)为 5.6Φ,范围介于 $4.6\sim6.4\Phi$,沉积物颗粒整体偏细。从不同站位沉积物平均粒径的变化趋势可知,平均粒径的分布与黏土含量分布的趋势比较一致[图 6-3(a)],其高值区与黏土含量的高值区相对应(在 LK02 站位取得最高值),而其低值区也与黏土含量的低值区相对应(在 LK10 站位取得最低值)。整体而言,沉积物平均粒径自龙口湾湾内向湾外呈先变粗后变细的变化特征,其粗粒区与砂粒组分含量较高的区域相对应。龙口湾近岸海区表层沉积物的标准偏差（σ_i）为 1.5~2.8，平均值为 2.2 [图 6-3（b）]。大部分站位的 σ_i 均大于 2，故整体上可认为表层沉积物的分选不好。龙口湾近岸海区表层沉积物的偏度（S_K）为 0.002~0.616，平均值为 0.354 [图 6-3（c）]。大部分站位的 S_K 大于 0.1，说明研究表层沉积物的粒度主要集中在颗粒物的粗端。研究区不同站位的峰度（K_G）介于 0.88~2.08，平均值为 1.16 [图 6-3（d）]。除 LK02、LK09 和 LK10 站位的峰度大于 1.11 且为窄峰度外，其他站位均为中等峰度。

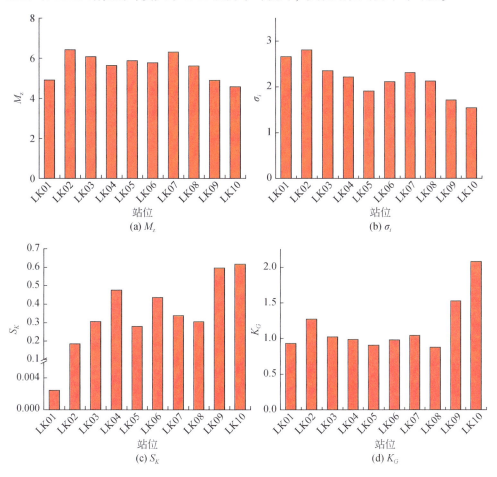

图 6-3　不同站位表层沉积物粒度参数

6.1.3　沉积物黏土矿物组成及分布特征

　　龙口湾近岸海区表层沉积物中的黏土矿物主要由蒙皂石族、伊利石族、高岭石族和绿泥石族黏土矿物组成，为伊利石–绿泥石–高岭石–蒙皂石组合。从以黏土矿物组分伊利石、蒙皂石和高岭石+绿泥石为三端元的三角图式可以看出，龙口湾海域表层沉积物中的黏土矿物组分主要为蒙皂石和伊利石，其中又以伊利石含量最高（图6-4），其值为44.1%~67.2%，平均为57.1%。比较而言，龙口湾湾内伊利石的平均含量（55.9%）明显低于湾外（58.2%）。蒙皂石是研究区表层沉积物中较为普遍的黏土矿物，其含量为11.9%~39.4%，平均为24.9%。蒙皂石在龙口湾湾内含量较高（27.0%），特别是在LK03站位，其含量高达39.4%。与伊利石和蒙皂石含量相比，研究区表层沉积物中的绿泥石和高岭石含量均较低，其值分别为7.4%~12.4%和5.5%~8.8%，平均为10.2%和7.8%。大部分站位在黏土矿物三角图式中的分布较为集中，说明大部分站位沉积物中黏土矿物组分的分异较小，但不同黏土矿物组分在研究区内的空间分布却存在明显差异（图6-5）。研究发现，伊利石和蒙皂石在研究区的分布特征几乎完全相反，即伊利石的高值区对应蒙皂石的低值区，反之亦然［图6-5（a）和图6-5（b）］。屺姆岛西侧海域以及人工岛建设海域的蒙皂石含量较高，其值为20.9%~39.4%，平均含量（28.7%）高于整个研究海域的平均含量（24.9%）。伊利石在上述海域的含量相对较低，为44.1%~60.8%，其平均含量（53.9%）低于整个研究海域的平均含量（57.0%）。同样，蒙皂石在龙口湾湾内及近岸的含量也较低，为11.9%~21.7%，而伊利石在此海域的含量却相对较高，为64.80%~67.16%。整体而言，蒙皂石在屺姆岛西南侧海域以及人工岛建设海域的含量分布呈现出由

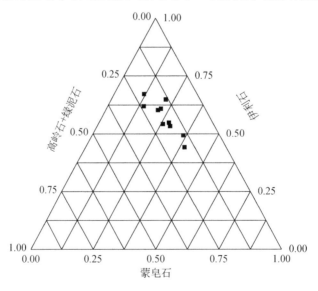

图6-4 研究区表层沉积物黏土矿物三角图

近岸向海逐渐升高趋势,而在龙口湾内呈现出由岸向海逐渐降低趋势。伊利石在屺姆岛西南侧海域以及人工岛建设海域的含量分布呈现出由近岸向海逐渐降低趋势,而在龙口湾内呈现出由岸向海逐渐升高趋势。绿泥石和高岭石的含量分布特征尽管比较相似,但也存在一定差异[图6-5(c)和图6-5(d)]。二者在龙口湾近岸海域均存在小范围低值区,而在湾内以及屺姆岛西南侧海域均出现高值区,其含量分布呈现出由近岸向海逐渐升高趋势。不同的是,高岭石在人工岛建设海域出现较大范围的低值区,且其中心达到研究海域该矿物组分含量的最低值(仅为5.52%)。尽管人工岛建设海域的绿泥石含量亦出现明显低值区,但范围较小且含量降幅不大(9%左右)。

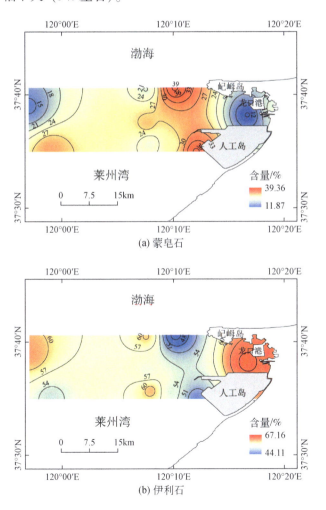

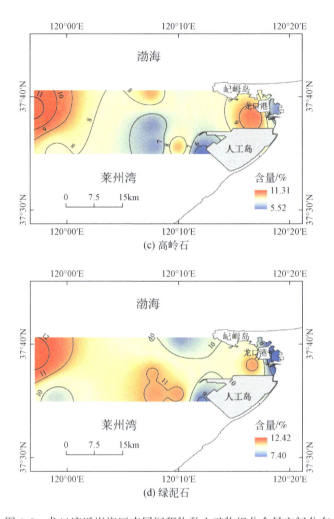

图 6-5　龙口湾近岸海区表层沉积物黏土矿物组分含量空间分布

6.1.4　沉积物粒度及黏土矿物空间分布影响因素

龙口湾及其附近海域的沉积物具有明显的亲陆性和区域性，其物质来源除本区河流、风积和人工物质外，还受沿岸流携带的现代黄河物质的影响（王文海，1994；刘凤岳，1994）。黄河物质入海后大致可分为三个搬运方向，其中一个方向是进入莱州湾，并借助海峡南出之水把黄河物质送入外海（陈丽蓉，1989）。据国家海洋局第一海洋研究所（现自然资源部第一海洋研究所）2006 年的调查数据可知，龙口湾海底沉积物主要有中砂、中细砂、细砂、粉砂质砂和粉砂质黏土，且分布规律明显。龙口湾内湾和沙坝沉积物普遍较细，且分选良好，为细砂和粉砂质黏土；外湾为粉砂质砂，屺姆岛头附近为中砂和中细砂。龙口湾属渤海湾–莱州湾矿物省，就其黏土矿物组成而言，高岭石与绿泥石含量较高，伊利石结晶度较好（何良彪，1984）。该矿物省受黄河影响最大，黄河沉积物中的黏土矿物为伊利石–绿泥石–高岭石–蒙皂石组合，而以黄土为主要成分的黄河入海物质大部分沉积在此矿区，因而龙口湾黏土矿物也属于伊利石–绿泥石–高岭石–蒙皂石组合（表6-1）。龙口湾现代岸线与水下地形经多年水动力调整，加上干旱降雨量偏少，河流挟沙少，其海底沉积环境已基本处于动态平衡和相对稳定状态（何良彪，1989；何良彪和刘秦玉，1997）。但自2010年以来，龙口湾大规模离岸人工岛建设在某种程度上已对这种稳定状态产生深刻影响。就沉积物黏土矿物组分而言，整个渤海湾表层沉积物的黏土矿物为伊利石–蒙皂石–绿泥石组合，主要有伊利石、蒙皂石、绿泥石和高岭石，且伊利石含量最高，蒙皂石次之，绿泥石和高岭石较低（表6-1）。莱州湾北岸表层沉积物中的黏土矿物组分与渤海湾和龙口湾相近，其不同种类矿物的含量变化均不大。与未进行大规模离岸人工岛建设前的研究结果相比，龙口湾表层沉积物的黏土矿物含量已发生了一定变化，表现为蒙皂石含量升高（24.91%），绿泥石（10.23%）和高岭石（7.82%）含量均有所降低，而伊利石含量最高且变化不大（57.04%），与黄河及黄河近岸黏土矿物相比，仍属于黄河型。

表6-1 龙口湾、黄河、黄河口近岸、渤海湾南部和莱州湾北岸沉积物粒度及黏土矿物组成对比

（单位：%）

区域	粒度组成			黏土矿物组成				参考文献
	黏土	粉砂	砂	伊利石	高岭石	绿泥石	蒙皂石	
黄河	—	—	—	62.5	9.7	12.6	15.2	范德江等（2001）
黄河口近岸	17.4	59.1	23.5	55.4	7.8	10.3	26.5	王苗苗等（2015）
渤海湾南部	粉砂质黏土	黏土质粉砂	粉砂	56.5	10.2	13.2	19.4	李国刚（1990）
	25.9	52.1	22	59	7.3	10.2	23.6	王苗苗等（2015）
莱州湾北岸	16	62.4	21.6	57.8	8.6	10.9	22.7	
龙口湾	—	—	—	58.2	20.3	13.3	8.2	何良彪（1984）
	—	—	—	70~75	8~10	>10	8~13	赵全基（1987）
	粉砂质黏土	黏土质粉砂	粉砂	56~60	10~12	12~16	16~20	李国刚（1990）
	18.1	62.8	19.1	57.0	7.9	10.2	24.9	本书

莱州湾海区内存在一个大顺时针向的余环流，黄河口沙嘴前缘存在一个较强的潮流，在莱州湾东南存在一个较弱的潮流（图2-1），莱州湾东南部的较弱潮

流与龙口湾人工岛建设海区较为接近，上述环流和潮流对沉积物在龙口湾内的分布可能会产生一定影响（林晓彤等，2003；顾玉荷和修日晨，1996；王昆山等，2010）。龙口湾是一个对数螺旋形半敞开海湾，湾内地貌主要为浅海平原，北部近 10 km 的连岛沙坝形成了天然波堤，屺坶岛和连岛沙坝的存在使龙口湾较为封闭，湾内水深大部分在 10 m 以内，且由东向西逐渐加深；湾内波浪不强，流速很小，水动力较弱，有少量淤积（王文海，1994）。屺坶岛北侧的泥沙不会绕过连岛沙坝进入南侧（安永宁等，2010；陈则实等，2007），故屺坶岛南侧西部呈弱侵蚀状态。陆源入海泥沙在自东向西输运过程中逐渐落淤，而这可从尖子头沙嘴及其附近岸滩的缓慢增长得到证实。鸭滩阻挡泥沙进入龙口湾湾内，因此龙口湾顶部基本无泥沙进出，其始终处于动态平衡（冯秀丽等，2009）。整体而言，龙口湾的泥沙运动大致可分为两部分，一是屺坶岛以东连岛沙坝以北的泥沙做东西向运动，仅有少量泥沙悬移质绕过屺坶岛而影响龙口湾；二是湾内河流如界河、河抱河、龙口河等向龙口湾输入少量泥沙（表 2-4）。因此，湾内无明显泥沙交换，而这也是龙口湾泥沙淤积微弱的主要原因。伊利石是黏土矿物中最为稳定的矿物之一（李国刚，1990），无论是在中国近海还是在世界大洋，都在组合上占优势，因而龙口湾沉积物黏土矿物中伊利石的含量变化不大。蒙皂石是黏土矿物中比较细小的矿物，较容易随水搬运，而这是导致其在龙口湾湾内含量较高的一个重要原因。细粒级泥沙的淤积，使得龙口湾内的黏土含量也有所上升。黏土矿物的分布不仅与物源有关，而且水动力等海洋沉积环境在黏土矿物入海后对表层沉积物中的黏土矿物分布也有较大影响。由于自身粒径和相对密度等因素，黏土矿物在随洋流输运过程中的沉积分异作用明显。根据 Gibbs（1997）的数据，四种黏土矿物中蒙皂石粒径最小（平均粒径 0.4 μm）、密度最小（2.10 g/cm^3）；绿泥石粒径最大（平均粒径 10 μm）、比重最重（2.50 g/cm^3）。颗粒较小、易于悬浮的伊利石随水流沉降，而颗粒较大的高岭石和绿泥石在湾外存在较多沉降。

自 2011 年龙口湾大规模离岸人工岛开工建设以来，大量的土石堆积在海岸，在海潮的冲刷作用下进入近岸海区，并在水动力作用下进行初步沉积分异。陆源物质入海后，要经过一个搬运、混合、沉积以及沉积后的改造过程，高能河水入海后能量逐渐减弱，入海沉积物在水动力作用下经过初步的沉积分异作用，泥沙粗粒级组分堆积在河口附近，细粒级组分受到往复潮流的影响，向河口两侧运移。然而，由于人工岛建设，入海泥沙粗粒级组分堆积在人工岛海岸附近，细粒级组分受海流的影响逐渐向莱州湾中部和龙口湾运移。除沙坝外海底沉积物由湾内向湾外逐渐变粗外，龙口湾湾内海底沉积物普遍较细，而蒙皂石含量在细粒沉积物中要比在粗粒沉积物中高。龙口湾湾内的蒙皂石含量明显高于湾外，主要原因是水动力作用。大规模的人工岛建设可对龙口湾水流流动以及泥沙输运产生很强的阻隔作用,进而影响龙口湾海域的水动力环境。龙口湾北面有屺姆岛和连岛沙坝阻挡,湾内风浪小,流速也小,水流趋于平缓,由此导致黏土矿物颗粒性质在龙口湾海区存在较大差异。在近岸物质运输过程中,潮流对泥沙运移也有很大影响。黄河入海的悬浮泥沙分布与扩散受到莱州湾内高速潮流场的影响,而潮流场对海洋沉积物的扩散有着重要作用(陈斌等,2009;江文胜和王厚杰,2005;顾玉荷和修日晨,1996)。安永宁等(2010)运用MIKE21数学模型模拟了人工岛群建设前后海域潮流场和海底冲淤的变化特征,认为龙口湾大规模离岸人工岛群建设在改变海底地貌和岸线的同时,也会改变龙口湾内的水动力条件和冲淤特征,由此对龙口湾海区的沉积环境产生重要影响。大规模人工岛围填海工程的实施,导致龙口湾北侧海域在各种典型风况下的淤积量均有所增加(冯秀丽等,2009),这就使得水动力性能较弱的矿物(如伊利石和蒙皂石)在龙口湾附近明显增加。另外,受人工岛群建设的影响,龙口湾的流速和有效波高变小,不利于泥沙的起动和运移(周广镇等,2014)。人工岛建设前缘由于挑流和破浪作用,潮流和波浪作用较强,有利于泥沙的起动和运移,最大冲刷深度增大,泥沙随海流进入水动力较弱的莱州湾,进而使得人工岛建设前缘的高岭石和绿泥石含量降低。

6.2 沉积物碎屑矿物组成及分布特征

6.2.1 沉积物碎屑矿物组成及空间分布特征

6.2.1.1 碎屑矿物组成特征

龙口湾表层沉积物共鉴定出轻矿物11种(表6-2)。其中,主要轻矿物为石英、斜长石和钾长石,其平均含量均大于10%;次要轻矿物有白云母、风化云母、方解石、风化碎屑,其平均含量为1%~10%;少量轻矿物有生物碎屑、绿泥石和有机质碎屑,其平均含量小于1%;样品中偶见岩屑,在此称其为微量轻矿物。研究区表层沉积物共鉴定出重矿物22种(表6-2)。其中,主要重矿物为普通角闪石,其平均含量大于10%;次要重矿物有阳起石、绿帘石、黑云母、水黑云母、石榴子石、榍石、钛铁矿、褐铁矿、岩屑和自生黄铁矿等,其平均含量为1%~10%;少量重矿物有透闪石、白云母、磷灰石、碳酸盐、磁铁矿、赤铁矿、风化碎屑、斜黝帘石、锆石、电气石和黝帘石等,其平均含量均小于1%。

表 6-2　研究区沉积物中轻、重矿物种类、颗粒百分含量及其特征

碎屑矿物	含量	矿种	矿物特征
轻矿物	主要轻矿物（平均含量>10%）	石英	粒状、不规则粒状、无色、少量铁染浅红色、透明、次棱角状
		斜长石	粒状、灰白色、次棱角状、风化较强
		钾长石	粒状、肉红色、浅黄色、次棱角状、表面浑浊、风化较强
	次要轻矿物（1%<平均含量<10%）	白云母	片状、无色、次棱角片状、次圆片状
		风化云母	板状、片状、绿色、土黄色、次棱角片状、次圆片状
		方解石	粒状、无色、白色、浅黄色、次棱角状
		风化碎屑	土粒状、土状、土黄色、泥质、性软
	少量轻矿物（平均含量>1%）	生物碎屑	钙质碎屑、白色、为有孔虫外壳、贝壳碎屑等
		绿泥石	泥状集合体、集合体呈粒状、绿色、性软
		有机质碎屑	纤维素状、粒状、土黄色、暗褐色、性软
	微量轻矿物（偶见于某一样品）	岩屑	两种矿物集合体、原生碎屑、石英+金属矿物
重矿物	主要重矿物（平均含量>10%）	普通角闪石	柱状、粒状、绿色、个别褐色、次棱角状、个别风化较强
	次要重矿物（1%<平均含量<10%）	阳起石	柱状、浅绿色、次棱角状
		绿帘石	粒状、柱状、黄绿色、淡黄色、无色、次棱角状
		黑云母	片状、绿色、褐色、次棱角片状
		水黑云母	片状、黄绿色、黄褐色、土褐色、性软
		石榴子石	粒状、粉红色、无色、次棱角状
		榍石	粒状、楔状、柱状、黄色、淡褐色、次棱角状、次圆状
		钛铁矿	粒状、亮黑色、金属光泽、次棱角状
		褐铁矿	粒状、暗褐色、黄褐色、有一定硬度
		岩屑	两种矿物集合体、多为暗色金属矿物+浅色造岩矿物组合
		自生黄铁矿	莓球状、生物内膜状、粒状、铜黄色、灰黄色、较新鲜
	少量重矿物（平均含量<1%）	透闪石	柱状、无色、次棱角状
		白云母	片状、无色、次棱角片状
		磷灰石	粒状、白灰色、次棱角状
		碳酸盐	粒状、浅黄褐色、性脆易碎、加 HCl 强烈反应
		磁铁矿	粒状、黑色、具有强磁性、次棱角状
		赤铁矿	粒状、铁黑色、条痕红色、次棱角状
		风化碎屑	粒状、土黄色、泥质、风化残积物集合体
		斜黝帘石	粒状、柱状、无色、浅黄色、一级及异常干涉色、斜消光
		锆石	粒状、无色、次棱角状
		电气石	粒状、柱状、褐色、多色性明显、次棱角状
		黝帘石	粒状、柱状、灰白色、浅绿色、一级及异常干涉色、平行消光

6.2.1.2 重矿物与轻矿物分布特征

1) 重矿物分布特征

龙口湾属于渤海南部矿物区的龙口矿物亚区,重矿物含量很低,其值为0.09%~2.06%,平均为0.6%。比较而言,重矿物的高含量区出现在龙口湾湾内(LK01站位)和屺姆岛西侧(LK03站位)的表层沉积物中,而其他站位的重矿物含量相对较低且变化不大。整体而言,龙口湾的重矿物以普通角闪石、云母类(黑云母、水黑云母、白云母)和绿帘石为主,且这些矿物在龙口湾的分布具有一定的规律性[图6-6(a)]。相对于龙口湾湾外,湾内的普通角闪石含量很高(8.8%~74.8%),平均为41.9%。与之相反,云母类在湾内含量较低(2.5%~3.8%),特别是在LK01站位最低(2.5%)。绿帘石含量为0.9%~18.8%,平均为9.6%,其在屺姆岛西侧(LK03站位)以及距离龙口湾大规模人工岛岛群建设较远海域(LK10站位)含量较高,而在其余站位含量较低[图6-6(b)]。

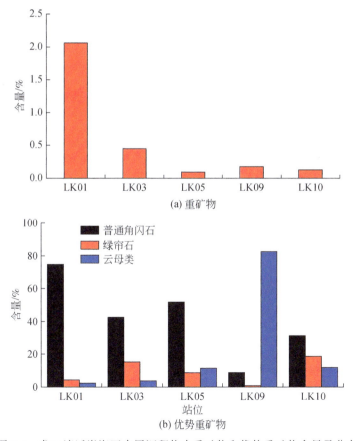

图6-6 龙口湾近岸海区表层沉积物中重矿物和优势重矿物含量及分布

2）轻矿物分布特征

龙口湾沉积物碎屑矿物中的轻矿物占主体，其含量为 97.9%~99.9%，平均高达 99.4%。整体而言，龙口湾湾外深水区的轻矿物含量要高于湾内近岸浅水区，且其在龙口湾外的变化较小。位于龙口湾湾内 LK01 站位的轻矿物含量最低，为 97.9%［图 6-7（a）］。研究区的轻矿物组成以石英为主，其含量为 41.7%~56.7%，平均为 47.3%；斜长石、钾长石和风化云母次之，三者含量分别为 8%~17%、9.7%~20.7% 和 5%~18.3%，平均为 13.3%、13.9% 和 8.9%［图 6-7（b）］；其他轻矿物的含量均较低。石英含量在研究海域较高，高含量区出现在龙口湾湾内和屺㟂岛西侧的表层沉积物中（LK01 站位和 LK03 站位），而在其他站位表层沉积物中的含量相对较低。比较而言，斜长石含量呈现出从龙口湾湾内向湾外递减的特征，钾长石含量整体呈现出从龙口湾湾内向湾外递增的特征，而风化云母含量除在湾外（LK09 站位）较高外，其在其他站位的含量均较低且变化不大。

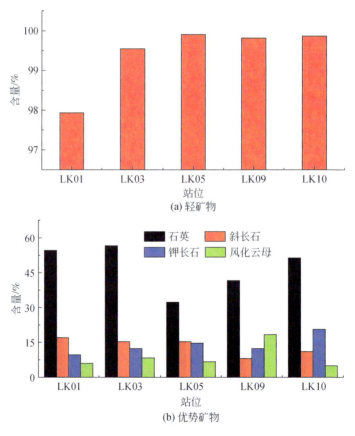

图 6-7 研究区表层沉积物中轻矿物和优势轻矿物含量及分布

6.2.2 碎屑矿物空间分布及沉积环境影响因素

龙口湾是一个较为封闭的海湾，湾内波浪不强，流速很小，水动力较弱，存在少量淤积（王文海，1994）。从湾内碎屑矿物的基本特征和分布规律可知，龙口湾及其附近海域的沉积物具有明显的亲陆性和区域性，其物质来源主要为湾内河流输沙、海岸和海底侵蚀来沙、风沙以及庙岛群岛的冲刷产物，同时还受到黄河输沙和人工堆积的影响。其中，河流输入物质的贡献最大，以界河为主（安永宁等，2010），但这些河流均为近源的溪流或季节性河流，仅在夏季暴雨时向海湾输送泥沙（表2-4）。入海沉积物主要沉积在近岸河口三角洲区域，少量向外扩散，其附近岸线逐年后退（王文海等，1988）。龙口地区地貌具有明显的阶梯性，自南向北逐级降低，研究区海岸地貌是在黄县冲洪积平原基础上发展起来的，距物源很近，所以形成了沙砾质平原海岸（王文海，1994）。对海岸侵蚀来沙而言，在砂质海岸上，沿岸输沙主要发生在破波带内，其主要动力是波浪及其破波产生的沿岸流。屺姆岛北侧的泥沙不会绕过连岛沙坝进入南侧（陈则实等，2007），故屺姆岛南侧西部略有侵蚀。前述讨论已叙述，陆源入海泥沙在自东向西输沙过程中逐渐落淤，且可从尖子头沙嘴及其附近岸滩的缓慢增长得到证实。鸭滩阻挡泥沙进入龙口湾内湾，因此龙口湾顶部基本无泥沙进出，龙口湾顶处于动态平衡（冯秀丽等，2009）。黄河物质入海后大致可分为3个方向搬运，其中一个方向是进入莱州湾，并借助海峡南出之水把黄河物质送入外海（陈丽蓉，1989）。本书表明，龙口湾的重矿物组合为普通角闪石-云母-绿帘石，但白云母的平均含量远低于黑云母，而黄河物源碎屑沉积物以云母-普通角闪石-绿帘石组合为特征，富含黑云母（林晓彤等，2003）。据陈丽蓉等（1980）和王昆山等（2010）的研究，龙口矿物业区的矿物组合为绿帘石-白云母-碳酸盐矿物-斜长石-普通角闪石，其轻、重矿物的种类与含量变化与本书结果基本一致，表明龙口湾表层沉积物中的碎屑矿物在一定程度上受到黄河物源的影响。近岸浅水区离物源较近，周边有河流来沙供应，水动力条件较强，故沉积物粒径比较粗，轻矿物含量相对较低，而重矿物含量较高。本书中，龙口湾近岸LK01站位的重矿物含量较高，轻矿物含量较低，也揭示了浅水区离物源较近，水动力分选较强。该结果与赵奎寰（1988）得出的龙口屺姆岛海区重矿物主要富集在近岸带的结论相吻合。

前述可知，莱州湾海区内存在一个大顺时针向的余环流，黄河口沙嘴前缘存在一个较强的潮流，在莱州湾东南存在一个较弱的潮流区，而在龙口湾近岸，潮流的方向是沿海岸自东北向西南流动（图2-1）。莱州湾东南部的较弱潮流区与龙口湾人工岛建设海区较为接近，上述环流和潮流对沉积物在龙口湾内的分布可能具有一定的影响（赵保仁等，1995；顾玉荷和修日晨，1996）。龙口湾的潮汐属于不规则半日潮，由于其地形特点，湾内风暴潮严重，港湾震动较显著，可引起湾内水位骤然升降，并对湾内的物质运移产生重要影响。另据前述可知，龙口湾的泥沙运动主要分为两部分，一是屺峿岛以东连岛沙坝以北的泥沙做东西向运动，仅有少量泥沙悬移质绕过屺峿岛而影响龙口湾；二是湾内河流如界河、河抱河、龙口河等向龙口湾输入少量泥沙（表2-4）。正因如此，龙口湾内无明显泥沙交换，泥沙淤积微弱。边淑华等（2006）的研究表明，龙口湾内主要是往复流，涨潮流向为SE，落潮流向为NW，近岸受围填海区的影响，涨落潮流向与围填海区岸壁基本平行，湾顶流速小，向湾中、湾口水域流速逐渐变大。从水深对比结果来看，龙口湾各期等深线吻合较好，除局部人工开挖外，多年水深变化不大。龙口湾内除各沙嘴和近岸水深较浅的水域外，海底泥沙活动性较弱，加之目前近岸浅水区又被围填，沙嘴上的沙体只有在较大波浪作用下才可强烈活动。龙口湾内整体处于微淤积状态，其中龙口港航道西段淤积量稍大，受屺峿岛高角挑流作用的影响，屺峿岛西南侧处于侵蚀状态，但该处为基岩海岸，侵蚀速率不大。

前述亦可知，自2011年龙口湾离岸人工岛正式开工建设至今，大规模离岸人工岛群建设已对龙口湾海区的水动力条件和冲淤特征产生了一定影响（安永宁等，2010）。就表层沉积物中的碎屑矿物组成而言，现龙口湾的重矿物含量为0.58%，而轻矿物含量为99.42%；相比于莱州湾、渤海湾，轻矿物所占比例明显提升，而重矿物所占比例明显下降。就沉积物中重要矿物组成及其含量而言，现龙口湾的普通角闪石、绿帘石、白云母、斜长石和钾长石的含量分别为56.4%、9.5%、3.1%、15.9%和12.2%（表6-3）。据陈丽蓉等（1980）的研究，龙口矿物亚区的绿帘石含量较高，为本区的特征矿物，而莱州湾适合密度较小的白云母沉积，为白云母高含量区。但据本书，龙口湾绿帘石的含量较其他主要矿物低，且白云母的含量也远低于莱州湾，而这可能是人工岛建设对龙口湾的水动力条件和冲淤特征产生较大影响所致。

表6-3　龙口湾及周边海域主要轻、重矿物含量变化对比　（单位：%）

区域	重矿物	轻矿物	主要轻、重矿物					参考文献
			普通角闪石	绿帘石	白云母	斜长石	钾长石	
渤海湾	5.7	94.3	31.8	25.8	1.6	49.7	13.0	陈丽蓉（1980）
黄河口及莱州湾	1.51	—	23	20.0	17.6	—	—	王昆山等（2010）
龙口湾	0.58	99.42	56.4	9.5	3.1	15.9	12.2	本书

海底沉积环境取决于堆积环境中的水动力条件以及物理、化学和生物过程（徐茂泉和陈友飞等，1999）。由于人工岛群的建设，大量的土石堆积在海岸，在海潮的冲刷作用下进入近岸海区，并在水动力作用下进行初步沉积分异。入海泥沙粗粒级组分堆积在人工岛海岸附近，细粒级组分受海流的影响逐渐向莱州湾中部运移，由此使得本书的轻矿物含量由龙口湾湾内至湾外呈增加趋势，特别是广泛存在于沉积物中的稳定性矿物石英的含量增加明显，而长石类矿物的含量降低，特别是斜长石的含量下降幅度最大。据安永宁等（2010）研究，人工岛围填海工程的实施，导致龙口湾北侧海域在各种典型风况下的淤积量均有所增加，水动力性能较弱的矿物含量在龙口湾附近明显增加，且由界河口来沙和沿岸输沙引起的岛陆间水道的淤积速率约为 12.5 cm/a。另据周广镇等（2014）研究，受人工岛建设的影响，龙口湾的流速和有效波高变小，不利于泥沙的起动和运移，最大冲刷深度变化不大。龙口湾内由于水动力条件的改变而发生淤积，使得不稳定矿物如普通角闪石的含量明显增加。前述可知，人工岛建设前缘由于挑流和破浪作用，潮流和波浪作用较强，有利于泥沙的起动和运移，由此导致泥沙随海流进入水动力较弱的莱州湾，进而使得不稳定矿物如普通角闪石的含量降低。

6.3 沉积物重金属地球化学特征

6.3.1 沉积物重金属空间分布及影响因素

6.3.1.1 重金属空间分布特征

研究区表层沉积物中 Pb、Cu、Zn、Cd、Cr、Co、Ni、Hg 和 As 的含量范围在 2013 年分别为 13.3～20.6 mg/kg、18.1～77.3 mg/kg、46.0～79.7 mg/kg、0.3～0.4 mg/kg、46.6～105.8 mg/kg、9.26～15.58 mg/kg、13.7～23.2 mg/kg、0.03～0.18 mg/kg 和 4.9～17.9 mg/kg，均值分别为 16.94 mg/kg、32.31 mg/kg、62.98 mg/kg、0.34 mg/kg、67.93 mg/kg、12.70 mg/kg、19.03 mg/kg、0.11 mg/kg 和 9.25 mg/kg。2014 年，上述 9 种元素的含量范围分别为 15.0～27.5 mg/kg、13.8～40.1 mg/kg、32.2～80.4 mg/kg、0.3～0.7 mg/kg、42.5～64.7 mg/kg、7.40～12.61 mg/kg、10.8～26.5 mg/kg、0.04～0.19 mg/kg 和 6.1～21.2 mg/kg，均值分别为 21.69 mg/kg、23.96 mg/kg、51.83 mg/kg、0.46 mg/kg、55.63 mg/kg、10.34 mg/kg、22.28 mg/kg、0.12 mg/kg 和 10.46 mg/kg（表 6-4）。尽管两个年

份沉积物中 As 和重金属的平均含量整体均表现为 Cr>Zn>Cu>Ni>Pb>Co>As>Cd>Hg，但相较于 2013 年，Pb、Cd、Ni、Hg 和 As 的平均含量在 2014 年均存在不同程度的升高（Pb 的增幅最大），而其他元素含量均呈不同程度的降低（Cr 降幅最大）（图 6-8）。虽然 2013 年和 2014 年研究区表层沉积物中 9 种元素含量的空间分布差异较大，但均属于中等变异（10%<CV<100%）。其中，2013 年沉积物中 Cu、As 和 Hg 的变异系数较高，分别为 52.7%、47.3% 和 43.8%；而 2014 年沉积物中 Cd、As 和 Hg 的变异系数较高，分别为 38.2%、41.6% 和 40.4%（表 6-4）。

通过对 2013 年和 2014 年沉积物中 As 和 8 种重金属的含量进行比较可知，Pb、Cd、As、Zn、Cr 含量在两个年份均存在显著差异（$p<0.05$），而 Cu、Co、Ni、Hg 含量在两个年份的差异并不显著（$p>0.05$）。与 2013 年研究区沉积物中 As 和 8 种重金属含量的空间分布相比，2014 年沉积物中的部分元素含量在龙口湾湾内和屺姆岛西部海域略有增加，而在人工岛建设海域西部出现小幅度降低（图 6-8）。

6.3.1.2 重金属空间分布影响因素

沉积物中重金属含量及其分布受诸多因素影响，且这些因素之间往往表现出复杂的相互关系（Yu et al., 2008；Xu et al., 2016）。重金属之间的相关性可在一定程度上反映其来源和迁移规律（Suresh et al., 2011；Wang et al., 2012）。相关分析表明，研究区沉积物中的 TOC 含量与黏粒呈极显著正相关（$p<0.01$），与粉粒呈显著正相关（$p<0.05$），与砂粒呈极显著负相关（$p<0.01$）（表 6-5），表明 TOC 更易赋存于细颗粒中，这与郑懿珉等（2015）的研究结果较为一致。TOC 除与 Cu、Cd、Cr 呈负相关外，与其他重金属均呈一定的正相关关系，说明这些元素可能具有同源性或者说这些重金属可能与沉积物中的有机物有关。除 Cd 和 Cr 外，其他重金属与 TOC 和细颗粒组分大多呈一定的正相关关系，这一方面与汛期（特别是在 8～9 月）龙口湾沿岸河流径流量增加，沉积物中的重金属含量及其分布主要受水沙输入增加的影响有关；另一方面，在受人类活动影响较大的近岸海区，沉积物中的重金属受多种因素的影响，而这些因素不仅包括沉积物的粒度组成和 TOC 含量，还包括水动力因素、陆源污染物输入以及沿海围填海工程的影响等（Wang et al., 2013；Yan et al., 2016）。因此，沉积物粒度和 TOC 含量可能并不是影响研究区沉积物中重金属含量及其分布的主要控制因素。

第 6 章 | 龙口湾近岸海区沉积环境特征

表 6-4 龙口湾近岸海区表层沉积物中 As 和重金属含量与其背景值及中国海洋沉积物质量基准对比

年份	参数	Pb	Cu	Zn	Cd	Cr	As	Ni	Co	Hg	参考文献
2013	范围/(mg/kg)	13.3～20.6	18.1～77.3	46.0～79.7	0.3～0.4	46.6～105.8	4.9～17.9	13.7～23.2	9.26～15.58	0.03～0.18	本书
	均值/(mg/kg)	16.94	32.31	62.98	0.34	67.93	9.25	19.03	12.70	0.11	
	变异系数/%	14.8	52.7	16.4	13.7	25.5	47.3	16.5	17.2	43.8	
2014	范围/(mg/kg)	15.0～27.5	13.8～40.1	32.2～80.4	0.3～0.7	42.5～64.7	6.1～21.2	10.8～26.5	7.40～12.61	0.04～0.19	
	均值/(mg/kg)	21.69	23.96	51.83	0.46	55.63	10.46	22.28	10.34	0.12	
	变异系数/%	16.1	31.7	28.3	38.2	12.5	41.6	21.6	20.7	40.4	
背景值/(mg/kg)		17.5	24.68	79.82	0.15	61	15	26	11	0.15	李淑媛等 (1994)
《海洋沉积物质量》(GB 18668—2002) Ⅰ级/Ⅱ级/(mg/kg)		60/130	35/100	150/350	0.5/1.5	80/150	20/65	—	—	—	NSPRC (2002)

| 127 |

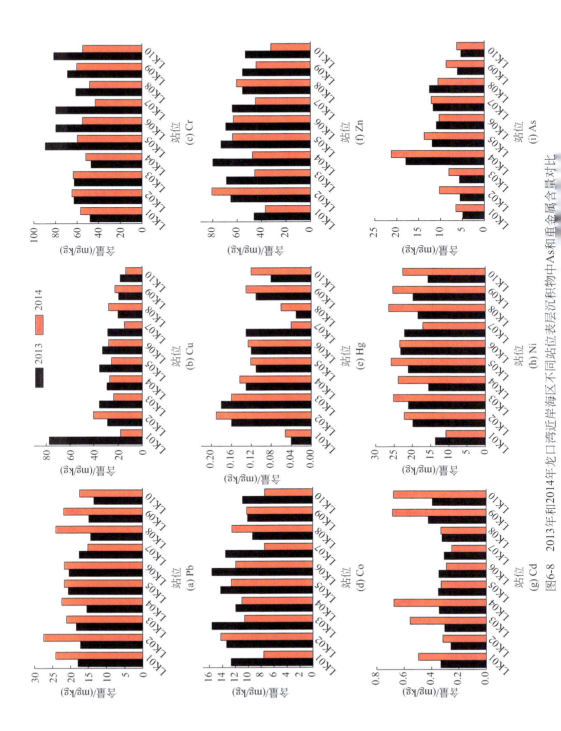

图6-8 2013年和2014年龙口湾近岸海区不同站位表层沉积物中As和重金属含量对比

表 6-5 龙口湾近岸海区表层沉积物理化性质与 As 和重金属相关分析

指标	Pb	Cu	Zn	Cd	Cr	Co	Ni	Hg	As	黏粒	粉粒	砂粒	TOC
Pb	1												
Cu	0.452	1											
Zn	0.421	−0.286	1										
Cd	−0.324	−0.232	−0.251	1									
Cr	0.307	−0.422	0.119	0.284	1								
Co	0.880**	0.332	0.518	−0.43	0.254	1							
Ni	0.561	−0.381	0.435	−0.172	0.624	0.543	1						
Hg	0.356	−0.254	0.681*	−0.336	0.139	0.638*	0.546	1					
As	0.054	−0.251	0.654*	−0.031	−0.053	−0.046	0.094	−0.021	1				
黏粒	0.464	0.013	0.537	−0.895**	−0.085	0.569	0.507	0.605	0.216	1			
粉粒	0.516	−0.467	0.794**	−0.126	0.567	0.457	0.815**	0.528	0.554	0.49	1		
砂粒	−0.569	0.276	−0.778**	0.571	−0.296	−0.591	−0.774**	−0.654*	−0.455	−0.849**	−0.876**	1	
TOC	0.448	−0.105	0.607	−0.715*	−0.059	0.41	0.59	0.539	0.384	0.911**	0.651*	−0.897**	1

* $p<0.05$；** $p<0.01$

前述可知，由于大规模离岸人工岛的建设，大量土石从海岸堆积入海，在潮水的冲刷作用下进入近岸水体，并在水动力作用下发生初步沉积分异，导致粗颗粒组分堆积在人工岛岸，而细粒度组分在海流的作用下逐渐被输运至莱州湾中部（刘金虎等，2015；Zhang et al.，2017）。莱州湾东南部的弱潮流区靠近龙口湾人工岛建设区，且龙口湾海域涨落潮的流向基本与人工岛屿的岸壁平行（边淑华等，2006），所以人工岛的建设对沉积物中的重金属含量及其空间分布可能产生较大影响。大规模人工填海造岛工程的实施，亦导致了龙口湾北部在各种典型风况下的泥沙淤积增加，使得龙口湾附近水动力性能较弱的矿物显著增加（安永宁等，2010；周广镇等，2014；刘星池等，2017）。屺姆岛北侧的泥沙不会绕过沙洲进入南侧，并且在岛南侧的西部存在轻微侵蚀，所以沉积物在由东向西发生落淤的同时（冯秀丽等，2009），LK03 站位以及屺姆岛西部海域沉积物中的部分重金属可能发生了较为明显的富集。

龙口湾海底沉积物的活动相对较弱，除沙坝外，其沉积物普遍较细且沉积较厚。由于近岸浅水的封闭性，沙坝上的砂体只有在大浪作用下才具有较强的活动。周广镇等（2014）认为，人工岛对龙口湾水流和泥沙输移产生强烈的阻碍作用，使得龙口湾海域的流速和有效波高变小。这些影响不利于泥沙的起动和运移，故最大冲刷深度变化不大，龙口湾发生一定的淤积。一般而言，细颗粒沉积物中的蒙脱石含量要高于粗颗粒沉积物（Gibbs，1977；Kessarkar et al.，2010）。根据前述研究可知，龙口湾湾内的蒙皂石含量明显高于湾外（图 6-5），同样说明龙口湾存在细泥沙淤积。由于龙口湾湾内的泥沙淤积，沿岸陆源排放的工农业废水和生活污水以及龙口港船舶产生或携带的含重金属污染物在湾内发生富集，导致 LK02 站位沉积物中的不同重金属含量均呈增加趋势（图 6-8）。由于挑流和破浪作用，人工岛建设前缘潮流和波浪作用较强，有利于泥沙的起动和运移，最大冲刷深度增大，泥沙随海流进入水动力较弱的莱州湾，进而使得人工岛西部海域沉积物中的大多数重金属含量降低。

6.3.1.3　重金属来源分析

海洋沉积物中重金属来源复杂，一般分为自然来源和人类活动来源（Anbuselvan et al.，2018）。陆源侵蚀和河流输入是海洋沉积物中重金属的最重要自然来源，而人类活动来源主要包括工业和城市污染物排放、农业活动、交通排放和大气沉降等（Ayadi et al.，2015）。表 6-5 分析表明，Co 与 Pb 呈极显著正相关（$p<0.01$），与 Hg 呈显著正相关（$p<0.05$），说明 Co 与 Pb、Hg 的来源可能非常相似；Zn 与 Hg、As 均呈显著正相关（$p<0.05$），说明三者可能具有相似的来源。值得注意的是，大多数重金属元素之间不存在显著相关关系（表 6-5），

说明龙口湾沉积物中重金属之间的关联性较少，具有不同的自然来源或人类活动来源。为进一步识别龙口湾沉积物中的重金属来源，运用最大方差旋转方法对重金属元素进行主成分分析，通过分析9种元素的主成分及因子载荷，辨别出2013年的3个主成分（PC1、PC2和PC3）和2014年的4个主成分（PC1、PC2、PC3和PC4），其对原始变量解释的累积贡献率分别为79.30%和89.08%（表6-6），反映了沉积物中重金属的大部分信息。

表6-6 龙口湾近岸海区沉积物中As和重金属元素的主成分分析

2013年	因子载荷			2014年	因子载荷			
	PC1	PC2	PC3		PC1	PC2	PC3	PC4
Pb	0.79	−0.42	0.21	Pb	0.73	−0.09	−0.49	0.15
Cu	−0.77	−0.94	0.05	Cu	0.95	−0.15	0.02	0.12
Zn	0.76	0.26	−0.53	Zn	0.93	−0.35	0.09	−0.05
Cd	−0.42	0.49	0.35	Cd	−0.39	0.71	−0.04	0.34
Cr	0.41	0.51	0.65	Cr	0.22	0.65	−0.65	0.04
Co	0.87	−0.4	0.14	Co	0.96	0.19	−0.02	−0.16
Ni	0.79	0.33	0.31	Ni	0.60	0.66	0.23	−0.02
Hg	0.77	0.09	−0.11	Hg	0.32	0.15	0.69	0.59
As	0.22	0.38	−0.72	As	0.10	0.43	0.43	−0.7
特征值	3.59	2.03	1.51	特征值	3.86	1.75	1.38	1.02
方差贡献率/%	35.26	22.66	21.38	方差贡献率/%	42.89	19.46	15.37	11.36
累积贡献率/%	35.26	57.92	79.30	累积贡献率/%	42.89	62.35	77.72	89.08

2013年，PC1对原始变量的解释占总方差的35.26%。其中，Pb、Zn、Co、Ni和Hg在PC1上有较高的正载荷，说明这些元素可能具有相似来源。这5种元素的平均含量接近研究海域沉积物的元素背景值（表6-4），所以其含量与分布主要受地表径流和矿物风化的影响。因此，PC1主要代表了自然来源。PC2解释了总方差的22.66%，其中Cd、Cr在PC2上有相对较高的正载荷。已有研究表明，大多数工业活动在造成Cd污染的同时通常也会造成Cr污染（Pedersen et al.，1998；Bai et al.，2011）。Cd主要来自沿海电镀、电池、冶金行业排放的"三废"以及磷肥的施用，而Cr主要来自铬盐生产污水（Pekey et al.，2004；Lv et al.，2015）。另外，海岸侵蚀、海底岩石风化等自然过程也会产生Cd（Xiao et al.，2013）。PC3解释了总方差的21.38%，其中Cr具有较高的正载荷。因此，可以认为PC2和PC3主要代表沿海工业废水和农业污染源。

2014年，PC1对原始变量的解释占总方差的42.89%。其中，Pb、Cu、Zn、

Co 和 Ni 在 PC1 上有较高的正载荷。PC2 解释了总方差的 19.46%，其中 Cd、Cr、Ni 在 PC2 上有较高的正载荷。与 2013 年相似，PC1 主要代表了研究区沉积物中重金属的自然来源，而 PC2 主要代表了沿海工农业污水排放源。PC3 和 PC4 解释了总方差的 26.73%，其中 Hg 在 PC3 和 PC4 上均具有较高的正载荷。已有研究表明，同一地区 Hg 的浓度和分布受人类活动的影响较大（刘金虎等，2015）。因此，PC3 和 PC4 均代表了如采矿、冶炼和化工排放等人类活动来源。上述分析可知，尽管两个年份研究区沉积物中的重金属来源相对稳定，但也发生了一定改变，如 2014 年 PC1 上 Cu 的载荷较高，而 PC3 和 PC4 主要代表了 Hg 的来源。

6.3.1.4 研究区重金属含量与其他海湾对比

将龙口湾沉积物中 As 和 8 种重金属的研究结果与莱州湾、渤海湾以及其他海域的相关结果进行对比可知，龙口湾沉积物中的 Cu、Cd 和 Hg 含量均高于莱州湾和黄河口，而其他元素含量与其较为接近。与渤海湾相比，龙口湾沉积物中的 Pb、Zn 和 As 含量较低，而 Cu、Cd、Cr 和 Hg 的含量较高（表6-7）。Wang 等（2010）和 Li 等（2014）的研究表明，锦州湾是渤海污染最为严重的海域，其沉积物中的 Pb、Cu、Zn、Cd 和 As 含量均高于龙口湾。同时，与受人类影响较大的胶州湾相比，龙口湾沉积物中的 Zn 和 Cd 含量较低，而 Cr 含量较高。另外，相对于莱州湾东岸，龙口湾沉积物中的重金属含量较高（表6-7）。

表6-7 龙口湾近岸海区沉积物中 As 和重金属含量与其他海湾对比

（单位：mg/kg）

研究区域		Pb	Cu	Zn	Cd	Cr	Co	Ni	Hg	As	参考文献
龙口湾	2013	16.94	32.31	62.98	0.34	67.93	12.70	19.03	0.11	9.25	本书
	2014	21.69	23.96	51.83	0.46	55.63	10.54	22.28	0.11	10.79	
	均值	19.31	28.14	57.40	0.40	61.78	11.62	20.65	0.11	10.02	
莱州湾东岸		11.7	9.7	40.9	0.091	46.3	—	—	0.013	9.2	徐艳东等（2015）
莱州湾		20.2	13.3	59.4	0.081	57.1	11	19.4	0.053	13.1	胡宁静等（2011）
渤海湾		38	23.18	87.22	0.23	60.47	—	—	0.03	16.09	周笑白等（2015）
锦州湾		42.2	53.1	305	1.74	—			0.09	44.8	张玉凤等（2011）
胶州湾		21.9	25.1	85.0	1.47	42.8	—	—	—	—	Wang 等（2010）
辽东湾		20.4	15.8	57.4	0.1	54.5			0.029	9.11	胡宁静等（2010）
黄河口		16.37	14.62	53.95	0.37	48.88		21.81	—	—	黎静等（2018）
中国近海		20	15	65	0.065	60	12	24	0.025	7.7	迟清华等（2007）

近海表层沉积物中的重金属主要来源于陆源污染物输入、海洋内源污染和大

气沉降。龙口湾自然条件优越，但随着龙口湾开发利用强度的增强，湾内港口、养殖业的发展以及龙口大规模离岸人工岛围填海的推进，龙口湾内湾面积减少，在低水位时甚至形成封闭水域。龙口湾作为莱州湾的附属海湾，也是龙口市发展依托的载体。湾内龙口港航运和养殖业发展迅速，加之近岸工厂和人口密集，导致大量的工业废水和生活污水不断向湾内排放，而龙口湾湾内波浪不强，流速很低，水动力较弱，使得污染物不容易被稀释扩散，由此造成龙口湾沉积物中的重金属含量相对于莱州湾（含莱州湾东岸）和黄河口海区要高（表6-7）。

大规模的人工岛建设可对龙口湾水流的流动以及泥沙输运产生很强的阻隔作用，进而影响龙口湾海域的水动力环境。龙口湾北面有屺姆岛和连岛沙坝阻挡，湾内风浪小，流速也小，水流趋于平缓。在近岸物质运输过程中，潮流对泥沙运移也有很大影响。黄河入海的悬浮泥沙分布与扩散受到莱州湾内高速潮流场的影响，而潮流场对海洋沉积物的扩散有着重要作用（王中波等，2010；刘艳霞等，2013；顾玉荷和修日晨等，1996）。正是由于莱州湾内潮流场对沉积物的较强扩散作用，其东岸沉积物中的重金属含量相对于龙口湾海区较低。

6.3.2 沉积物重金属污染及生态风险

6.3.2.1 重金属污染评估

2013 年沉积物中 Cd、Cu、Co、Cr、Pb、Zn、Ni、Hg 和 As 的地累积指数（I_{geo}）均值分别为 0.57、-0.33、-0.40、-0.46、-0.65、-0.94、-1.05、-1.23 和 -1.42 [图6-9（a）]，表明研究区基本上未受到这些元素的污染。Cu 仅在 LK01 站位存在轻度污染（I_{geo} = 1.06），在其他站位均无污染。研究区各站位沉积物中 Cd 的 I_{geo} 值为 0~1，说明其处于轻度污染水平。与 2013 年相比，2014 年沉积物中上述 9 种元素的 I_{geo} 值变化不大，其均值分别为 0.94、-0.29、-0.69、-0.70、-0.73、-0.85、-1.10、-1.20 和 -1.26 [图6-9（b）]，表明研究区基本上也未受到这些元素的污染。然而，Pb、Cu 的污染程度发生了变化，其在 LK02 站位均处于轻度污染水平。另外，50% 站位的 Cd 处于偏中度污染水平，50% 站位的 Cd 处于中度污染水平。上述结果表明，Cd 是研究区沉积物中最重要的污染物，其污染威胁在 2014 年略有增加。

基于内梅罗污染指数（P）的分析结果表明，2013 年所有站位的 P 值均介于 1~2.5，且在 LK01 站位取得最大值（2.35），说明研究区沉积物整体处于轻度污染水平。与之相比，2014 年研究区 60% 站位处于轻度污染水平，40% 的站位处于中度污染水平，亦说明 2014 年沉积物的污染程度比 2013 年高，特别是

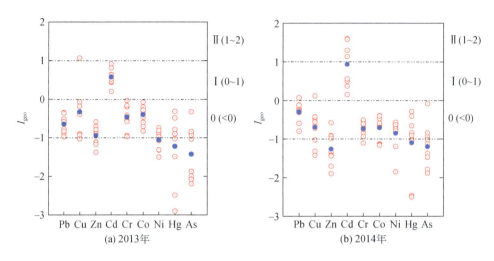

图 6-9 2013 年和 2014 年龙口湾近岸海区表层沉积物中 As 和重金属地累积指数 (I_{geo})
蓝色点状符号代表某元素的 I_{geo} 均值,黑色虚线代表 I_{geo} 污染水平分级

LK03、LK04、LK09 和 LK10 站位的污染水平较 2013 年有所提高。

6.3.2.2 重金属生态风险评估

根据表 6-8 中单项潜在生态风险指数（E_r^i）可知,龙口湾近岸海区各站位沉积物中 Cd 的 E_r^i 值在 2013 年和 2014 年分别介于 51.62～84.55 和 50.11～136.74, 平均为 67.58 和 92.13,并均于 LK09 站位取得最大值,说明其潜在生态风险处于中等或较高水平。Hg 的 E_r^i 值在 2013 年和 2014 年分别为 8.00～48.00 和 10.67～49.33,平均为 29.07 和 31.15,说明其潜在生态风险处于较低水平。与之相比,沉积物中其他重金属的 E_r^i 值（均值）在两个年份均低于 10,表明其潜在生态风险很低。LK09 站位两个年份的 Cd 均存在较高生态风险,且 LK09 站位 2014 年的 E_r^i 值为 2013 年的 1.6 倍,说明该站位及其附近海域的 Cd 潜在生态风险呈增大趋势。

表 6-8 龙口湾近岸海区表层沉积物中 As 和重金属单项潜在生态
风险指数（E_r^i）和综合生态风险指数（RI）

年份	参数	E_r^i									RI
		Pb	Cu	Zn	Cd	Cr	Co	Ni	Hg	As	
2013	范围	3.80～5.89	3.66～15.67	0.58～1.00	51.62～84.55	1.53～2.93	4.21～7.08	2.64～4.46	8.00～48.00	3.28～11.94	99.31～138.81
	均值	4.84	6.55	0.79	67.58	2.23	5.77	3.66	29.07	6.17	126.65

续表

年份	参数	E_r^i									RI
		Pb	Cu	Zn	Cd	Cr	Co	Ni	Hg	As	
2014	范围	4.29~7.85	2.79~8.13	0.40~1.01	50.11~136.74	1.39~2.12	3.36~5.73	2.09~5.09	10.67~49.33	4.07~14.14	103.31~210.81
	均值	6.20	4.85	0.65	92.13	1.82	4.70	4.28	31.15	6.97	152.76

就综合潜在生态风险指数（RI）而言，龙口湾近岸海区沉积物中 As/重金属的 RI 值在 2013 年和 2014 年分别介于 99.31~138.81 和 103.31~210.81，平均为 126.65 和 152.76，表明其生态风险在 2013 年整体较低，而在 2014 年呈增加趋势，为中等生态风险。综上，研究区沉积物中 As 和重金属的潜在生态风险主要由 Cd 和 Hg 引起，其对 RI 的贡献在 2013 年分别为 53.36% 和 22.95%，在 2014 年分别为 60.31% 和 20.39%，说明 Cd 的潜在生态风险最高。这与罗先香等（2010）和刘金虎等（2015）研究得出的 Cd 和 Hg 是莱州湾最重要的潜在生态风险因素的结论相一致。Cd 较高的生态风险与其生物毒性高以及在沉积物（水）中较快的累积速率有关（Li et al., 2014；Zhang et al., 2017）。值得注意的是，Cd 的潜在生态风险在中国其他海域也是最高的，如本书中的辽东湾近岸海区、曹妃甸近岸海区以及黄河口近岸海区。尤其是重工业发达的锦州湾，Cd 表现出极高的生态风险（Wang et al., 2010）。上述结果表明，在加强大规模离岸人工岛建设影响下，龙口湾及其邻近海域沉积物中重金属元素特别是 Cd 的持续监测及风险评估研究尤为必要。

第 7 章 黄河口近岸海区沉积环境特征

7.1 黄河入海水沙变化特征

7.1.1 黄河入海径流变化分析

7.1.1.1 入海径流的趋势性

在 Matlab 环境下,应用 Db3 小波函数对黄河利津水文站逐年的径流量、输沙量和水沙系数的标准化数据进行 4 层尺度快速分解分析,得到的不同尺度下的尺度系数并分别进行单支重构,获得对应不同尺度下的低频序列,以清晰地识别黄河入海水沙的变化趋势。据图 7-1 可知,在 4 层尺度快速分解水平下,黄河入海径流在研究时期内呈现出先增加后降低而后又增加的变化趋势,但

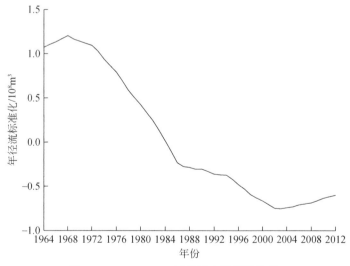

图 7-1 1964~2012 年黄河入海径流趋势

以下降变化为主（1969~2001年），仅在研究初期（1964~1968年）和研究末期（2002~2012年）呈略增加趋势。由黄河年径流量的变化曲线亦可知（图7-2），研究初期的径流量相对较高，1969~2001年的径流量虽有增有减但总体较初期呈下降趋势，2002年调水调沙工程实施后黄河年径流量呈明显增加趋势。

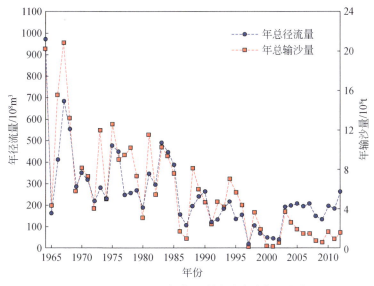

图7-2 1964~2012年黄河利津站水沙年际变化

7.1.1.2 入海径流的突变性

据图7-3中的UF曲线可知，黄河入海径流在1964~1985年处于波动时期，说明径流量在此间既有上升趋势也有下降趋势。1986~2002年，入海径流量总体呈下降趋势，说明径流量在此间主要呈减少变化，特别是UF曲线在1990年突破临界值，说明黄河入海径流可能在1990年左右出现明显下降变化。据图7-2可知，①黄河入海年径流量由1990年的264.4×10^{8}m^{3}骤然下降到1991年的122.5×10^{8}m^3。2003~2012年，入海径流总体呈上升趋势，且｜UF｜>临界值，说明自2002年黄河实施调水调沙工程以来入海径流量呈明显增加变化。UB曲线在1981年附近突破临界值，｜UB｜>临界值且｜UB｜>0，说明黄河入海径流量在1981年呈明显增加趋势。②黄河入海年径流量由1980年的188.6×10^{8}m^{3}骤然增加到1981年的345.9×10^{8}m^3；UB曲线在1999年突破临界值，｜UB｜>临界值且UB<0，说明黄河入海径流量在1999年呈明

显下降趋势。③黄河入海年径流量由 1998 年的 106.2 ×10^{8}m^3 下降到 1999 年的 68.3 ×10^{8}m^3。本书中，UF 与 UB 曲线在临界值之间无交点，说明黄河入海径流量在 1964~2012 年无突变点。

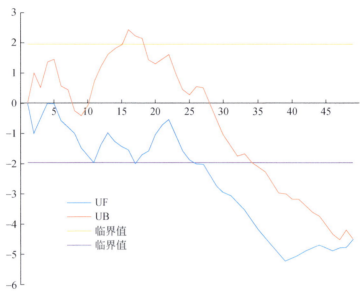

图 7-3　黄河入海年径流序列的 M-K 统计量曲线

图中横坐标轴代表年份，其中 1 = 1964 年，2 = 1965 年，依照此规律后推，47 = 2012

7.1.1.3　入海径流的周期性

由图 7-4 小波变换系数模值平方的极值大小可知，黄河入海年径流序列主要存在 3 个能量聚集中心，分别是 2~6 a 尺度、>40 a 尺度和 15~25 a 尺度，且以 2~6 a 尺度的能量极值最高，尺度中心在 4 a 左右；小波变换系数模值平方在该时间尺度上的最高值达到 3.8，但该尺度的振荡涉及的时域范围较窄，主要集中在 1965~1975 年。>40 a 尺度的能量虽不是最高的，但也较强，能量中心的极值高达 2.5，尺度中心在 47 a 左右，且该尺度上的周期振荡具有全域性，即在 1965~2012 年的整个时间序列上，黄河入海年径流量都存在以 45 a 尺度为周期的较强能量振荡变化。15~25 a 尺度的能量波动较低，能量中心极值仅达到 1.8，尺度中心在 23 a 左右，但该尺度上的能量振荡不具有全域性，主要在 1965~1990 年的时域范围内，且在 1965~1980 年的能量振荡更为突出。除此之外，还存在一个相对较弱的 5~10 a 的能量振荡中心，但该振荡中心的能量极值仅达到 0.6，尺度中心在 8 a 左右，振荡中心出现在 1981 年。虽然该尺度的能量较弱，但在时域上影响的范围较 2~6 a 的尺度广,波及 1975~2000 年的较广时域。可见,黄河入海径流量在整个时域范围内主要存在大于 40 a 尺度的周期振荡,不同时间尺度下周期信号的强弱在时频域中的分布具有较强的局部特征,这可能是影响径流演变的因子如气候因素(降雨、蒸发)、下垫面因素(地貌、土壤和植被)和人类活动的耦合作用在不同阶段发挥作用的强弱差异所致(姚棣荣和钱恺,2001;卢晓宁等,2006)。

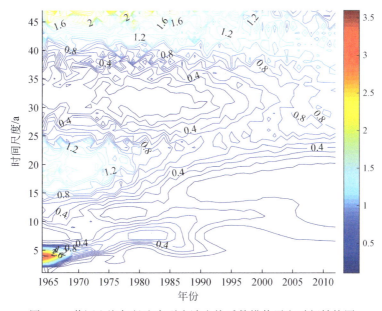

图 7-4　黄河入海年径流序列小波变换系数模值平方时频结构图

7.1.2　黄河入海输沙变化分析

7.1.2.1　入海输沙的趋势性

据图 7-5 可知,在 4 层尺度快速分解水平下,黄河入海输沙在研究时期内呈现出先增加后降低的变化趋势。整个研究时期仅在 1964~1968 年呈略增加变化,之后虽一直呈降低变化,但减少幅度随时间推移逐渐减缓。由图 7-2 可知,1964~1968 年的年输沙量处于一个高值区,此后的年输沙量虽有增有减但总体较初期呈下降趋势。

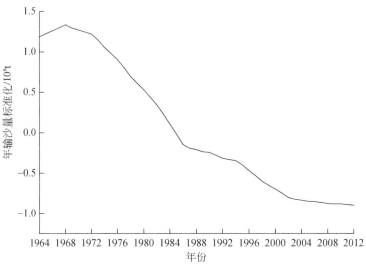

图 7-5 1964~2012 年黄河入海输沙趋势

7.1.2.2 入海输沙的突变性

由图 7-6 中的 UF 曲线可知,1964~1972 年,黄河输沙量在此间既有增加亦有波动下降变化。1973~2012 年,输沙量主要呈减少趋势,特别是 UF 曲线在 1987 年突破临界值,说明黄河输沙量在 1987 年呈明显下降趋势。据图 7-2 可知,年输沙量由 1986 年的 $1.70 \times 10^8 t$ 下降到 1987 年的 $0.96 \times 10^8 t$。UB 曲线在 1985 年突破临界值,|UB|>临界值且 UB<0,说明黄河输沙量在 1985 年呈明显下降趋势。据图 7-2 亦可知,年输沙量由 1985 年的 $7.6 \times 10^8 t$ 下降到 1986 年的 $1.7 \times 10^8 t$。

图 7-6 中,UF 和 UB 曲线有交点,且处于临界值之间,属于突变点,说明黄河输沙量在 1967 年、1974 年、1976 年和 1984 年存在突变。据图 7-2 可知,年输沙量由 1966 年的 $15.56 \times 10^8 t$ 增加到 1967 年的 $20.83 \times 10^8 t$,1968 年又下降到 $13.21 \times 10^8 t$;年输沙量由 1973 年的 $11.98 \times 10^8 t$ 下降到 1974 年的 $5.04 \times 10^8 t$,1975 年又增加到 $12.63 \times 10^8 t$,1976 年又下降到 $9.00 \times 10^8 t$,1977 年又小幅增加到 $9.47 \times 10^8 t$;1984 年的年输沙量自 1983 年以来一直呈持续下降趋势。

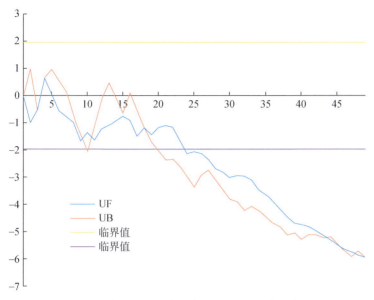

图 7-6 黄河入海年输沙序列的 M-K 统计量曲线

图中横坐标轴代表年份,其中 1 = 1964 年,2 = 1965 年,依照此规律后推,47 = 2012

7.1.2.3 入海输沙的周期性

由图 7-7 小波变换系数模值平方可知,相对于年入海径流量,黄河年入海输沙量的周期性波动变化特性并不是非常显著,小波变换系数模值平方的极值仅为 1.68,该能量强度仅达到年入海径流量强度的 26.82%,且年输沙量序列只存在两个相对较高的能量聚集中心,分别是 >36 a 尺度和 2~5 a 尺度的能量波动中心,且以 2~5 a 尺度的能量波动最强,尺度中心在 4 a 左右,这一尺度的能量振荡涉及的时域范围很窄,仅从 1964 年开始,到 1973 年结束。>36 a 尺度的能量波动虽相对较弱(尺度中心在 45 a 左右,中心极值仅达到 1.53),但涉及的时间尺度最长,体现出一定的全域性。不同的是,该时间尺度上的能量振荡具有随时间推移而呈现出尺度下降的变化特征。除此之外,还存在 5~10 a 和 13~20 a 两个弱能量积聚中心,其分别以 7 a 左右和 14 a 左右为尺度中心。虽然这两个能量集聚区的中心值很低(极值分别仅为 0.55 和 0.65),但就其影响的时域广度而言,这两个尺度作用更为突出。16 a 尺度的能量振荡时域范围最广,从 1964 年开始至 2004 年结束;7 a 尺度能量波动影响的时域范围亦从 1964 年开始一直持续到 1995 年结束。除以上 4 个能量积聚中心外,黄河年输沙时间序列还存在一些零散分布的能量集聚中心,但其中心值普遍偏低,且局域性特征显著。

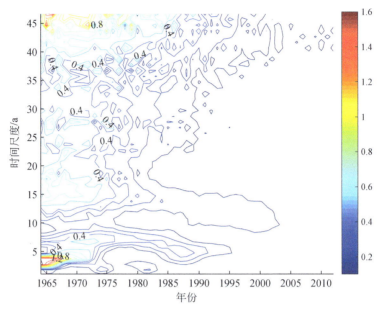

图 7-7　黄河入海年输沙序列小波变换系数模值平方时频结构图

7.1.3　黄河入海水沙关系分析

7.1.3.1　入海水沙关系的趋势性

据图 7-8 可知,在 4 层尺度快速分解水平下,黄河年均水沙系数在研究时期内虽然亦呈先增加后降低的变化趋势,但与输沙量不同的是,水沙系数在研究时期内以增加趋势为主,即从研究初期一直持续到 2000 年,2000 年以后才呈显著降低趋势。由黄河年均水沙系数的实值变化曲线亦可知(图 7-9),年均水沙系数在 1964~1994 年处于一个较低水平,1995~2000 年的年均水沙系数较高,2000 年以后水沙系数降低并于 2005 年后逐渐趋于一个较低值。

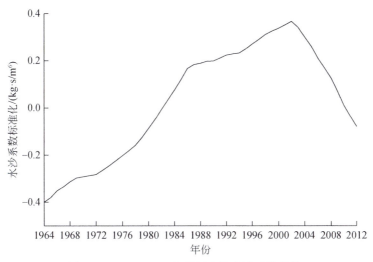

图 7-8 1964~2012 年黄河入海水沙系数趋势

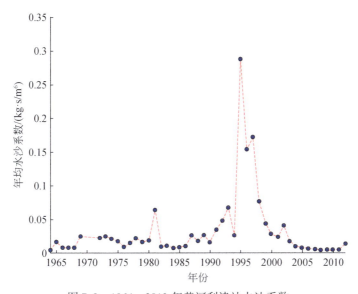

图 7-9 1964~2012 年黄河利津站水沙系数

7.1.3.2 入海水沙关系的突变性

由图 7-10 中的 UF 曲线可知,1964~1974 年,黄河水沙系数呈先增加后降低而后又增加的变化趋势,但总体以增加变化为主;且 UF 曲线在 1969 年附近突破临界值,UF>临界值且 UF>0,说明 1969 年以后黄河水沙系数呈明显增加趋势，即黄河入海单位径流的含沙量较大。据图 7-9 可知，①1969~1974 年的水沙系数均在 0.02 kg·s/m⁶ 左右，属于研究时期内的高值区。1975~1982 年，黄河水沙系数呈波动变化，UF 曲线在 1981 年附近突破临界值，且 UF>0，说明 1981 年黄河水沙系数呈明显增加趋势，即单位径流的含沙量较大，而这点亦可在图 7-9 中得以印证。1983~1985 年，黄河水沙系数总体呈下降趋势；1986~2002 年，黄河水沙系数总体又呈增加变化，且 UF 曲线在 1991 年附近突破临界值，且 UF>0，说明 1991 年以后黄河水沙系数增加明显。②1991 年黄河水沙系数高达 0.035 kg·s/m⁶，之后呈骤然增加趋势。2003~2012 年，黄河水沙系数整体呈下降趋势，即 2002 年以来调水调沙工程的实施使得黄河入海单位径流的含沙量明显降低，而这点亦可在图 7-2 中得以印证。本书中，UF 与 UB 曲线在临界值之间无交点，说明黄河水沙系数在 1964~2012 年无明显突变点。

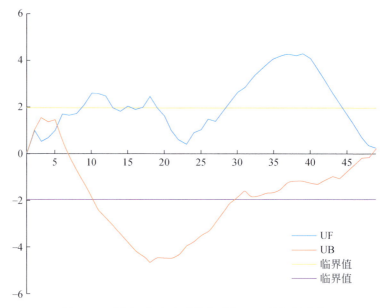

图 7-10　黄河入海水沙系数序列的 M-K 统计量曲线

图中横坐标轴代表年份，其中 1=1964 年，2=1965 年，依照此规律后推

7.1.3.3　入海水沙关系的周期性

与黄河入海年径流量及年输沙量的周期波动强度相比，黄河入海水沙系数的周期性波动能量最强（图 7-11），小波变换系数模值平方的极值达到 6.25，分别为年径流量及年输沙量相应数值的 1.64 倍和 3.72 倍。整体而言，黄河入海水沙系数主要存在两个能量积聚中心，分别为 28~47 a 尺度和 10~23 a 尺度，二者

的能量波动均体现为一定的全域性，但仅 28~47 a 尺度的能量波动随时间推移有加强趋势，尺度中心位于 33 a 左右，1990 年以后这一时间尺度的能量更强，能量中心的极值高达 5.98。这一能量强度远超过黄河入海径流量和输沙量，在一定程度上可以说明>30 a 尺度的年际周期变化以黄河入海水沙系数的表现最为强烈。10~23 a 尺度的能量波动相对较弱，中心尺度在 18 a 左右，能量中心的极值达到 3.09。虽然这一时间尺度的能量波动具有一定的全域性，但能量振荡的主要时域范围在 1984~2005 年，从该时域的始末向前和向后皆呈现出波动能量减弱的变化。

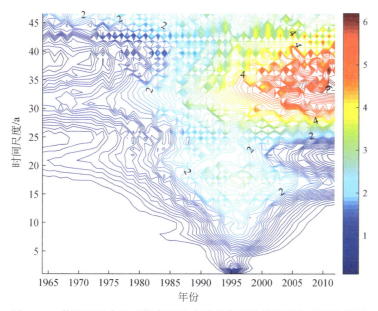

图 7-11　黄河入海水沙系数序列的小波变换系数模值平方时频结构图

7.1.4　黄河入海水沙变化影响因素

黄河入海水沙的变化是自然因素和人为因素共同作用的结果，但不同因素在各流路时期的影响程度不尽相同。自然因素主要表现为黄河流域降水格局的变化，而人为因素主要表现为黄河流域水土保持措施的实施、水库修建以及工农业生产和生活用水的增加，但以水利工程对黄河入海水沙的影响较为明显。黄河流域修建的水库较多，其中以三门峡、刘家峡、龙羊峡和小浪底 4 座水库对黄河径流量、输沙量的影响最大，4 座水库库容占总库容的 97%（张佳，2011）。

1964~1976年刁口河流路时期，黄河入海水沙量整体较高，其变化主要与三门峡水库、刘家峡水库的运行方式以及流域降水格局的改变有关。此间，水库运行方式由1960~1964年的"蓄水拦沙"转为1965~1973年的"滞洪排沙"，其对入海水沙影响较大。三门峡水库运行方式的改变以及黄河流域降水的增加，使1966~1967年的径流量及输沙量比1964~1966年偏多；而刘家峡水库1968年10月开始下闸蓄水，加之黄河流域进入枯水年份，导致1969~1976年的径流量及输沙量较前两个阶段均偏少（图7-2）。1976年黄河改道清水沟流路入海，此后影响黄河水沙变化的原因主要有两个：一是三门峡水库在1973年11月至1986年9月采取"蓄清排浑"的运行方式，加之1980~1985年黄河为丰水年份，使得该时段的入海水沙量较高（图7-2）。二是1986年龙羊峡水库建成后与刘家峡水库联合调度运行，加之黄河中游地区的水土保持工作见效以及气候条件改变导致黄河流域降水减少，使得黄河入海水沙量在1986~2001年呈骤减变化（图7-2）。据统计，1986~1998年黄河中上游水土保持减水减沙、工农业引水引沙、水库拦沙等各种耗水量、减沙量分别达到 $213 \times 10^8 \text{m}^3$、$8057 \times 10^8 \text{t}$，分别占中上游平均总水沙量的45%和53%（胡春宏等，2008）。1986~1999年中，除1986年、1990年黄河未断流外，其他年份均出现断流，且断流天数持续增加（图7-12）。1991年断流82 d；1995年断流122 d；1996年断流133 d；1997年断流226 d，更是首次出现汛期断流，断流河道长达704 km（尹延鸿和亓发庆，2001；梁建峰等，2010）。1997~2002年，黄河入海水沙量的下降还与此间小浪底水库的运行（1999年开始蓄水，2000年5月运行）有关。自2002年开始，水利部黄河水利委员会实行调水调沙试验，利用小浪底水库下泄的洪水，与其他干流水库联合调度，以达到排泄库区泥沙、冲刷下游河道的目的。据表7-1可知，2002~2012年黄河汛期径流量占全年均值的54.72%，而输沙量占全年均值的70.70%。可见，调水调沙工程实施后，黄河河道行洪能力得以提升，入海水沙关系得以改善，断流现象得以解决。

表7-1 1997~2012年调水调沙工程实施前后汛期与非汛期黄河径流量及输沙量变化

时间	径流量				输沙量			
	汛期均值 /10^8m^3	非汛期均值/10^8m^3	全年均值 /10^8m^3	汛期比例 /%	汛期均值 /10^8t	非汛期均值/10^8t	全年均值 /10^8t	汛期比例 /%
1997~2001	32.09	25.54	57.63	55.68	1.09	0.14	1.23	88.62
2002~2012	98.21	81.26	179.47	54.72	1.11	0.46	1.57	70.70
1997~2012	77.55	63.85	141.4	54.84	1.11	0.36	1.47	75.51

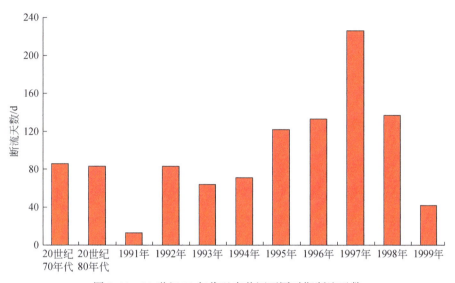

图 7-12　20 世纪 70 年代以来黄河不同时期断流天数

7.2　黄河口近岸冲淤变化特征

7.2.1　现代黄河三角洲及黄河尾闾河段变迁

现代黄河三角洲是 1934 年黄河分流点下移形成的，其范围是以垦利鱼洼为顶点，北起挑河口，南至宋春荣沟，面积约 $0.22×10^4$ km²。现代黄河三角洲位于东营市和滨州市境内，其中有 93% 位于东营市。自 1934 年以来，黄河尾闾河段共有 6 次变迁，分别是 1934~1953 年的甜水沟及宋春荣沟流路、1953~1964 年的神仙沟流路、1964~1976 年的刁口河流路、1976~1996 年的清水沟流路、1996~2007 年的清 8 汊流路以及 2007 年至今的现行入海流路（亦属于清 8 汊流路）（图 7-13）。

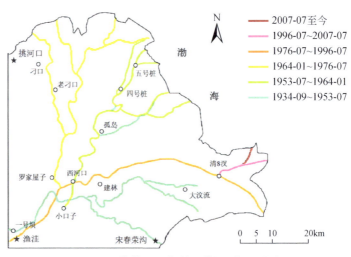

图 7-13　现代黄河三角洲及黄河尾闾河段变迁

7.2.2　黄河不同流路时期近岸冲淤特征

7.2.2.1　1964~1976 年刁口河流路

1964~1976 年,由于数据的有限性,仅获取了 1971 年和 1975 年刁口河流路附近的两期数据,故仅对此间的淤积状况进行分析。从图 7-14 可知,1971~1975 年刁口河流路靠近海岸线的区域在入海水沙作用下呈淤积状态,淤积中心速率高达 2.1 m/a,自海岸线向海方向,淤积深度逐渐降低,局部区域由淤积状态变为侵蚀状态。

7.2.2.2　1976~1996 年清水沟流路

1) 1976~1985 年

1976 年,黄河自刁口河流路改道清水沟流路。1976~1985 年是黄河的丰水年份,加之 1973 年 11 月至 1986 年 9 月三门峡水库实施"蓄清排浑"的运行方式,故此间在黄河来水来沙、海洋水动力和人类活动等因素影响下的黄河三角洲近岸海域呈现出不同的冲淤变化特征［图 7-15（a）］。刁口河流路附近海域呈弱侵蚀状态,平均侵蚀速率低于 0.08 m/a；自海岸线向海方向呈较弱淤积状态,但平均淤积速率小于 0.2 m/a。清水沟流路附近海域由于入海水沙量增加而呈较强淤积状态,但淤积中心（平均淤积速率为 1.35 m/a）与黄河入海口有所偏离,这与此间黄河泥沙输运的方向有关。神仙沟流路及孤东油田附近海域均呈侵蚀状态,但侵蚀速率低于 0.7 m/a。莱州湾西岸附近海域既有侵蚀也有淤积,但侵蚀或淤积速率较低,相对比较稳定。

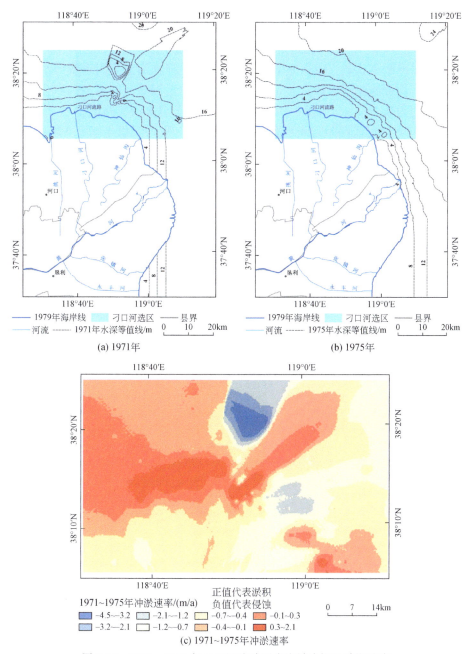

图 7-14　1971~1975 年刁口河流路近岸海域水深及冲淤速率

通过获取的1978年数据，对上述1976～1985年近岸海域的冲淤状况进行了更为细致的研究。1976～1978年为黄河改道清水沟流路的初期［图7-15（b）］，此间刁口河流路附近浅海水域因缺少泥沙补给，故在海洋水动力作用下呈明显侵蚀状态，平均侵蚀速率为1.5 m/a；但沿海岸线向海方向则呈淤积状态，最大淤积速率达2.3 m/a。清水沟流路附近，沙嘴型在此间虽未形成，但黄河入海口近岸海域呈明显淤积状态，淤积速率约为1.5 m/a。神仙沟流路附近浅海水域呈侵蚀状态，平均侵蚀速率为0.5 m/a。莱州湾西岸附近海域呈较弱侵蚀状态，平均侵蚀速率约为0.2 m/a。1978～1985年为黄河改道清水沟流路的中期［图7-15（c）］，此间刁口河流路附近浅水海域呈淤积状态，平均淤积速率为0.4 m/a。清水沟流路附近海域呈明显淤积状态，但淤积中心与入海口稍有偏离（与前述泥沙输运方向有关），平均淤积速率为0.8 m/a。神仙沟流路附近浅海水域变化较小，这与此间的人工堤坝修建有关。莱州湾西岸附近海域既有侵蚀也有淤积，但变化速率较小，相对较稳定。

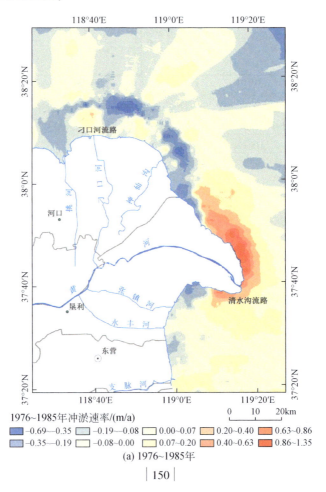

(a) 1976～1985年

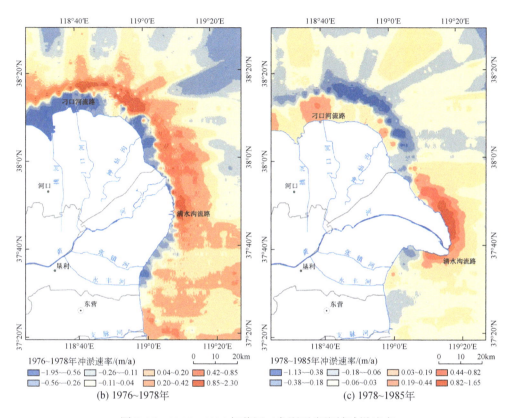

图 7-15　1976~1985 年黄河三角洲近岸海域冲淤速率

2) 1985~1992 年

1985~1992 年，清水沟流路附近海域至莱州湾西岸附近海域均处于侵蚀状态（图 7-16），侵蚀中心偏入海口南侧区域，侵蚀速率在 1.5 m/a 左右。刁口河流路附近浅海水域既有侵蚀也有淤积，但侵蚀或淤积速率较低；刁口河东北部的深水区存在明显的淤积，且淤积速率高于 1.09 m/a。神仙沟西北方向和东南方向海域存在小范围的淤积，淤积速率约为 0.4 m/a。

3) 1992~1996 年

黄河自然断流始于 1972 年，主要发生在下游的山东河段。1972~1996 年，共有 19 年出现河干断流。1987 年后，黄河几乎连年出现断流，且断流时间不断提前，断流范围不断扩大，断流频次及历时不断增加。1992~1997 年，黄河断流天数持续增加，1997 年达到最大值，1998 年后有所减缓（图 7-12）。

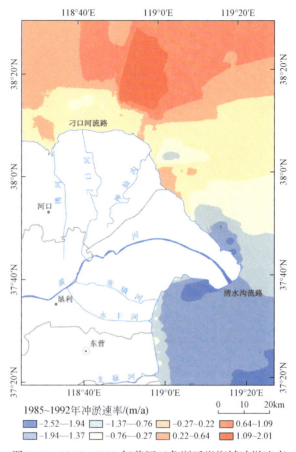

图 7-16　1985~1992 年黄河三角洲近岸海域冲淤速率

1992~1996 年作为黄河断流天数持续增加的典型时期，其入海水沙异常，对河口近岸海域的冲淤状况具有显著影响（图 7-17）。刁口河流路附近的近岸海域呈侵蚀状态，且侵蚀速率相对于 1976~1985 年有所增加，约为 0.3 m/a，这与黄河改道时间较久且黄河水沙此间因断流异常致使海洋水动力较强有关。清水沟附近海域呈明显淤积状态，中心淤积速率约为 5 m/a，这可能与此间黄河来水来沙量不大，泥沙输运能力不强，进而导致有限泥沙仅在河口附近海域发生淤积有关。

第 7 章 | 黄河口近岸海区沉积环境特征

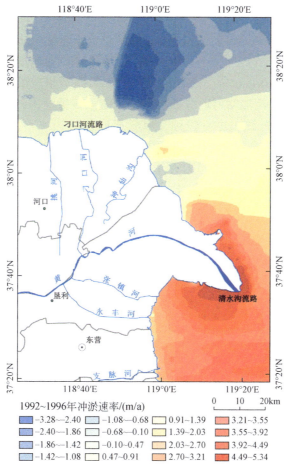

图 7-17 1992~1996 年黄河三角洲近岸海域冲淤速率

7.2.2.3 1996~2011 年清 8 汊流路

1996 年,黄河自清水沟流路改道清 8 汊流路,此间黄河改道及入海水沙量不大是黄河三角洲近岸海域呈现不同冲淤特征的重要原因之一。此外,2000 年 5 月小浪底水库正式运行,加之 2002 年以后实施了调水调沙工程,这些水沙调控措施对此间黄河三角洲近岸海域的冲淤状况亦产生了深刻影响。

1) 1996~2001 年

1996~2001 年,刁口河流路附近海域仍呈侵蚀状态 [图 7-18 (a)],侵蚀速率在 0.4 m/a 左右。清 8 汊流路入海口附近因黄河改道泥沙补给充足,存在明显淤积,平均淤积速率为 1.5 m/a。清水沟流路附近海域既有侵蚀也有淤积,但以侵蚀为主。神仙沟流路附近海域也是既有淤积也有侵蚀，但淤积或侵蚀速率不大。莱州湾西岸附近海域较稳定，侵蚀或淤积变化甚微。

通过获取的1999年数据，对1996～2001年近岸海域的冲淤状况进行了更为细致的研究。1996～1999年［图7-18（b）］，刁口河流路附近海域呈侵蚀状态，但侵蚀速率较低（<0.2 m/a）。清8汊流路入海口附近呈淤积状态，平均淤积速率为1.5 m/a。清水沟流路附近海域呈侵蚀状态，侵蚀速率约为0.5 m/a。莱州湾西岸附近海域既有淤积也有侵蚀，但淤积或侵蚀速率不大。1999～2001年［图7-18（c）］，刁口河流路和清水沟流路附近海域的侵蚀速率均较1996～1999年有所升高。清8汊流路入海口附近存在小范围的侵蚀，侵蚀速率约为0.7 m/a；但沿海岸线向海方向呈淤积状态，淤积速率最高达3.95 m/a。莱州湾西岸附近海域呈淤积状态，但淤速率低于0.43 m/a。

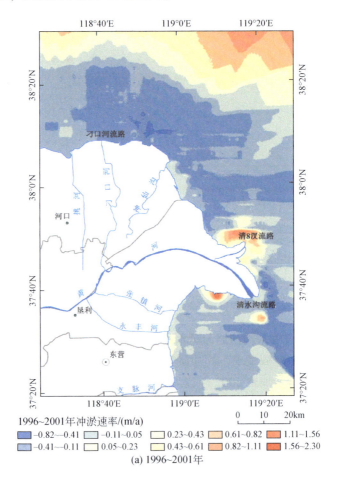

(a) 1996～2001年

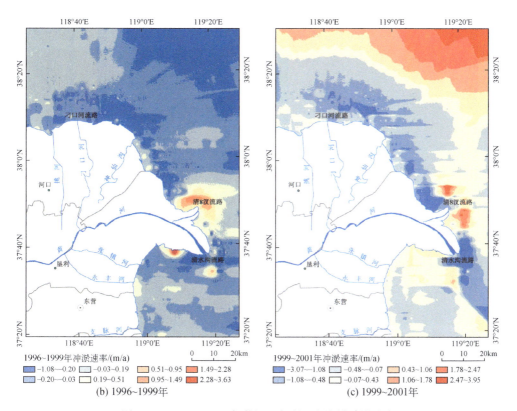

图 7-18 1996～2001 年黄河三角洲近岸海域冲淤速率

2) 2001～2003 年

2001～2003 年,黄河三角洲近岸海域呈明显淤积状态,其中清 8 汊流路入海口附近的淤积速率最高,约为 1.5 m/a(图 7-19)。清水沟流路原入海口附近呈侵蚀状态(侵蚀速率约为 0.9 m/a),而入海口两侧呈淤积状态(淤积速率约为 0.46 m/a)。刁口河流路附近海域呈弱侵蚀状态,侵蚀速率低于 0.13 m/a。莱州湾西岸附近海域自浅水水域向海方向由侵蚀状态转变为淤积状态,但侵蚀或淤积速率不大。

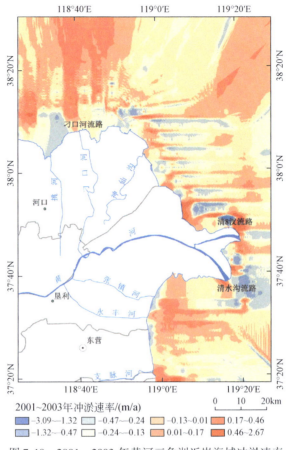

图 7-19　2001～2003 年黄河三角洲近岸海域冲淤速率

3) 2003～2011 年

为明确调水调沙工程实施对黄河三角洲近岸海域冲淤变化的影响，选取 2003～2008 年、2008～2009 年和 2009～2011 年三个时间段对其进行较为详细的研究。与 2001～2003 年相比，2003～2008 年间清 8 汊流路入海口附近虽亦呈淤积状态，但淤积速率有所降低 [图 7-20 (a)]，这与 2003 年以后入海水沙有所下降有关（图 7-2）。清水沟流路附近海域呈侵蚀状态，侵蚀速率约为 0.5 m/a。刁口河流路原入海口附近亦呈较弱侵蚀状态（侵蚀速率低于 0.09 m/a），而原入海口两侧海域则呈淤积状态（淤积速率约为 0.3 m/a）。莱州湾西岸附近海域在此间既有淤积也有侵蚀。

2008～2009年,清8汊流路入海口附近出现明显淤积,淤积速率在5 m/a左右[图7-20(b)]。清水沟流路原入海口附近呈较强侵蚀状态,侵蚀速率约为1.5 m/a。刁口河流路附近海域既有淤积也有侵蚀。莱州湾西岸附近海域呈较弱淤积状态(淤积速率低于0.53 m/a),而其东南方向呈较强侵蚀状态,侵蚀速率约为1.5 m/a。

2009～2011年,刁口河流路附近海域仍然呈侵蚀状态,但侵蚀速率低于0.28 m/a[图7-20(c)]。清水沟流路附近海域亦呈侵蚀状态,侵蚀速率约为1.5 m/a。清8汊流路入海口附近海域呈明显侵蚀状态(侵蚀速率最高值达1.89 m/a),而入海口北侧呈明显淤积状态(中心淤积速率约为3.1 m/a)。莱州湾西岸附近海域既有侵蚀也有淤积,但侵蚀或淤积速率均不大,低于0.3 m/a。

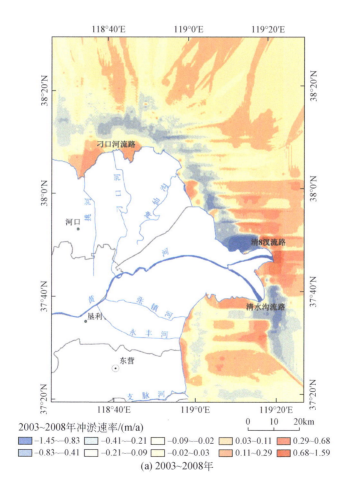

(a) 2003～2008年

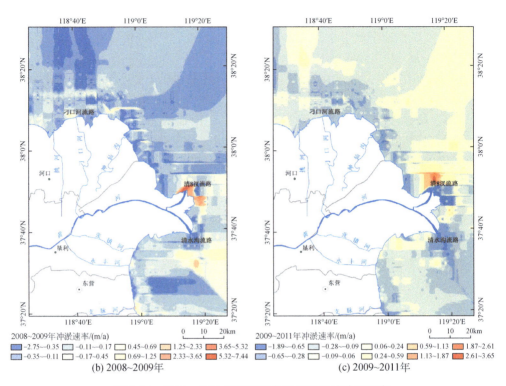

图 7-20 2003~2011 年黄河三角洲近岸海域冲淤速率

7.2.3 黄河不同流路时期水下岸坡冲淤特征

关于黄河不同流路时期的水下岸坡冲淤变化特征，采取分区的方式进行详细分析，即将黄河三角洲近岸海域分成六个区域（图 7-21），分别为刁口河西侧近岸海域（Ⅰ区），包括 1~3 断面；刁口河流路附近海域（Ⅱ区），包括 4~8 断面；神仙沟流路附近海域（Ⅲ区），包括 14~21 断面；清 8 汊流路附近海域（Ⅳ区），包括 22~24 断面；清水沟流路附近海域（Ⅴ区），包括 25~28 断面；莱州湾西岸附近海域（Ⅵ区），包括 29~34 断面。

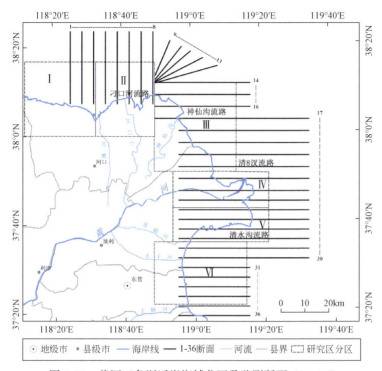

图 7-21 黄河三角洲近岸海域分区及监测断面（1～36）

7.2.3.1 1964～1976 年刁口河流路

1964～1976 年，由于数据的有限性，仅获取了 1971 年和 1975 年的两期数据，故只对该时期的水下岸坡冲淤状况进行分析。1971 年的数据只涉及 1～16 断面，因此对该时期水下岸坡冲淤变化分析仅涉及 I 区内的 1～3 断面、II 区的 4～8 断面以及 III 区的 14～16 断面。

I 区的 1 断面距离刁口河流路较远，可反映刁口河西侧海域水下岸坡的变化规律。据图 7-22 可知，1～3 断面的坡度均较缓，其 1971～1975 年的冲淤变化较缓慢。其中，1 断面的水下岸坡在水深小于 6 m 的浅水区总体呈侵蚀状态，而在大于 6 m 的深水区呈淤积状态 [图 7-22（a）]。2 断面的水下岸坡在小于 6 m 的浅水区呈侵蚀状态，在 6～13 m 的深水区呈淤积状态，而在大于 13 m 的深水区虽相对稳定，但呈弱侵蚀状态 [图 7-22（b）]。3 断面较 1、2 断面距刁口河流路更近，其水下岸坡在水深小于 8 m 的浅水区总体呈侵蚀状态，在 8～16 m 的深水区呈淤积状态，而在 16 m 的深水区呈明显侵蚀状态 [图 7-22（c）]。

Ⅱ区的4~8断面位于刁口河流路附近海域，受黄河入海水沙的影响较大。相对于5~8断面，4断面的水下岸坡在1971~1975年虽然变化不大［图7-22（d）］，但其冲淤变化特征与5~8断面的水下岸坡相似，均在小于12 m的浅水区呈淤积状态，而在大于12 m的深水区呈侵蚀状态［图7-22（d）~（h）］。

Ⅲ区的14~16断面位于神仙沟流路附近海域，其水下岸坡在1971~1975年呈不同的冲淤变化特征。其中，14断面的水下岸坡在此间呈明显侵蚀状态［图7-22（i）］；15断面的水下岸坡在小于8 m的浅水区变化不明显，而在大于8 m的深水区呈侵蚀状态，且侵蚀变化非常明显［图7-22（j）］；16断面的水下岸坡在小于8 m的浅水区呈明显淤积状态，而在大于8 m的深水区呈明显侵蚀状态［图7-22（k）］。

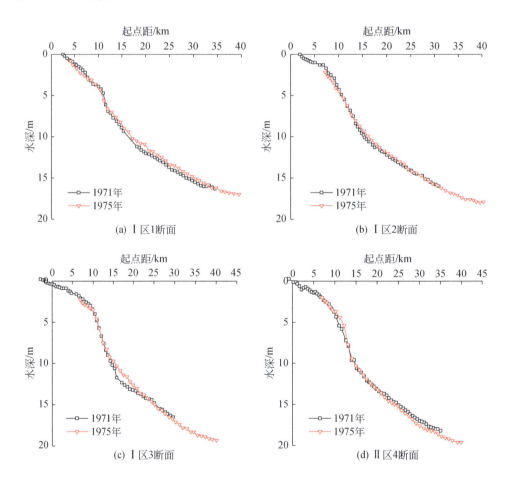

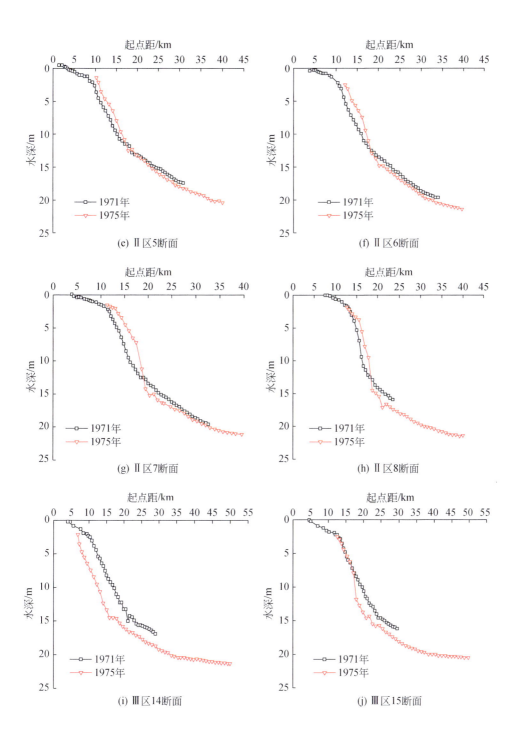

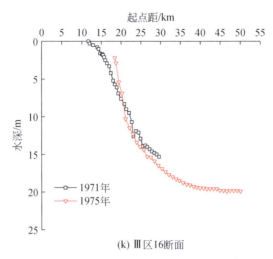

(k) Ⅲ区16断面

图 7-22　1971～1975 年黄河三角洲水下岸坡冲淤变化

7.2.3.2　1976～1996 年清水沟流路

1976～1996 年，黄河自清水沟流路入海，刁口河流路成为废弃河道。考虑到此间涉及不同年份的断面数据较多，且相同分区内相邻断面数据相近，故对此间水下岸坡冲淤变化的研究仅选择特定年份（1976 年、1978 年、1985 年、1992 年）1~36 断面中的代表性断面进行分析。其中，Ⅰ区内选择 1、2 断面，Ⅱ区内选择 4、7 断面，Ⅲ区内选择 15、19 断面，Ⅳ区内选择 22、24 断面，Ⅴ区内选择 26、28 断面，Ⅵ区内选择 31、33 断面。

Ⅰ区 1、2 断面的水下岸坡在 1976～1978 年间均呈较弱淤积状态，在 1978～1985 年呈较弱侵蚀状态，而在 1985～1992 年呈较强淤积状态［图 7-23（a）～（b）］。

Ⅱ区 4、7 断面的水下岸坡在 1976～1978 年既有淤积也有侵蚀，但淤积或侵蚀强度不大［图 7-23（c）～（d）］；1978～1985 年，4 断面的水下岸坡在 0~8 m 的浅水区呈侵蚀状态，而在大于 8 m 的深水区呈淤积状态；7 断面的水下岸坡在此间总体呈较强侵蚀状态。1985～1992 年，4、7 断面的水下岸坡在 0~8 m 的浅水区均呈较强侵蚀状态，而在大于 8 m 的深水区域均呈强淤积状态，且 7 断面水下岸坡的淤积强度要高于 4 断面。

Ⅲ区 15 断面的水下岸坡在 1976～1978 年、1978～1985 年和 1985～1992 年的三个时段既有淤积也有侵蚀，但淤积或侵蚀强度不大［图 7-23（e）］。19 断面的水下岸坡在 1976～1978 年变化较小，淤积和侵蚀同时存在；而在 1978～1985

年，其总体呈较强淤积状态。1985~1992 年，19 断面的水下岸坡整体呈较强侵蚀状态，且随水深的增加侵蚀强度亦增加 [图 7-23（f）]。

Ⅳ区 22、24 断面的水下岸坡在 1976~1978 年整体均呈淤积状态，但淤积强度不大 [图 7-23（g）~（h）]；而在 1978~1985 年，其整体亦呈淤积状态，但淤积强度较 1976~1978 年增加明显。1985~1992 年，22、24 断面的水下岸坡均呈强侵蚀状态，但 24 断面水下岸坡的侵蚀强度较 22 断面更高。

Ⅴ区 26、28 断面的水下岸坡在 1976~1978 年的变化均不大 [图 7-23（i）~（j）]；1978~1985 年，26、28 断面的水下岸坡均呈明显淤积变化，但 28 断面水下岸坡的淤积强度较 26 断面低；1985~1992 年，26、28 断面的水下岸坡均呈强侵蚀状态，但 28 断面水下岸坡的侵蚀强度较 26 断面更高。

Ⅵ区 31、33 断面的水下岸坡在 1976~1978 年和 1978~1985 年的两个时段均变化不大；但 1985~1992 年，两个断面的水下岸坡均呈极强侵蚀状态 [图 7-23（k）~（l）]。

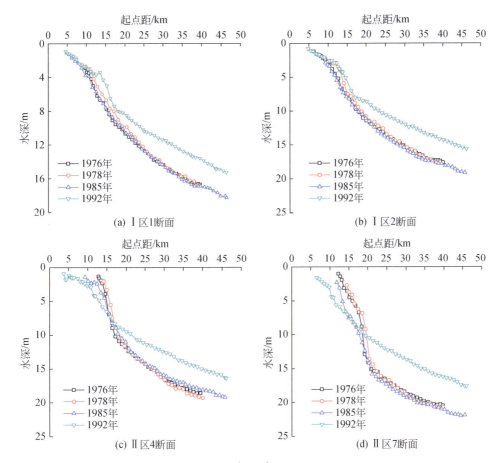

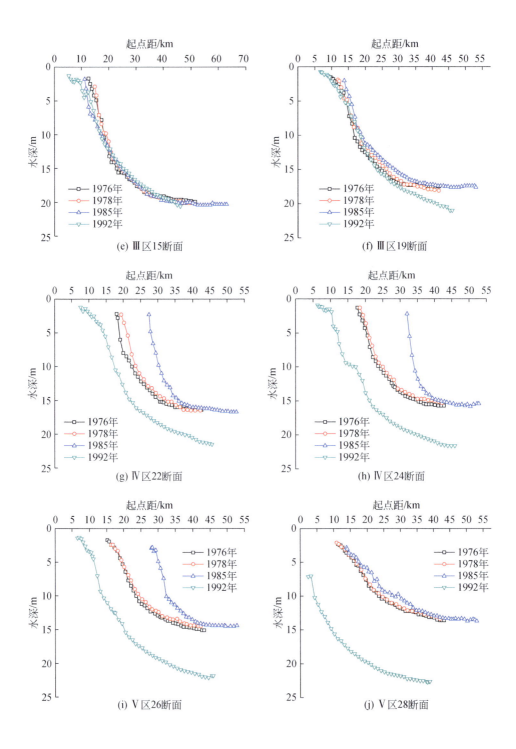

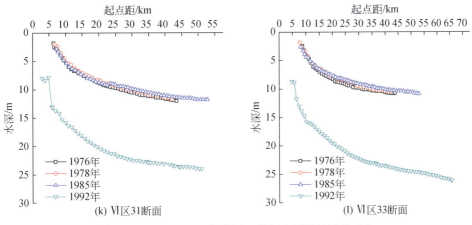

图 7-23 1976~1992 年黄河三角洲水下岸坡冲淤变化

7.2.3.3 1996~2011 年清 8 汊流路

1996 年黄河人为改道至清 8 汊流路入海；1999 年小浪底水库开始蓄水，2000 年正式运行；2002 年开始实施调水调沙工程。为明确这些人类活动对此间黄河口水下岸坡冲淤变化的影响，在现有资料中选择 1996 年、1999 年、2001 年、2003 年和 2011 年的数据进行分析。为便于对比分析，每个年份断面数据的选择同上。

Ⅰ区 1、2 断面的水下岸坡在 1996~1999 年、1999~2001 年、2001~2003 年和 2003~2011 年四个时段的变化均不大，尤其是 2 断面的水下岸坡在 1996~2011 年几乎无变化 [图 7-24（a）~（b）]。1 断面的水下岸坡在 1996~1999 年呈弱淤积状态，在 1999~2001 年呈弱侵蚀状态，在 2001~2003 年几乎无变化，而在 2003~2011 年则呈较强侵蚀变化。

Ⅱ区 4 断面的水下岸坡在 1996~1999 年、1999~2001 年、2001~2003 年和 2003~2011 年四个时段的变化均不大 [图 7-24（c）]；7 断面的水下岸坡在 1996~1999 年、1999~2001 年和 2001~2003 年三个时段的变化也较小，但 2003~2011 年，其在 0~10 m 的浅水区呈较明显侵蚀变化 [图 7-24（d）]。

Ⅲ区 15、19 断面的水下岸坡在 1996~2011 年的变化虽然不明显，但整体均呈较弱侵蚀状态 [图 7-24（e）~（f）]。具体而言，15 断面的水下岸坡在 1996~1999 年呈较弱侵蚀状态，在 1999~2001 年和 2001~2003 年的两个时段变化不明显，而在 2003~2011 年又呈较弱侵蚀变化。与 15 断面相比，2003~2011 年 19 断面水下岸坡的侵蚀更为明显，且侵蚀主要发生在 0~8 m 的浅水区。

Ⅳ区 22 断面的水下岸坡在 1996~1999 年整体呈弱淤积变化，在 1999~2001 年几乎无变化，而在 2001~2003 年的 0~10 m 浅水区呈弱淤积变化 [图 7-24

(g)~(h)]。2003~2011年，22断面的水下岸坡在0~8 m的浅水区呈侵蚀状态，而在大于8 m的深水区呈淤积变化。24断面的水下岸坡除在2003~2011年呈较强淤积变化外，其在其他时段几乎无变化。

Ⅴ区26断面的水下岸坡除在2003~2011年的0~9 m浅水区呈较弱侵蚀变化外，其在其他时段的变化幅度均不大［图7-24（i）］。28断面的水下岸坡除在2003~2011年的0~8 m浅水区存在较强侵蚀外，其在其他时段的变化虽均较小但却比26断面明显［图7-24（j）］。

Ⅵ区31断面的水下岸坡在1996~1999年既有淤积也有侵蚀，但变化幅度均不大；1999~2001年，其水下岸坡在大于6 m的浅水区呈较强侵蚀变化；2001~2003年和2003~2011年两个时段，其水下岸坡的变化均较小［图7-24（k）］。尽管33断面的水下岸坡在1996~1999年、1999~2001年、2001~2003年和2003~2011年四个时段的变化均不大，但在大于6 m的深水区，其侵蚀强度呈逐年增强变化［图7-24（l）］。

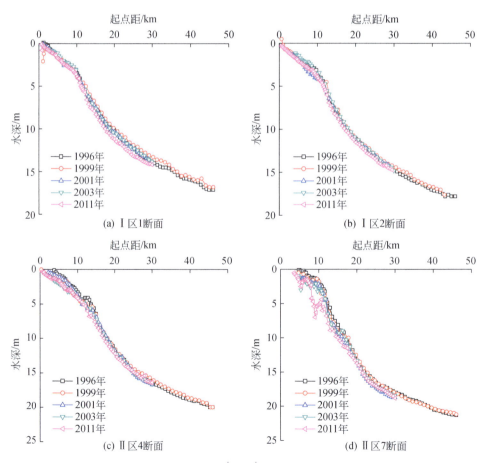

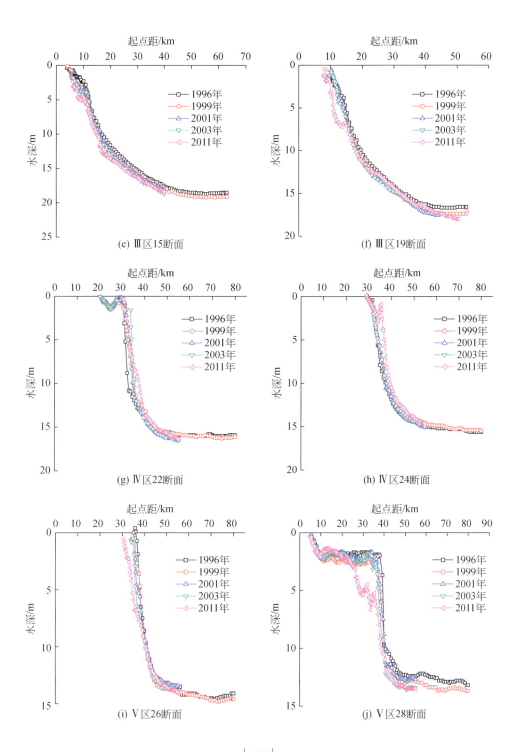

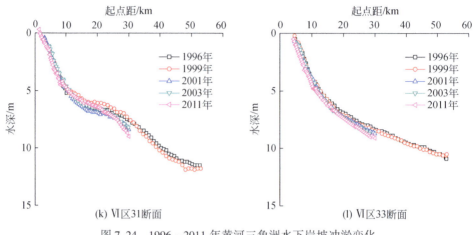

图 7-24 1996~2011 年黄河三角洲水下岸坡冲淤变化

7.2.4 黄河口近岸冲淤变化影响因素

黄河口近岸冲淤变化以及水下岸坡的发育、演变是以泥沙输运为媒介的水动力因素与岸滩地貌相互作用的过程，具体表现为沉积物的冲刷、搬运、沉积及密实等物理过程，地貌上则反映为海岸的蚀退、淤进或平衡（尹延鸿等，2004；马妍妍，2008）。黄河三角洲近岸水动力条件相对稳定，入海泥沙的多少成为决定近岸冲淤变化的主要因素（彭俊，2011）。黄河入海流路行水期间，波浪和潮流带走的泥沙远低于黄河入海带来的泥沙，近岸发生淤积，水深变浅，海岸线迅速向海推进；当流路废弃后，废弃流路附近海域入海泥沙减少乃至消失，波、流的冲刷和搬运作用占主导，近岸处于侵蚀或冲刷状态。上述机制可以较好地解释前述得出的主要结论。例如，1971~1975 年刁口河流路行水期间，刁口河近岸呈淤积状态，淤积中心速率高达 2.1 m/a（图 7-14）。1976 年黄河改道清水沟流路入海，致使 1976~1985 年刁口河流路附近浅海水域因缺少泥沙补给而在海洋水动力作用下呈明显侵蚀状态，平均侵蚀速率为 1.5 m/a；而清水沟流路附近海域呈明显淤积状态，淤积速率约为 1.5 m/a[图 7-15（b）]。1992~1996 年属于黄河的断流期，入海水动力急剧下降，致使水沙仅在入海口附近呈明显淤积状态，中心淤积速率约为 5 m/a（图 7-17）。1996 年黄河改道清 8 汊流路入海，清 8 汊流路入海口附近海域在 1996~1999 年呈淤积状态，平均淤积速率为 1.5 m/a；而清水沟流路附近海域呈侵蚀状态，侵蚀速率约为 0.5 m/a[图 7-18（b）]。尽管不同时期黄河口近岸的淤积中心在海洋水动力等作用下有所偏移，但仍能较好地说明黄河改道致使入海泥沙量的变化是导致近岸冲淤变化及水下岸坡发育、演变的主要因素。另外，在其他自然（如气候变化导致降水格局改变）与人为因素（如水库修建、调水调沙、河道清淤等）的综合作用下，黄河口近岸的冲淤变化亦呈现出不同的时空变化特征。

7.3 黄河口沉积物粒度及矿物组成分布特征

7.3.1 沉积物粒度及空间分布特征

7.3.1.1 尾闾河段及河口沉积物粒度组成与分布

黄河尾闾河段的表层沉积物主要以砂为主，平均含量为 67.1%（图 7-25）。第 8~13 站位的沉积物中含有少量黏土，仅占 0.98%；第 1~12 站位的沉积物中砂含量较高，平均为 69.7%；在第 13~17 站位的沉积物中，粉砂含量介于 19.3~44.1%。与之不同，河口区表层沉积物的粒度组成主要以粉砂为主，其中河口北部的黏土和粉砂含量整体比南部高，而砂含量则较低。

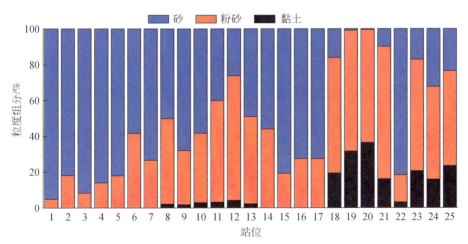

图 7-25 尾闾河段及河口区表层沉积物粒度组成与分布特征

7.3.1.2 河口近岸沉积物粒度组成及分布特征

黄河口近岸海域表层沉积物的粒度组成主要以粉砂为主（平均为

59.1%),砂含量相对较高(平均为 23.5%),而黏土含量相对较低(平均为 17.4%)。通过以黏土-粉砂-砂为三端元的三角图式亦可看出沉积物的粒度组成特征(图 7-26)。站位分布较为分散说明各站位间的粒级组成差异较大,从而使得研究区在沉积物粒度组成上呈现出明显的空间异质性。据图 7-27 可知,黏土和粉砂的分布特征相近,而砂的分布特征则与二者相反。具体而言,黏土和粉砂含量在现黄河入海口的西侧小范围海域、东侧小范围海域以及南侧海域(原清水沟入海口近岸海域)均相对较低,而砂含量则较高。与之相比,现黄河入海口近岸海域、东侧以及东南海域的黏土和粉砂含量较高,而砂含量较低。黏土和粉砂在现黄河入海口近岸海域的含量分别为 25%~35% 和 55%~65%;在现黄河口南侧海域的含量分别为 5%~15% 和 30%~45%;在现黄河口东侧海域的含量分别为 20%~25% 和 65%~70%;在现黄河口东南海域的含量分别为 15%~20% 和 65%~70%。尽管黏土和粉砂含量的高、低值区分布范围相近,但在含量变化趋势上存在较大差异。除黄河口东侧小范围低值区外,粉砂在研究区总体呈现出由近岸向海递增的趋势,而黏土在现黄河入海口近岸东侧海域呈现由近岸向海递减趋势,在现黄河口南侧及东南侧海域则呈现出由近岸向海递增趋势。在现黄河口南侧海域,砂含量为 35%~70%。除东侧小范围的高值区外,在南侧及东南侧海域呈现出由近岸向海递减的趋势;现黄河口近岸海域及东侧海域的砂含量差异较小,其含量均在 10% 左右;黄河入海口西侧近岸海域出现小范围高值区,其砂含量为 30%~55%。尽管沉积物粒度

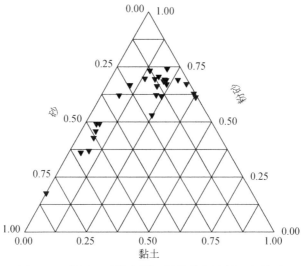

图 7-26 黄河口近岸表层沉积物粒度特征三角端元

组成在研究区均存在高值和低值中心，即均呈现出一定的空间差异性，但这种差异的强度并不一致。从图7-27中等值线的疏密亦可知，砂含量的等值线最为密集，粉砂次之，黏土最为稀疏，说明砂含量在研究区内的空间差异最大，粉砂相对较小，而黏土差异最小且相对稳定。

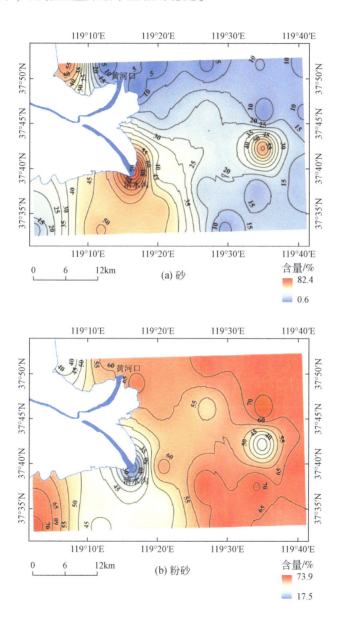

(a) 砂

(b) 粉砂

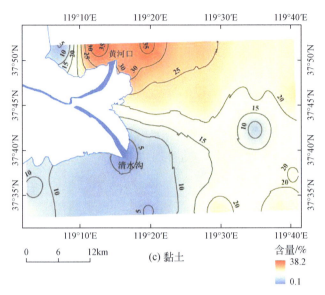

图 7-27 黄河口近岸表层沉积物粒度组成空间分布特征（2013 年）

7.3.2 沉积物矿物组成及空间分布特征

7.3.2.1 尾闾河段及河口沉积物碎屑矿物组成与分布

1）碎屑矿物组成特征

黄河尾闾河段及河口区表层沉积物中共鉴定出重矿物 31 种（表 7-2），主要重矿物为普通角闪石-绿帘石-褐铁矿，其在汛前与汛后的平均含量均大于 10%；次要重矿物有透闪石、阳起石、黑云母、水黑云母、石榴子石和楣石等，其平均含量为 1%～10%；少量重矿物有黝帘石、斜黝帘石、白云母、电气石和锆石等，其平均含量均小于 1%；样品中偶见到绿泥石、普通辉石、褐帘石和锐钛矿，在此称其为微量重矿物。黄河尾闾河段及河口区表层沉积物中共鉴定出轻矿物 11 种（表 7-3），主要轻矿物为石英-斜长石-钾长石，其在汛前与汛后的平均含量均大于 10%；次要轻矿物有风化云母及方解石，其平均含量为 1%～10%；少量轻矿物有白云母、绿泥石、岩屑、风化碎屑，其平均含量均小于 1%；样品中偶见生物碎屑、有机质碎屑，在此称其为微量轻矿物。

表7-2 黄河尾闾河段及河口区重矿物种类、颗粒百分含量及其特征

重矿物	主要重矿物（平均含量>10%）	次要重矿物（1%<平均含量<10%）	少量重矿物（平均含量<1%）	微量重矿物（偶见于某一样品）
矿种	普通角闪石、绿帘石、褐铁矿	透闪石,阳起石,黑云母,水黑云母,石榴子石,楣石,磷灰石,菱镁矿,钛铁矿,磁铁矿,赤铁矿,岩屑,风化碎屑,碳酸盐	黝帘石,斜黝帘石,白云母,电气石,锆石,萤石,透辉石,紫苏辉石,白钛矿,金红石,褐帘石	绿泥石、普通辉石、锐钛矿
矿物特征	普通角闪石:柱状、粒状,绿黄色,次棱角状,个别风化较强;绿帘石:粒状,柱状,黄绿色,次棱角状,黄褐色,土黄色,皮壳状,暗褐色,有一定硬度,性软,次圆状为多	透闪石:片状,柱状,板状,黄褐色,土黄色,黄绿色,性软,风化新鲜;阳起石:柱状,粒状,浅绿色,次棱角状;黑云母:片状,楔状,板状,黄、绿色,褐色,灰白色,次棱角片状,次圆状,风化新鲜;水黑云母:片状,板状,黄褐色,土黄色,黄绿色,粉红色,无色,性软;石榴子石:粒状,不规则粒状,粉红色,无色,次棱角状,风化强烈;楣石:柱状,板状,无色,黄褐色,次棱角状,次圆状;磷灰石:柱状,板状,无色,绿色,褐色,灰白色,次棱角状,次圆状;菱镁矿:菱面体状,粒状,白色,灰白色,闪突起明显;钛铁矿:粒状,板状,亮黑色,金属光泽,次棱角状;磁铁矿:八面体状,黑色,褐黑色,具有强磁性,次圆状;赤铁矿:粒状,扁粒状,铁黑色,褐红色,条痕红色,次棱角状;岩屑:两种矿物集合体,多为暗色金属矿物+浅色造岩矿物组合,泥质风化沉积物集合体,灰白色,风化碎屑:粒状,土状,无色,浅黄色,黄褐色,浅黄绿色,灰白色,性软;碳酸盐:粒状,扁粒状,无色,灰白色,加HCl反应强烈,次棱角状,有的闪突起明显,性脆易碎;	黝帘石:柱状,粒状,黄褐色,土黄色,无色,一级及异常干涉色,平行消光;斜黝帘石:粒状,柱状,无色,灰白色,一级及异常干涉色,斜消光;白云母:片状,无色,柱状,晶面简单,无色,黄浅黄色,次棱角状;电气石:粒状,柱状,褐色,多色性明显,次棱角状;锆石:粒状,柱状,均质体,次棱角状,次圆状;萤石:粒状,浅绿色,浅褐色,具有淡红色多色性,一淡一淡红色多色性,次棱角状;透辉石:柱状,粒状,无色,浅绿色,较新鲜,风化较强;紫苏辉石:短柱状,红质体,次棱角状,较新鲜,风化较强;白钛矿:微晶致密集合体,浅黄色,灰白色;金红石:粒状,柱状,红褐色,褐色,次棱角状;褐帘石:粒状,柱状,褐色,浅褐色,次棱角状;	绿泥石:鳞片状,集合体,呈粒状,绿色,性软;普通辉石:短柱状,粒状,绿色,次棱角状,较新鲜,风化较强;锐钛矿:板状,蓝灰色,次圆状;

表 7-3 黄河尾闾河段及河口区轻矿物种类、颗粒百分含量及其特征

轻矿物		主要轻矿物 （平均含量>10%）	次要轻矿物 （1%<平均含量<10%）	少量轻矿物 （平均含量<1%）	微量轻矿物 （偶见于某一样品）
	矿种	石英,斜长石,钾长石	风化云母,方解石	白云母,绿泥石,岩屑,风化碎屑	生物碎屑,有机质碎屑
	矿物特征	石英:粒状,无色,少量铁染浅红色,透明,次棱角状；斜长石:粒状,灰白色,少量浅绿色,次棱角状；钾长石:粒状,肉红色,浅黄色,次棱角状,表面混浊,风化较强	风化云母:片状,板状,绿色,褐色,次棱角片状,次圆状；方解石:粒状,无色,白色,浅黄色,次棱角状	白云母:粒状,片状,无色,次圆片状；绿泥石:泥状集合体,集合体呈粒状,绿色,性软；岩屑:两种矿物集合体,原生碎屑,石英+金属矿屑；风化残积集合体,性软	生物碎屑:钙质碎屑,白色,贝壳碎屑；有机质碎屑:粒状,黑褐色,性软

2）碎屑矿物分布特征

（1）重矿物分布特征。

黄河尾闾河段及河口区沉积物的重矿物含量在汛前由利津（三）断面至清7断面整体呈波动下降变化，而从清7断面至临时断面（海河交界），重矿物含量又有明显增加（表7-4）。具体而言，汛前尾闾河段及河口区沉积物的重矿物含量介于0.16%～1.81%，均值为0.68%，最大值出现在利津（三）断面处。与汛前相比，汛后尾闾河段及河口区沉积物的重矿物含量的变化规律并不明显。利津（三）断面至渔洼断面，重矿物含量的波动较大，且整体较高；清1（二）断面至汊2断面，重矿物含量的波动相对较小，且整体较低；临时断面（海河交界）处，重矿物含量迅速增加，达到最大值（2.03%）。汛后尾闾河段及河口区沉积物的重矿物含量为0.12%～2.03%，均值为0.77%，仅比汛前增加0.09%。

（2）轻矿物分布特征。

黄河尾闾河段及河口区的沉积物整体以轻矿物为主，其在汛前与汛后的含量变化范围均不大，但沿程变化较为明显（表7-4）。汛前尾闾河段及河口区的轻矿物变化范围为98.19%～99.84%，均值为99.32%，最大值出现在清7断面处，最低值出现在利津（三）断面处。汛后尾闾河段及河口区沉积物的轻矿物变化范围为97.97%～99.88%，均值为99.23%，最大值出现在清3断面处，最低值出现在临时断面（海河交界）处。

（3）优势矿种分布特征。

尽管尾闾河段及河口区各站位表层沉积物中的重矿物种类较多，但各类矿物含量相差较大，且多数含量小于1%。由于还有部分矿物含量为1%～3%，所以本书在此选择3%作为划分优势矿种的界限。本书中，汛前或汛后表层沉积物中的重矿物优势矿种共有8种，分别为普通角闪石、绿帘石、褐铁矿、阳起石、水黑云母、石榴子石、榍石和碳酸盐。研究表明，这些优势矿种的平均含量之和占所有重矿物含量的86.8%，其中普通角闪石含量高达30.0%，可作为研究区的主要标志矿物。利津（三）断面是黄河尾闾河段的首个采样断面，其沉积物中的矿物含量变化主要受中上游来水来沙变化的影响，而沉积物中矿物含量变化情况亦是对水动力变化的响应，因此以该断面为例可较好地说明优势重矿种在汛前与汛后的变化情况（图7-28）。据图7-28可知，重矿物优势矿种物中只有绿帘石、榍石和石榴子石的含量是汛前明显大于汛后，其他五种优势重矿物均小于汛后。比较而言，汛后8种重矿物含量之和比汛前增加3.7%，尤其是普通角闪石，其汛后含量较汛前增加8.6%。利津（三）断面优势重矿物的这一变化总体与尾闾河段沉积物中重矿物含量的变化相一致。若将汛前或汛后表层沉积物中轻矿物含量大于10%的矿物确定为优势矿种，则主要有3种，分别是石英、斜长石及钾长石。这三种优势矿种的平均含量之和占所有轻矿物含量的90.0%,其中石英的含量为59.8%,是主要的优势轻矿物。

表7-4 汛前与汛后尾闾河段及河口区沉积物中重矿物和轻矿物百分含量沿程变化

(单位:%)

采样断面	重矿物		轻矿物	
	汛前	汛后	汛前	汛后
利津(三)	1.81	1.10	98.19	98.90
东张	1.10	0.42	98.90	99.58
一号坝	0.88	0.91	99.12	99.09
渔洼	0.51	1.51	99.49	98.49
清1(二)	0.21	0.45	99.79	99.55
清3	0.39	0.12	99.61	99.88
清7	0.16	0.26	99.84	99.74
汊2	0.45	0.13	99.55	99.87
临时断面(海河交界)	0.58	2.03	99.42	97.97

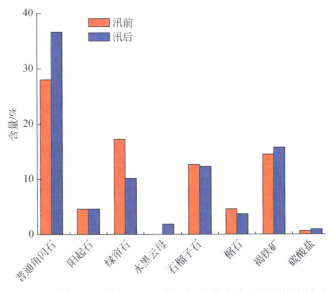

图7-28 汛前与汛后利津(三)断面沉积物中优势重矿物含量对比

7.3.2.2 河口近岸沉积物黏土矿物组成及空间分布

1) 黏土矿物组成特征

黄河口近岸表层沉积物中的黏土矿物主要有蒙皂石、伊利石、高岭石和绿泥石四种，平均含量分别为26.5%、55.4%、7.8%和10.3%。其中，以伊利石含量最高，占整个黏土矿物组分的一半以上，最低的为高岭石，平均含量不足10%。由以黏土矿物组分伊利石、蒙皂石和高岭石+绿泥石为三端元的三角图式亦可看出，黄河口近岸表层沉积物中的黏土矿物组分主要为蒙皂石和伊利石，其中又以伊利石居于最高（图7-29）。此外，所有站位在沉积物黏土矿物三角图式中的分布较集中，说明各站位沉积物的黏土矿物组分差异较小。

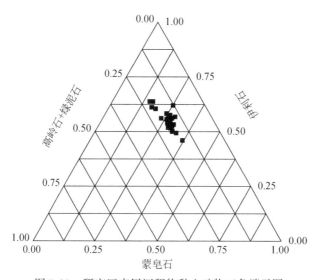

图7-29 研究区表层沉积物黏土矿物三角端元图

2) 黏土矿物分布特征

本书中，不同黏土矿物组分在研究区内的空间分布存在明显差异（图7-30）。蒙皂石和伊利石在黄河口近岸海域的分布特征几乎完全相反，即蒙皂石的高值区对应伊利石的低值区，反之亦然[图7-30（a）~（b）]。现黄河口南侧海域（原清水沟入海口近岸海域）及东侧海域的蒙皂石含量较高，约为28%~36%，大于其在研究区内的平均含量（26.5%）；而伊利石在对应海域内的含量相对较低，约为48%~54%，小于其在研究区内的平均含量（55.4%）。反之，蒙皂石在现黄河入海口近岸及东南海域的含量较低，约为18%~24%；而伊利石在此海域的含量却相对较高，约为58%~62%。蒙皂石在现黄河入海口近岸东侧海域的含量分布呈现出由近岸向海逐渐升高趋势，而在现黄河口南侧及东南侧海域呈现出由近岸向海逐渐降低趋势；伊利石的分布特征则相反，在现黄河入海口近岸东侧海域呈现出由近岸向海逐渐降低趋势，而在现黄河口南侧及东南侧海域呈现出由近岸向海逐渐升高趋势。

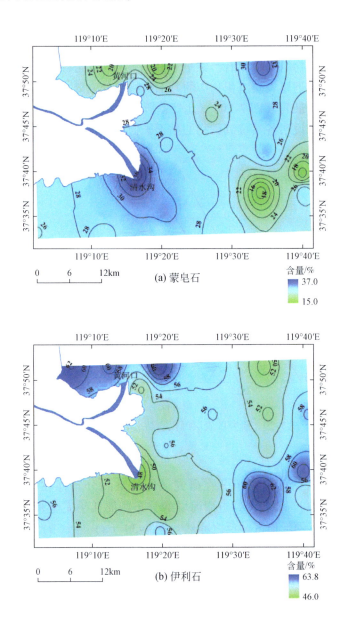

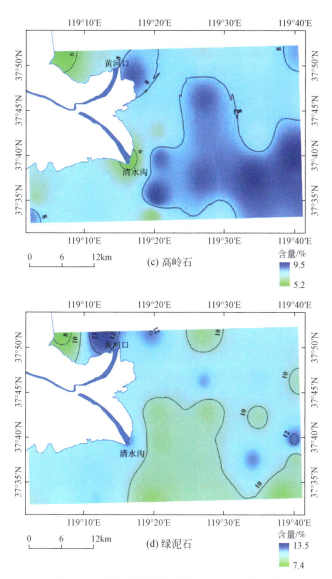

图 7-30 研究区沉积物中黏土矿物组分含量

高岭石和绿泥石的含量分布特征与伊利石相似 [图 7-30（c）~（d）]，但不尽相同。高岭石和绿泥石的含量亦在现黄河入海口近岸海域及东南海域出现高值区，而在黄河口东侧海域出现低值区。不同的是，高岭石在现黄河入海口处仅有小范围高值区出现（含量在 8% 左右），而在东南海域则出现大范围高值区（含量为 8%~9.5%）。高岭石在现黄河口南侧海域出现明显的低值区，其在中心含量达到研究区该矿物含量的最低值（仅有6%左右）；现黄河口东侧海域的高岭石含量虽亦较低，但分布相对均匀，大多为7%左右。与高岭石和伊利石相比，绿泥石的空间分异特征并不明显，在现黄河口南侧海域出现小范围的高值区，与现黄河入海口近岸海域的含量相近，其含量为10%~12%。

通过图7-30中等值线的疏密亦可看出，蒙皂石和伊利石含量的等值线较为密集，而高岭石和绿泥石含量的等值线较为稀疏，说明蒙皂石和伊利石两种黏土矿物组分在研究区内的含量变化较大，空间变异性更明显；而高岭石和绿泥石的含量变化较小，其在研究区内的含量分布相对稳定。总之，现黄河入海口海域与东南海域的伊利石、高岭石含量较高，蒙皂石含量较低；而南侧海域及东侧海域的蒙皂石含量较高，伊利石、高岭石含量较低。与其他组分相比，绿泥石含量在现黄河入海口近岸海域以及南侧海域相近且均较高，而在现黄河入海口东侧海域，其低值区范围较小。

7.3.3 沉积物粒度及矿物组成空间分布影响因素

7.3.3.1 尾闾河段及河口区沉积物碎屑矿物组成

本书表明，黄河尾闾河段及河口区表层沉积物中的碎屑矿物主要有石英、长石、云母等轻矿物及重矿物等，其中轻矿物含量占绝对优势。这一结果与王留奇等（1993）关于黄河三角洲陆表沉积物矿物学的研究结论相近，且认为黄河中游地区的第四系黄土矿构成以石英、长石为主。石英是一种抗风化能力极强的稳定性矿物，所以碎屑物质在被水体搬运时，其可被搬运的距离最长。可见，轻矿物中的石英可用于确定本区沉积物的物源，这与孙白云（1990）指出的轻矿物在确定沉积物物源方面具有重要意义的结论相一致。整体而言，研究区表层沉积物的成分基本上继承了源区特征，但含量却发生了一定改变。

本书还表明，黄河尾闾河段及河口区沉积物中的重矿物含量具有明显的沿程变化和年内变化，原因可能与河流水动力密切相关。汛前尾闾河段宽浅，河流水动力相对较弱，致使沉积物中密度大的重矿物先沉积，由此使得其在沿程断面中的含量逐渐降低。黄河入海口附近由于受潮汐顶托作用的影响，加之海水中悬浮物又可随涨落潮重新被带入河道，靠近河口断面沉积物中的重矿物含量又有所回升。已有研究表明，水动力是影响沉积物组成特征的主要因素之一，较强的水动力可导致沉积物中的碎屑矿物含量增加，矿物差异性增大（王小花等，2004）。角闪石、绿帘石和不透明矿物、锆石、石榴石等矿物之间的相关性能够反映出矿物的分异程度（Frihy et al.，1995）。王中波等（2010）的研究表明，重矿物分异指数（F）高表明沉积水动力作用较弱，重矿物的沉积动力分选作用不明显；F 值低则反映强水动力沉积环境，水流急，沉积速率较低，矿物的沉积动力分选作用明显。本书对汛前与汛后的 F 值进行了计算，其值分别为 1.43 和 1.15，这进一步证实了汛后矿物沉积分选明显且差异性大的特点。

对于一特定河流，流量大小代表了河流的运动强度和动能大小，也代表了河流输送泥沙能力的大小。水沙系数（K）大意味着单位流量含沙量大，相同流量或相同水流输沙能力所对应的沙量大，河道可能处于超饱和状态而发生淤积，反之则可能处于次饱和状态而发生冲刷（吴保生和申冠卿，2008）。当 $K>0.015$ kg·s/m^6 时，河道发生淤积；当 $K<0.015$ kg·s/m^6 时，河道发生冲刷；当 $K=0.015$ kg·s/m^6 时，河道基本保持稳定（胡春宏，2005）。汛期黄河流域降水多，加之为改善黄河下游河道淤积状况，自 2002 年开始每年在汛前 6 月中旬至 7 月上旬实施调水调沙工程，对河道冲刷力度加大。由图 7-31 可知，2002 年以后利津站年径流量较 1996~2002 年增幅明显，水沙搭配趋向合理，水沙系数逐年降低并小于冲淤临界值（0.015 kg·s/m^6）。2002~2013 年，汛期 7~10 月的入海径流量占全年径流量的 55.17%，输沙量占全年输沙量的 70.42%。如果将实施调水调沙工程的 6 月份径流量计入汛期，则入海径流量达到全年径流量的 69.93%，输沙量占全年的 89.39%，分别比汛期增加 14.76% 和 18.97%。与之相比，1997~2001 年汛期入海径流量占全年的 55.68%，输沙量占全年的 88.64%；而 6~10 月的径流量占全年的 61.39%，输沙量占全年的 92.87%，分别较汛期增加 5.71% 和 4.22%。由此可见，调水调沙工程的长期实施显著改变了河道的水动力条件，并可将大量中下游河道表层沉积物中的碎屑矿物带入尾闾河段及河口区，由此使得尾闾河段及河口区的重矿物含量表现为汛后大于汛前，且汛后矿物含量的沿程变化及差异较大。同时，碎屑矿物中密度较轻的矿物被冲刷入海，进而使得轻矿物的相对含量表现为汛后小于汛前。可见，黄河尾闾河段及河口区沉积物中轻、重矿物的年内含量变化与尾闾河段入海径流量的变化密切相关。

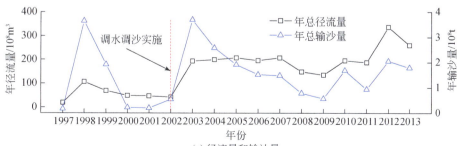

(a) 径流量和输沙量

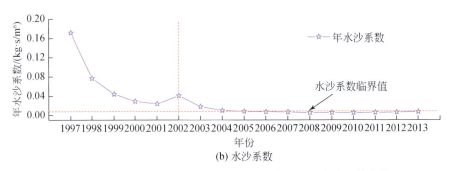

图7-31　1997~2013年黄河入海径流量、输沙量及水沙系数变化

7.3.3.2　黄河口近岸沉积物粒度及黏土矿物组成

自2002年黄河实施调水调沙工程以来，尾闾河段（入海口）、黄河口近岸、渤海湾和莱州湾海域沉积物的粒度与黏土矿物组成特征较调水调沙前均发生了一定改变（表7-5）。就沉积物粒度而言，尾闾河段（入海口）的沉积物粒度在调水调沙前后存在显著差异。调水调沙前的沉积物类型以粉砂为主（平均含量为79.5%），砂次之（平均含量为19.7%）；调水调沙后，砂含量显著增加（平均含量为85.4%），粉砂含量则明显下降（平均含量为14.3%），黏土含量变化不大。调水调沙后，黄河口近岸沉积物中的砂含量尽管较尾闾河段明显降低，但其平均含量仍高达23.5%。黄河口近岸沉积物粒度在调水调沙前虽未有明确报道，但其在调水调沙后的砂含量较调水调沙前尾闾河段的砂含量仍有明显增加，且黏土组分也较黄河口北部略低。黄河口北部和老黄河口（清水沟）南部的沉积物粒度在调水调沙前亦无定量报道，但调水调沙后的结果显示，其沉积物类型均以粉砂为主，平均含量分别为52%和62.4%。黄河口北部沉积物的黏土含量较高，平均为25.9%；老黄河口南部沉积物的砂含量相对较低，平均为21.6%。就黏土矿物组分而言，尾闾河段（入海口）沉积物中的黏土矿物各组分平均含量在调水调沙前后相近，组合特征均为伊利石>蒙皂石>绿泥石>高岭石。调水调沙前后，黄河口近岸沉积物黏土矿物中的伊利石含量变化不大，但蒙皂石平均含量较调水调沙实施前明显增加（高达26.5%），仅次于伊利石。黄河口北部（即渤海湾南部）和老黄河口南部（即莱州湾北部）的黏土矿物较调水调沙前变化最明显的亦是蒙皂石。渤海湾和莱州湾沉积物的黏土矿物在调水调沙前均以伊利石含量最高（平均约占60%），高岭石次之（平均占18%），而绿泥石和蒙皂石含量相对较低；调水调沙后，黄河口北部（渤海湾南部）和老黄河口南部（莱州湾北部）的蒙皂石含量均明显增加，分别为23.6%和22.7%；高岭石含量均明显下降，分别为7.3%和8.6%；而伊利石和绿泥石含量则变化不大。

表 7-5 黄河尾闾河段、黄河口近岸、渤海湾及莱州湾沉积物粒度和黏土矿物组成对比

（单位：%）

时间	区域	粒度组成			黏土矿物组成				文献
		黏土	粉砂	砂	伊利石	蒙皂石	绿泥石	高岭石	
调水调沙前	黄河尾闾河段（入海口）	0.8*	79.5*	19.7*	62.5	15.2	12.5	9.7	范德江等（2001）
	黄河口近岸	—	—	—	55~62	5~7	18~22	15~17	辛春英等（1998）
	渤海湾	粉砂质黏土	黏土质粉砂	粉砂	60	10	10	18	李平（1997）何良彪（1984）
	莱州湾	粉砂质黏土	粉土质粉砂	粉砂					
调水调沙后	黄河尾闾河段（入海口）	0.3	14.3	85.4	62	16	12	10	本书
	黄河口近岸	17.4	59.1	23.5	55.4	26.5	10.3	7.8	
	黄河口北部（渤海湾南部）	25.9	52	22	59	23.6	10.2	7.3	
	老黄河口南部（莱州湾北部）	16	62.4	21.6	57.8	22.7	10.9	8.6	

*黄河口水文资源勘测局提供

调水调沙工程不仅能够减少河道淤积，而且可有效增大主槽的过流能力，改善下游河道的排沙条件（徐国宾等，2005）。已有研究表明，调水调沙工程使得下游河道泥沙中值粒径呈现出粗化趋势（刘俊峰等，2005）。黄河沉积物的颗粒组成比较细，主要为黏土质粉砂（魏飞，2013），统一到同一粒级标准，即黄河沉积物中粉砂含量最高，黏土次之。本书研究表明，黄河口近岸沉积物粒度组成中的粉砂平均含量达59.1%，居于最高；其次是砂，平均含量为23.5%；黏土含量相对较低，平均占17.4%。与黄河沉积物相比，尾闾河段和黄河口近岸海域沉积物的粒度组成在砂含量上均呈增加趋势，且尾闾河段沉积物粒度组成在调水调沙后砂含量明显增加（即粒径粗化）。可见，调水调沙工程不仅使得下游河道沉积物的粒径粗化，而且其对黄河口近岸沉积物的粒度粗化亦有重要影响。渤海湾和莱州湾沉积物中粒度分布范围最广泛的是粉砂，黏土和砂含量相对较低。与渤海湾沉积物相比，黄河口近岸沉积物的砂含量较高，黏土含量较低。究其原因，黄河入海水沙携带的主要为风成黄土，颗粒较细，其中粉粒占黄土总重量的50%，这就使得受黄河入海水沙影响较大的黄河口近岸以及渤海沉积物的粒度组

成均以粉砂为主；调水调沙使得泥沙粒径粗化，泥沙入海导致黄河口近岸沉积物在砂含量上较高。但对于渤海湾，黏土组分颗粒细，在海洋水动力条件下其不断悬浮搬运向海侧输运（刘峰，2012），由此使得渤海湾黏土组分相对于近岸海域高。对于黏土矿物，黄河口近岸沉积物在调水调沙工程实施前伊利石含量最为丰富，绿泥石和高岭石含量较丰富，而蒙皂石含量最低（辛春英等，1998）。本书表明，黄河口近岸海域的伊利石平均含量最高（55.4%），蒙皂石含量次之（26.5%），而绿泥石（10.3%）和高岭石（7.8%）含量较低。与调水调沙工程实施前相比，调水调沙后蒙皂石含量明显增加。调水调沙前，渤海表层沉积物中广泛存在的黏土矿物是伊利石、高岭石、绿泥石和蒙脱石，伊利石为优势矿物，平均含量为60%；高岭石次之，平均含量为18%；绿泥石与蒙脱石为次要矿物，平均含量都在10%左右（何良彪，1984）。研究区伊利石的平均含量与渤海基本一致，但第二优势矿物却存在较大差别，高岭石的平均含量（7.8%）与渤海相比较低，而绿泥石的平均含量（10%）与渤海海区相近。黄河沉积物中的黏土矿物组分含量由高到低依次为伊利石-蒙皂石-绿泥石-高岭石（范德江等，2001；魏飞，2013）。由此可见，研究区沉积物的黏土矿物与黄河沉积物的黏土矿物组成特征一致，体现了黏土矿物组分在河口近岸沉积物中的分布受陆源沉积物的控制。2003~2012年，受各种因素影响，特别是调水调沙工程，黄河下游的年径流量和年输沙量明显增加（图7-31），其在该时段内的多年平均径流量和输沙量分别为 $193.2 \times 10^8 \mathrm{m}^3$ 和 $1.68 \times 10^8 \mathrm{t}$。黄河流经黄土高原地区，可挟带大量黄土入海。黄土受黄土高原气候影响风化后可形成一些富钾和富钙的黏土矿物，如富钾伊利石、钙蒙脱石和方解石等（何良彪和刘秦玉，1997）。入海径流量及输沙量的增加，可挟带大量黄土在河口近岸堆积（范德江等，2001），使得黄河口近岸海域沉积物中的黏土矿物组分含量与调水调沙前存在较大差异。另外，黄河口近岸沉积物在水动力作用下可进入渤海湾和莱州湾（赵保仁等，1995），致使调水调沙后渤海湾和莱州湾黏土矿物中的蒙皂石含量较调水调沙前高。可见，相对于渤海海域，黄河口近岸小范围海域的黏土矿物组成受黄河入海泥沙的影响更为显著。

7.4　沉积物重金属地球化学特征

7.4.1　尾闾河段及河口区沉积物重金属分布及生态风险

7.4.1.1　重金属空间分布特征

尾闾河段及河口区表层沉积物中的6种重金属含量以Cr最高（32.24~

127.12 mg/kg），Cd 最低（0.08～1.26 mg/kg）。尾闾河段沉积物中的重金属含量整体表现为 Cr>Zn>Ni>Pb>Cu>Cd，而在河口区则表现为 Zn>Cr>Ni>Pb>Cu>Cd（表7-6）。另外，Cr、Ni、Cu、Zn、Pb 和 Cd 的平均含量分别是黄土母质背景值（中国环境监测总站，1990）的 0.91 倍、0.61 倍、0.48 倍、0.61 倍、0.58 倍和 5.37 倍。除采样站位 7 外，其他采样站位沉积物中的 Cd 含量均超过黄土母质背景值。比较而言，尾闾河段沉积物中的 Cr、Cd 平均含量明显高于河口区，而 Ni、Cu、Zn 和 Pb 的平均含量远低于河口区。从尾闾河段至河口区，沉积物中 6 种重金属含量的空间变化均属中等变异（10%<CV<100%）（表7-6）。

表7-6 尾闾河段及河口区沉积物中重金属含量统计结果

元素	范围 /(mg/kg)	全部站位 /(mg/kg)	尾闾河段站位 /(mg/kg)	河口区站位 /(mg/kg)	变异系数 (CV)/%	黄土母质背景值/(mg/kg)
Cr	32.24～127.12	53.81±21.49	56.13±25.32	48.88±8.77	39.94	59
Ni	11.27～26.84	16.96±4.40	14.68±2.06	21.81±4.15	25.93	27.8
Cu	6.69～20.56	10.21±3.88	8.14±0.92	14.62±4.13	37.99	21.1
Zn	27.19～74.98	39.57±12.79	32.80±3.41	53.95±13.67	32.32	64.5
Pb	9.10～22.86	12.56±3.64	10.77±1.23	16.37±4.18	28.95	21.6
Cd	0.08～1.26	0.51±0.32	0.57±0.36	0.37±0.13	62.12	0.095

7.4.1.2 粒度与重金属含量沿程变化

本书表明，调水调沙工程实施 10 多年后，尾闾河段表层沉积物的颗粒组成以砂含量最高，粉砂含量次之，黏土含量最低，而河口区表层沉积物以粉砂和黏土为主（图7-25）。这是因为自 2002 年调水调沙工程实施以来，人工扰沙等措施冲刷下游河道主槽，提高了河道的行洪及过沙能力，进而深刻改变了尾闾河段及河口区沉积物的粒度组成和沉积特征。从尾闾河段至河口区，由于比降降低，水流流速减缓，加之水流分叉明显，冲刷能力减弱，由此导致从尾闾河段挟带而来的细颗粒逐渐沉积下来，河口区的粉砂和黏土含量较高。相关研究也得到类似结果。魏飞（2013）的研究表明，黄河口沉积物的颗粒组成比较细，主要为黏土质粉砂。本书还表明，Cr 在尾闾河段沉积物中出现高值，这可能与 Cr 沉积后的再迁移过程有关。在沉积物早期成岩过程中，由于氧化还原条件的剧烈变化，许多重金属元素往往伴随氧化还原敏感性元素发生沉积后的再迁移，并通过这些氧化还原敏感性元素的氧化还原循环在氧化还原边界层形成富集（翟雨翔，2009），从而导致其含量随着调水调沙的实施呈明显增加趋势。王伟等（2015）的研究表明，2002 年开始实施调水调沙后，年均径流量由 $57.64 \times 10^8 \mathrm{~m}^3$（1997~2001 年）增加至 $170.82 \times 10^8 \mathrm{~m}^3$（2002~2011 年），河流水动力明显增强，沉积在尾闾河段中的泥沙被重新挟带入海，且入海沉降的距离不断增加，破坏了原有的稳定状态。本书亦表明，尾闾河段沉积物中 Cd 含量与黏粒呈极显著负相关（$r = 0.655$，$p<0.01$），与砂粒呈正相关（$r = 0.484$，$p<0.05$）（表 7-7）。调水调沙工程的长期实施改善了黄河尾闾河段的水沙搭配状况，形成了有利于河道冲刷的水沙条件，使尾闾河段整体处于冲刷状态。尾闾河段沉积物中的 Cd 含量随粒径的粗化呈增加趋势。Cd 含量在尾闾河段出现高值，一方面可能与尾闾河段沿岸的化工、造纸等工业及生活污水排放有关；另一方面，尾闾河段受到来水来沙的影响最为明显，故较强的冲刷作用使得表层沉积物中的细颗粒含量显著减少，而粗颗粒含量明显增加。相关分析还表明，河口区粉粒与 Cu 含量呈极显著正相关，与 Zn、Pb 含量呈显著正相关（表 7-7），表明河口区沉积物的重金属元素容易在粉砂质沉积物中富集，而在砂质沉积物中含量很低。本书中，Ni、Cu、Zn 和 Pb 在河口区的平均含量要高于尾闾河段。Ni、Cu、Zn 和 Pb 都是亲铜元素，其在较多研究中表现出相同的变化趋势（郑立地等，2015），且 Cu、Pb、Zn、Co 和 Ni 在自然界中主要以硫化物和硫酸盐矿物存在，加之硫化物溶解度较低，故这些重金属在自然界水体中的搬运形式主要为吸附和络合（李传镇，2013）。同时，河口附近咸、淡水的交汇混合，使得吸附了重金属的细颗粒泥沙加速凝聚和沉降，从而导致 Ni、Cu、Zn 和 Pb 含量在河口区的沉积物中较高。

表 7-7 尾闾河段和河口区沉积物粒度与重金属含量相关分析

指标	Cr	Ni	Cu	Zn	Pb	Cd	黏粒	粉粒	砂粒
Cr	1	B0.272	B−0.330	B−0.704	B−0.162	B0.614	B−0.515	B−0.507	B0.554
Ni	A0.380	1	B0.754*	B0.183	B0.749*	B−0.512	B0.365	B0.671	B−0.610
Cu	A0.304	A0.786**	1	B0.522	B0.957**	B−0.707*	B0.582	B0.871**	B−0.834*
Zn	A0.651**	A0.326	A0.602*	1	B0.299	B−0.796*	B0.664	B0.744*	B−0.777*
Pb	A0.889**	A0.416	A0.518*	A0.744**	1	B−0.504	B0.375	B0.723*	B−0.649
Cd	A0.546*	A0.104	A0.016	A0.215	A0.568*	1	B−0.783*	B−0.943**	B0.962**
黏粒	A−0.460	A0.404	A0.579*	A0.022	A−0.238	A−0.655**	1	B0.667	B−0.855**
粉粒	A−0.393	A0.390	A0.645**	A0.077	A−0.235	A−0.463	A0.794**	1	B−0.957**
砂粒	A0.404	A−0.396	A−0.650**	A−0.074	A0.238	A0.484*	A−0.822**	A−0.999**	1

**$p<0.01$；*$p<0.05$。左上角 A、B 分别表示尾闾河段和河口区

由于当前关于尾闾河段沉积物中重金属的研究数据积累尚少，故表7-8中仅对比了1996~2012年河口区沉积物中Cr、Cu、Zn、Pb和Cd含量的变化。研究发现，河口区表层沉积物中的重金属含量均发生了明显改变。其中，Cr、Cd含量的增幅明显，特别是Cd含量（2012年）是2006年的9.25倍。与之相比，Cu、Zn、Pb的含量均出现较大幅度降低，其值相对于2009年分别降低了1.41倍、1.41倍和3.43倍。

表7-8 1996~2012年河口区表层沉积物重金属含量（单位：mg/kg）

年份	Cr	Ni	Cu	Zn	Pb	Cd	文献
1996	10.47	—	6.82	24.82	8.84	0.02	芮玉奎等（2008）
2001	—	—	30.77	123.99	35.54	—	刘成等（2005）
2004	23.5	—	21.9	36.8	15	0.16	吴晓燕等（2007）
2006	21.77	—	12.48	39.18	10.99	0.04	芮玉奎等（2008）
2009	57.4	—	20.7	75.8	56.1	0.168	刘淑民等（2012）
2012	48.88	21.81	14.62	53.95	16.37	0.37	本书

7.4.1.3 重金属源解析及生态风险

1) 重金属污染状况

尾闾河段沉积物中6种重金属的平均EF值整体表现为Cd>Cr>Ni>Zn>Pb>Cu，而在河口区沉积物中则表现为Cd>Zn>Cr>Ni>Pb>Cu（图7-32）。比较而言，Ni、Cu、Zn和Pb的EF值在尾闾河段的沿程变化平缓，而在河口区增加明显。这4种重金属的EF值均小于1，说明其在尾闾河段基本未受到人类活动的影响。Cr和Cd的EF值在尾闾河段的沿程变化相似，前者在尾闾河段的EF值变化范围为0.55~2.16，平均值为0.95，仅有第2、3、4、16、17站位的EF值超过1，说明这五个站位均受到人类活动的影响；后者在尾闾河段的EF值变化范围为2.21~11.73，平均值为6.04，说明其在尾闾河段表层沉积物中受人类活动影响强烈。因此，Cd可能是该区域危害最大的重金属。这与Wen等（2017）和Bai等（2016）对黄河三角洲湿地土壤重金属的研究结果类似。Cr在河口区的EF值变化范围为0.703~1.081，平均值为0.828，仅第24站位的EF值大于1，说明其在河口区受人类活动影响不大。Cd在河口区的EF值变化范围为2.76~7.22，平均值为3.84，说明其在河口区呈中度富集，受人类活动影响较为明显。

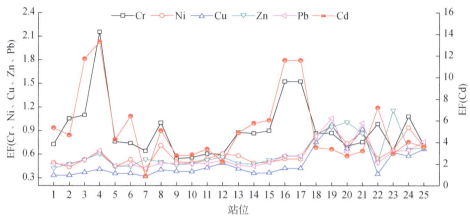

图 7-32 尾闾河段及河口区沉积物重金属富集系数

2) 重金属源解析

上述相关分析表明，尾闾河段沉积物中 Cu 与 Ni、Zn 与 Cr、以及 Pb 与 Zn、Cr 均存在极显著正相关（$p<0.01$；$r_1=0.786$，$r_2=0.651$，$r_3=0.744$，$r_4=0.889$）。Cu 与 Zn、Pb 均呈显著正相关（$p<0.05$；$r_1=0.602$，$r_2=0.518$）。Cd 与 Cr、Pb 均呈显著正相关（$p<0.05$；$r_1=0.546$，$r_2=0.568$）。与之不同，河口区沉积物中 Cu 与 Pb 呈极显著正相关（$p<0.01$；$r=0.957$），而 Ni 与 Cu、Pb 均呈显著正相关（$p<0.05$；$r_1=0.754$，$r_2=0.749$）（表 7-7）。由此可知，尾闾河段沉积物中 Pb、Zn 和 Cu 的来源极其相似，而 Pb 与 Zn、Cr 的来源虽相似但亦存在一定差异。与之相比，河口区沉积物中 Ni、Cu、Pb 的来源极其相似。为进一步识别尾闾河段及河口区沉积物中的重金属来源，运用最大方差旋转方法对尾闾河段和河口区表层沉积物中 6 种重金属进行主成分分析，通过分析 6 种元素的主成分及因子载荷分布，辨别出尾闾河段的 2 个主成分（PC1、PC2）和河口区的 2 个主成分（PC1 和 PC2）（表 7-9）。

表 7-9 尾闾河段及河口区沉积物中重金属元素的主成分分析

尾闾河段	因子载荷		河口区	因子载荷	
	PC1	PC2		PC1	PC2
Cr	—	0.905	Cr	—	0.944
Ni	0.918	—	Ni	0.953	—
Cu	0.972	—	Cu	0.891	—

续表

尾闾河段	因子载荷		河口区	因子载荷	
	PC1	PC2		PC1	PC2
Zn	0.899	—	Zn	—	—
Pb	0.853	—	Pb	0.913	—
Cd	—	0.952	Cd	—	0.766
方差贡献率/%	58.42	36.79	方差贡献率/%	47.98	45.18
累积贡献率/%	58.42	95.21	累积贡献率/%	47.98	93.16

注："—"表示该元素在对应的主成分上载荷小于0.6

在尾闾河段，PC1对原始变量的解释占总方差的58.42%。其中，Ni、Cu、Zn、Pb在PC1上有较高的正载荷，说明这些重金属可能具有相似来源，这正好与上述相关分析结果相近。Ni、Cu、Zn、Pb的平均含量均低于黄土母质背景值，故它们可能主要受地表径流的影响。因此，PC1代表了自然源。PC2解释了总方差的36.79%。其中，Cr和Cd在PC2上有较高的正载荷。周军等（2014）研究表明，根据工业过程中可能释放的化学元素可知，多数工业活动在引起Cd污染的同时，都会引起Cr污染，而Cr主要来自于机械制造和化工等企业的污染排放。李玉等（2006）研究亦表明，Cr主要来自化工厂铬盐生产排污。Cd主要来自流域内电镀、电池、冶金等行业所排放的"三废"（王洪涛等，2016）。另外，Cd常常作为磷矿石中的杂质存在于磷肥中，并通过磷肥的施用而进入土壤中，因而Cd是化肥施用的标志（Lv et al.，2015）。本书中，Cd含量较高可能与尾闾河段两岸的农业废水排放有关。因此，PC2代表了机械制造、化工企业排放以及化肥使用等来源。

与尾闾河段相比，河口区PC1解释了总方差的47.98%，且Ni、Cu和Pb在PC1有较高的正载荷，说明这3种元素可能具有相似来源，而这也与上述相关分析结果相近。傅晓文（2014）的研究表明，Ni和Cu与油井密度有关，东营石油资源丰富，孤岛油田开发导致了二者的富集。张俊等（2014）利用Pb同位素示踪法的研究发现，河口区的Pb主要来源于石油工业、上游的工业排放、船舶运输和机动车辆大量使用等。这些工农业排放污染物最终通过尾闾河段被挟带汇入海洋或直接排进河口区，从而导致三者的富集。因此，PC1可能代表了石油开采和船舶航运来源。PC2解释了总方差的45.18%，且Cr和Cd在PC2上具有较高的正载荷，这可能与二者在河口区沉积物中的背景值有关。本书表明，河口区大部分站位沉积物中Cr的EF值小于1（图7-32），说明Cr在河口区未产生富集。

本书中，Cd 在河口区的富集十分明显，平均 EF 值为 3.84（图 7-32）。Cd 可能产生于自然作用，如海岸侵蚀与海底岩石风化作用。Cd 来源也可能与人为排放的有机污染有关，同时可挥发硫化物也可能影响到 Cd 的来源。已有研究表明，在还原条件下溶解相重金属可迅速转移到沉积物中，被其中的有机组分和硫化物固定，一旦固定后，重金属将很难与水体交换而释放出来，故硫化物的存在对沉积物中 Cd 富集的影响也很大（徐艳东等，2015）。因此，PC2 可能代表了自然源以及硫化物的影响。

3）重金属生态风险

尾闾河段及河口区的 SQG-Q 系数为 0.10~0.45，存在较低生态风险（图 7-33）。与沉积物质量基准相比，Pb、Zn 和 Cu 在尾闾河段所有站位均未超过 TEL 和 PEL，说明这 3 种重金属的生物毒性效应很少发生。Ni 仅在尾闾河段第 8 站位为 TEL 和 PEL；Cd 在尾闾河段第 3、4、16 和 17 站位介于 TEL 和 PEL；Cr 在尾闾河段 76% 站位为 TEL 和 PEL。与之不同，Pb、Zn 在河口区的所有站位均未超过 TEL 和 PEL；Cd 仅在第 22 站位为 TEL 和 PEL；Cu 在第 19 和 21 站位为 TEL 和 PEL；Cr 在第 22 和 24 站位为 TEL 和 PEL；Ni 在 87.5% 的站位为 TEL 和 PEL。另外，尾闾河段沉积物中 Cr 的平均 ΣTU_s 贡献率相对较高（41.47%），Ni 次之。与之相比，河口区沉积物中 Ni 的平均 ΣTU_s 贡献率相对较高（36.6%），Cr 次之。比较而言，尾闾河段及河口区所有站位的沉积物均无毒性（$\Sigma TU_s<4$）（图 7-33）。

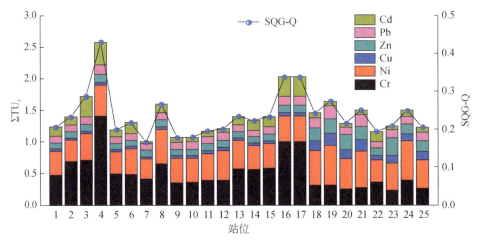

图 7-33 尾闾河段及河口区沉积物重金属 SQG-Q 系数和 ΣTU_s

沉积物的 SQG-可鉴别研究区沉积物的生物毒性，而 ΣTU_s 在一定程度上体现了沉积物中重金属的急性毒性。本书基于 SQG-Q 对 6 种重金属生态毒性的评价结果表明，尾闾河段沉积物中 Cu、Zn 和 Pb 的潜在生物毒性很少发生，Ni、Cd 和 Cr 的潜在生物毒性较小，但 Ni 在第 8 站位、Cd 在第 3、4、16 和 17 站位以及 Cr 在 76% 站位的生物毒性效应偶尔发生。河口区沉积物中 Pb、Zn 的潜在生物毒性很少发生；Cd、Cu、Cr 和 Ni 的潜在生物毒性较小，但 Cd 在第 22 站位、Cu 在第 19 和 21 站位、Cr 在第 22 和 24 站位以及 Ni 在 87.5% 站位的生物毒性效应会偶尔发生。整体而言，黄河尾闾河段及河口区存在较低生物毒性风险。

7.4.2 近岸海域沉积物重金属分布及生态风险

7.4.2.1 重金属空间分布特征

黄河口近岸海域沉积物中的 As 和 6 种重金属平均含量依次为 Zn>Cr>Cu>Ni>Pb>As>Cd，其中入海口及河口东南侧海域细颗粒沉积物中 As 和 6 种重金属含量均较高（图 7-34，图 7-35）。整体而言，Cr、Ni、Cu、Pb、As 在研究区的空间分布与黏土含量的空间分布基本一致。除河口东南侧外，其他海域 Zn 含量的空间分布与黏土含量的空间分布基本一致。与 As、Cr、Ni、Cu、Zn 及 Pb 相比，黄河口西北部及清水沟河口附近海域的 Cd 含量普遍较高，且 Cd 含量的空间分布与砂含量的空间分布相似（图 7-34，图 7-35）。

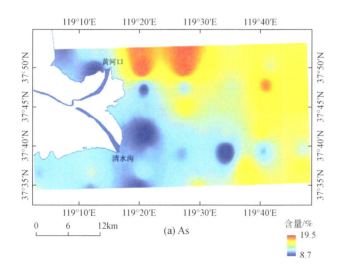

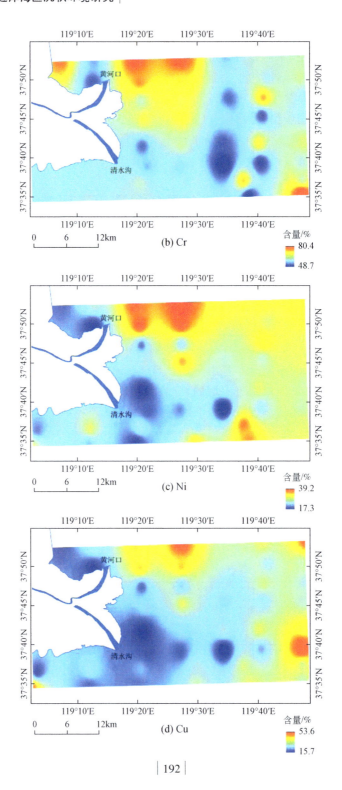

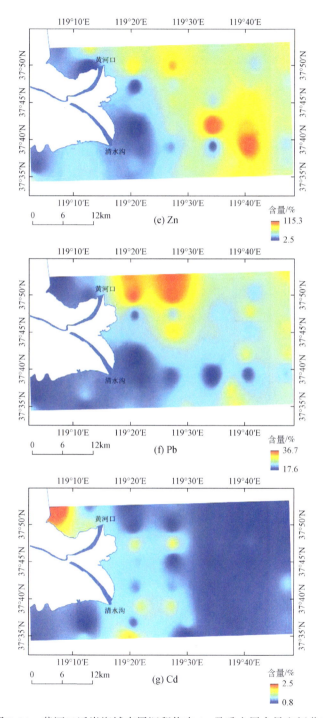

图 7-34 黄河口近岸海域表层沉积物中 As 及重金属含量空间分布

| 环渤海典型近岸海区沉积环境研究 |

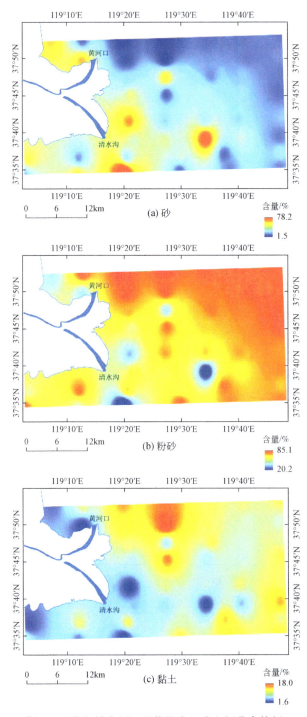

图 7-35　黄河口近岸海域表层沉积物粒度组成空间分布特征（2014 年）

7.4.2.2 重金属空间分布影响因素

上述可知，Cr、Ni、Cu、Zn、Pb 和 As 的空间分布与黏土含量的空间分布基本一致，而 Cd 的空间分布与砂含量的空间分布基本一致。相关分析表明，Ni、Cu、Pb 和 As 之间存在显著正相关关系（表7-10），说明这四种元素可能具有相似天然源或人为源。本书中，沉积物平均粒径范围（M_z）为 16.07~99.60 μm，平均值为 41.11 μm，表明黄河口近岸沉积物主要由细粉粒及黏粒组成。另外，黏粒含量与大多数元素（Cr、Ni、Cu、Zn、Pb、As）含量呈极显著正相关，相关系数分别为 0.488、0.869、0.763、0.516、0.808 和 0.812（$p<0.01$，$n=44$）；与 Cd 含量呈极显著负相关，相关系数为 -0.464（$p<0.01$，$n=44$）。这些结果表明，黄河口近岸沉积物中的 Cr、Ni、Cu、Zn、Pb 和 As 含量受到细颗粒组成的显著影响。Rodríguez-Barroso 等（2010）、Kicińska（2018）、Guven 和 Akinci（2013）亦得到类似研究结果，并指出细颗粒沉积物是重金属的良好载体。与 As 及其他重金属相反，Cd 含量与沉积物中黏粒含量的相关性并不显著，但与砂粒含量呈极显著正相关关系（$r=0.610$，$p<0.01$，$n=44$）（表7-10），表明沉积物中 Cd 含量受砂粒的影响更大，且其可能具有不同的来源。已有研究表明，降水径流引起的地表侵蚀通常会对黄河造成短期污染，而中上游工业废水和农业非点源污染往往会对下游及河口造成长期污染（辛成林等，2015）。工业污水、农业废水排放以及降水径流排入黄河河口或近岸水域可能是 Cd 的重要来源（Xie et al.，2014；Tang et al.，2010；Li et al.，2014）。因此，砂粒含量与 Cd 含量之间的显著正相关性可在一定程度上说明 Cd 污染极有可能与人为源有关。Bai 等（2011）和 Yao 等（2016）也得到类似结论。Bai 等（2011）的研究表明，黏粒和砂粒含量与 Cd 含量呈极显著相关关系，其相关系数分别为 -0.541（$p<0.01$）和 0.426（$p<0.05$）。Yao 等（2016）的研究则发现，黄河口石油开采区的砂粒含量与 Cd 含量呈显著正相关关系（$r=0.488$，$p<0.05$）。

表 7-10 黄河口近岸海域沉积物粒度与 As 和重金属含量相关分析

指标	As	Cr	Ni	Cu	Zn	Pb	Cd	黏粒	粉粒	砂粒
As	1									
Cr	0.551**	1								
Ni	0.950**	0.547**	1							
Cu	0.742**	0.450**	0.784**	1						

续表

指标	As	Cr	Ni	Cu	Zn	Pb	Cd	黏粒	粉粒	砂粒
Zn	0.604**	0.124	0.576**	0.488**	1					
Pb	0.921**	0.598**	0.914**	0.730**	0.541**	1				
Cd	-0.512**	0.119	-0.537**	-0.390**	-0.460**	-0.399**	1			
黏粒	0.812**	0.488**	0.869**	0.763**	0.516**	0.808**	-0.464**	1		
粉粒	0.755**	0.292	0.774**	0.632**	0.531**	0.592**	-0.621**	0.789**	1	
砂粒	-0.794**	-0.344*	-0.822**	-0.683**	-0.547**	-0.659**	0.610**	-0.862**	-0.992**	1

* $p<0.05$；** $p<0.01$；$n=44$

虽然粒度组成是控制黄河口近岸海域沉积物中 As 和 6 种重金属空间变化的重要因素，但水动力条件的影响也不容忽视。不同的水动力及盐度条件通过改变物质的化学形态和空间输运而对沉积物中元素的地球化学过程产生显著影响。Liu 等（2016）研究表明，黄河的污染物主要向北输入到渤海湾，部分向南流入莱州湾。本书中，较高的 As、Cr、Ni、Cu、Zn 和 Pb 含量一般分布在黄河口附近以及离清水沟河口较远的海域。受黄河向北流入的影响，大量污染物沉积在黄河入海口附近。此外，由于受莱州湾顺时针洋流的影响，污染物也可能沉积在远离清水沟河口的东南方向海域（图 2-1）。沉积物中 As 和 6 种重金属含量的升高也可能与盐度下降有关。Tang 等（2010）研究表明，盐度对 As 和重金属的吸附和解吸均存在一定影响，故河口区淡水和海水的相互作用可能在一定程度上影响河口附近沉积物中 As 和重金属的含量。与黄河三角洲有关的历史记录也支持了这一假设。据报道，20 世纪 90 年代黄河下游沉积物的含盐量较高（5.3‰~6.0‰）（吴志芬等，1994），但这些沉积物中的重金属含量较低，特别是在 8 月份其重金属含量很低（芮玉奎等，2008）。因此，河口区因大量淡水稀释导致的较低盐度是其沉积物中 As 和重金属含量较高的一个重要原因。一般而言，Cd 污染物主要来自径流和大气输入（Gao et al., 2015）。排入河口的 Cd 污染物主要以溶解态存在，且大部分污染物可被输运至远离河口的海域。相比之下，大部分来自大气输入的 Cd 污染物沉积在近岸海域（Churc et al., 1984）。这些结果可较好地解释黄河口西北侧海域以及清水沟河口附近海域沉积物中较高的 Cd 含量，这些近岸海域因缺少径流输入而受水动力影响较弱，从而更有利于 Cd 污染物的富集。

7.4.2.3 重金属源解析及生态风险

1) 重金属源解析

为确定黄河口近岸海域沉积物中 As 和重金属的来源和途径,采用主成分分析法对其进行分析。根据特征值,两个主成分(PC1 和 PC2)解释了总方差的 82.43%(表 7-11)。其中,PC1 解释了总方差的 64.79%,且 Ni、Cu、Zn、Pb、As 在 PC1 有较高的正载荷。PC2 解释了总方差的 17.64%,且 Cr、Cd 在 PC2 上有较高的正载荷。上述结果说明,Ni、Cu、Zn、Pb 和 As 可能具有相似来源。相关分析表明,Ni、Cu、Zn、Pb 和 As 之间存在显著相关关系(表 7-10),进一步说明了这 5 种元素可能具有相似来源。As 和 6 种重金属与主成分的关系可通过地质成土特征或人为影响来解释(Zhang et al., 2016)。本书中,Ni、Cu、Zn、Pb 和 As 主要来源于天然成岩作用,明显受母岩控制。以往的研究表明,黄河下游的 As 主要来源于黄土高原的土壤侵蚀(Huang et al., 1988)和小浪底水库的细颗粒泥沙,其对黄河口沉积物中 As 的富集贡献很大。Zhang(1996)进一步研究表明,自 20 世纪 40 年代以来,As 在黄河河道和沉积物柱芯中的分布相对稳定,所以人为活动并未显著改变沉积物中 As 的含量。尽管如此,根据《中国海洋生态环境质量公报》(2003~2014 年),黄河入海的 As 总量为 567 t,平均每年为 51.5 t(国家海洋局,2017)。近年来,黄河流域的污染状况得到有效控制,黄河口 As 的入海量大幅度下降,但其通量仍维持在较高水平(图 7-36)。因此,今后应进一步加强对含 As 农药、木材防腐设施和矿山作业等人为污染源的管控(Järup, 2003),因为它们可能对黄河口近岸海域沉积物中的 As 富集具有重要影响。主成分分析还表明,Cr 和 Cd 可能具有另一个类似的来源(人为源)。工业废水排入黄河以及油田污染可能是 Cr 和 Cd 的主要来源(Lu et al, 2016)。Tang 等(2010)研究表明,黄河口近岸海水中的 Cd 浓度随河流输入和沿岸污染物排放的变化而变化。Zhang 等(2016)研究发现,胜利油田的化石燃料燃烧或泄漏是黄河口近岸海域沉积物中 Cr 和 Cd 的重要来源。此外,大气沉降可能也是黄河口 Cr 和 Cd 的另一个重要来源。Deboudt 等(2004)研究表明,重金属的湿沉降占其总输入量(包括直接排放、河流输入和大气沉降)的 20%~70%。Bai 等(2015)的研究进一步发现,黄河口湿地沉积物中的重金属(如 Cd、Cr)主要来源于大气沉降以及淡水或海水输入。

表 7-11 黄河口近岸海域沉积物中 As 及重金属元素的主成分分析

成分	特征值	方差解释贡献/%	累积贡献率/%	元素	PC1	PC2
1	4.535	64.79	64.79	As	0.964	0.029
2	1.235	17.64	82.43	Cr	0.571	0.745
3	0.522	7.46	89.89	Ni	0.969	0.021
4	0.361	5.16	95.04	Cu	0.838	0.055
5	0.225	3.21	98.25	Zn	0.674	−0.400
6	0.077	1.09	99.34	Pb	0.937	0.149
7	0.046	0.66	100.00	Cd	−0.554	0.703

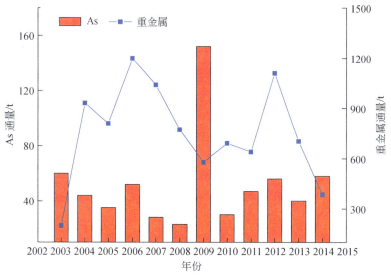

图 7-36 2003~2014 年黄河 As 及重金属入海通量

资料来源：国家海洋局（2017）

2）重金属污染及生态风险

地累积指数（I_{geo}）显示，黄河口近岸海域沉积物中 As 和 6 种重金属的污染水平依次为 Cd>Cu>As>Pb>Zn>Cr>Ni ［图 7-37（a）］。在所有采样站位中，Cr 和 Ni 的 I_{geo} 值均小于 0。Cu、As、Pb 和 Zn 的 I_{geo} 值为 0~1 的比例分别为 36.4%、18.2%、6.8% 和 4.5%。Cd 的 I_{geo} 值均大于 2，其 I_{geo} 值超过 3 的比例为 22.7%，超过 4 的比例为 2.3%。这些结果表明，黄河口近岸海域沉积物中 Cu、As、Pb、

Zn 的污染较轻，而 Cd 的污染较为严重。黄河口近岸海域沉积物中 As 和 6 种重金属的潜在生态风险大小表现为 Cd>As>Cu>Pb>Ni>Cr>Zn。所有站位 Cr、Ni、Cu、Zn、Pb 的单项潜在生态风险值（E_r^i）均小于 40，表明这些元素在近岸沉积物中具有较低风险。对 Cd 而言，所有站位中具有高风险的比例为 56.8%（$160 \leq E_r^i < 320$），具有极高的风险的比例为 43.2%（$E_r^i \geq 320$）。整体而言，6.8% 的站位具有中等程度风险（150<RI<300），4.5% 的站位具有极高程度风险（RI≥600），而 88.7% 的站位具有较高程度风险（300<RI<600）[图 7-37（b）]。

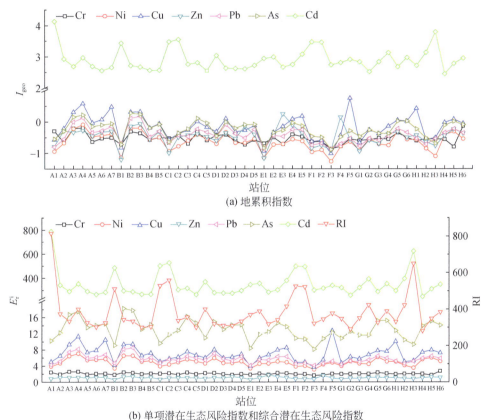

(a) 地累积指数

(b) 单项潜在生态风险指数和综合潜在生态风险指数

图 7-37 不同站位沉积物中 As 及重金属的地累积指数（I_{geo}）、单项潜在生态风险指数（E_r^i）和综合潜在生态风险指数（RI）

沉积物质量标准（SQG_s）已被广泛应用于确定沉积物的重金属污染水平。通过与《海洋沉积物质量》（GB 18668—2002）（NSPRC，2002）和 TEL/PEL SQG_s（Long et al.，1998）的比较，确定沉积物中重金属的污染状况。根据黄土中 As 和重金属含量的环境背景值（中国环境监测总站，1990），本书中全部站位的 Cd 含量超过本底值，47.7%～88.6%站位的 Cr、Ni、Cu、Zn、Pb 和 As 含量超过本底值。根据《海洋沉积物质量》（GB 18668—2002），所有站位的 Zn、Pb 和 As 含量均符合Ⅰ级标准（表7-12）。仅有 1 个站位（占所有站位的2.3%）的 Cr 含量超过Ⅰ级标准，18.2%站位的 Cu 含量超过Ⅰ级标准。然而，所有站位的 Cd 含量超过Ⅰ级标准，13.6%站位的 Cd 含量超过Ⅱ级标准（表7-12），说明黄河口近岸海域沉积物中的 Cd 污染可能更为突出。根据 TEL/PEL SQG$_s$（表7-12），本书中所有站位的 Zn 含量未超过 TEL 值，6.8%站位的 Cr、6.8%站位的 Cu 和13.6%站位的 Pb 含量超过相应的 TEL 值。然而，所有站位的 Ni、As 和 Cd 含量均超过了相应的 TEL 值，表明这三种元素可能会对水生生物造成潜在危害。整体而言，在黄河口近岸海域沉积物中，Cd 是主要污染物，而 Ni、Cu 和 As 次之。

表 7-12　黄河口近岸海域沉积物中 As 和重金属含量与黄土母质及沉积物质量基准（SQG$_s$）对比

参数		Cr	Ni	Cu	Zn	Pb	As	Cd	参考文献
重金属含量/（mg/kg）		48.68～80.37（61.62）	17.31～39.16（27.30）	15.71～53.64（29.35）	42.43～115.34（71.25）	17.59～36.67（24.60）	8.67～19.55（13.83）	0.78～2.50（1.11）	本书
环境背景值（mg/kg）									
黄土母质		59	27.8	21.1	64.5	21.6	10.7	0.095	中国环境监测总站（1990）
沉积物质量基准（SQG$_s$）（mg/kg）									
TEL		52.3	15.9	18.7	124	30.2	7.2	0.68	MacDonald 等（1996）
PEL		160.4	42.8	108.2	271	112.2	41.6	4.21	
《海洋沉积物质量》（GB 18668—2002）	Ⅰ级	80	—	35	150	60	20	0.5	NSPRC（2002）
	Ⅱ级	150	—	100	350	130	65	1.5	

注：括号内数值为均值

根据地累积指数（I_{geo}）评估，黄河口近岸海域沉积物受到 Cu、Cd、As、Pb 和 Zn 的污染，其中 Cd 的污染较为严重。虽然这一结论与利用不同 SQG$_s$ 进行污染评价的结果基本一致，但 Cu、Ni 和 As 的污染水平可能被低估，因为 TEL/PEL 以及《海洋沉积物质量》（GB 18668—2002）均显示，本书的站位受到了这三种元素的污染。本书还表明，黄河口近岸海域沉积物中的 Cd 具有很高的潜在毒性风险。尽管基于 I_{geo} 和 SQG$_s$ 评价得出的 Cu、Ni 和 As 污染水平较高，但其潜在风险较低。如前所述，近年来黄河流域的污染治理取得了一定成效，黄河口 As 和重金属的入海通量大幅度下降，但其通量仍保持在较高水平（图 7-36）。因此，在不采取措施对污染物负荷进行有效管控的前提下,未来黄河口近岸海域沉积物中的重金属污染(尤其是 Cd)依然可能比较严重。

3)调水调沙工程对重金属污染及生态风险的影响

为明确调水调沙工程长期实施影响下黄河口近岸海域沉积物中 As 和重金属的污染状况及生态风险,将本书结果与已有研究结果进行了对比(图 7-38)。研究发现,调水调沙工程实施之前,沉积物中的 As 和重金属含量均很低,但 2002 年调水调沙工程实施后,其含量显著增加。随着调水调沙工程的连续实施,沉积物中 As 和重金属含量的变化大致可划分为 2002~2010 年(第 I 阶段)和 2010~2014 年(第 II 阶段)两个阶段。在第 I 阶段,尽管沉积物中的 Cr、Ni、Cu、Zn、Pb 和 As 含量存在波动,但其值呈较大幅度降低趋势。然而,Cd 含量在这一时期并未显示出明显变化。在第 II 阶段,尽管沉积物中的 As 和重金属呈一定的波动变化,但整体呈明显增加趋势(图 7-38)。这些结果显示,在实施调水调沙工程 9 年后(至 2010 年),黄河口近岸海域沉积物中的 As 和重金属(尤其是 Cd)又发生了持续富集。沉积物中 As 和重金属的含量变化可能与过去 13 年来沉积物粒度的变化有关。调水调沙工程实施后,输入渤海的悬沙的中值粒径达到 22.5 μm,远高于其在 1996~2002 年的中值粒径平均值(17.2 μm)(Bi et al.,2014)。2010 年,黄河口的沉积环境可能因入海水沙的变化而发生较大改变。2002~2009 年,每年一般实施一次或两次调水调沙(大多年份只进行 1 次),但在 2010 年共进行了 3 次调水调沙(表 1-1)。正是如此,2010 年的径流量和输沙量因多次调水调沙的实施而变化很大,其分别占该年总径流量和总输沙量的 44.0% 和 81.9%,说明黄河输沙能力有了显著提升(李松等,2015)。在黄河尾闾河段,大量泥沙(特别是粗颗粒泥沙)沉积在河道中,而较细的悬沙则被输运至河口,并沉积在黄河口近岸海域(Chu et al.,2006;Bi et al.,2014)。结果导致悬浮颗粒物的中值粒径减小(平均值接近 14 μm),远低于其在 2002~2009 年的中值粒径平均值(26.0 μm)(李松等,2015)。Liu 等(2016)研究表明,重金属含量与颗粒物平均粒径呈显著正相关。Ahfir 等(2007)研究发现,随着水动力的增加,细颗粒物很难被沉积在河道中,加之重金属与细颗粒之间存在显著相关关系,大量重金属被输运至黄河口附近海域。上述结果表明,调水调沙工程实施后,2002~2009 年,中值粒径的增加导致黄河口近岸海域沉积物中 As 和重金属含量逐渐下降(图 7-38)。2010 年,虽然悬浮颗粒物的中值粒径大幅度下降,但 As 和重金属含量不但没有增加反而大幅度下降(图 7-38),这主要与河口较低的 As 和重金属入海通量(图 7-36)以及较高的入海径流量($188.20 \times 10^9 \mathrm{m}^3/\mathrm{a}$)有关(黄河水利委员会,2017)。然而,2011~2013 年黄河下游河道冲刷,悬浮泥沙的中值粒径逐渐减少

（从 16 μm 减少到 13 μm）（李松等，2015），这就导致了黄河口近岸海域沉积物中重金属含量的增加。2014 年，除 Cd 外，黄河口近岸海域沉积物中的 As 和其他重金属含量均有所下降，这可能与此间 As 和重金属的入海通量降低（图 7-36）以及 2012~2013 年黄河流域污染得到有效控制有关（国家海洋局，2017）。此外，黄河泥沙入海量从 2011~2013 年的 $0.926 \times 10^8 \sim 1.830 \times 10^8$ t/a 显著下降到 2014 年的 0.301×10^8 t/a（黄河水利委员会，2017），说明泥沙入海量的降低是 As 和重金属含量下降的另一个重要原因。与 As 和其他重金属相反，沉积物中的 Cd 含量随调水调沙工程的长期实施呈小幅度增加趋势。一方面，如前所述，2011~2014 年黄河口近岸海域沉积物中的 Cd 富集可能受到径流和大气沉降的明显影响；另一方面，近年来黄河口近岸海域船舶数量的增加以及频繁的近海作业可能也是沉积物中 Cd 含量增加的重要原因。基于以上分析可得出如下结论，即随着调水调沙工程的长期实施，黄河口近岸海域沉积物中的 As 和重金属在未来几年可能会持续富集，而其产生的潜在生态风险亟须得到重视。

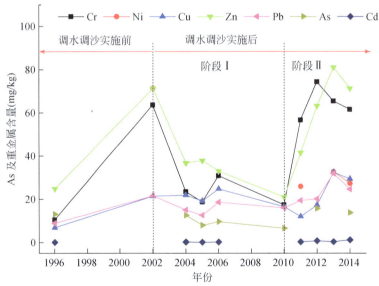

图 7-38　本书研究与已有研究关于黄河口近岸海域沉积物中 As 及重金属含量对比
数据来源：芮玉奎等（2008）；王贵 & 张丽洁（2002）；吴晓燕等（2007）；Zhang et al.（2015）；
吴斌等（2013）；Zhuang & Gao（2014）；赵明明等（2016）；Gao et al.（2015）；
2014 年数据为本书研究测定值

第 8 章 研究结论与建议

8.1 主要研究结论

8.1.1 辽东湾近岸海区

(1) 辽东湾海域表层沉积物以粉砂为主 (59.2%),其次为砂 (29.7%) 和黏土 (11.1%)。辽东湾海域共鉴定出 3 种沉积物类型,即粉砂质砂、砂质粉砂和粉砂,其中砂质粉砂分布面积广,是该海域的主要沉积物类型。辽东湾海域表层沉积物的平均粒径自北偏东方向向南过渡过程中呈现出由粗变细趋势,且在向南部海域过渡过程中,砂质组分逐渐被粉砂质组分或黏土质组分取代。辽东湾海域的表层沉积物主要来源于周边河流挟带的泥沙,而潮流和沿岸流对其分布起着关键控制作用。

(2) 辽东湾海域表层沉积物中共鉴定出轻矿物 9 种,平均含量为 96.8%,以石英和长石为主;重矿物 33 种,平均含量为 3.2%,以闪石类、帘石类和金属矿物为主。由于华东构造块体和胶辽朝构造块体的基岩差异,辽东湾海域表层沉积物中闪石类、金属矿物含量差异显著,并且在东–西方向可分成 W 区与 E 区两个矿物组合区,而据辽东湾周边不同蚀源区差异以及风化、搬运分异规律,又可将其分为 4 个矿物组合亚区。研究发现,影响辽东湾海域沉积环境的主要因素是物源,次要因素是水动力条件,二者对辽东湾海域碎屑矿物组成的解释贡献分别为 41.9% 和 22.7%。

(3) 辽东湾海域表层沉积物中 Mn、V、Zn、Cr、Pb、Ni、Cu、As、Co 和 Cd 的平均含量分别为 551.88 mg/kg、49.81 mg/kg、44.80 mg/kg、33.47 mg/kg、18.85 mg/kg、15.32 mg/kg、14.83 mg/kg、11.72 mg/kg、11.72 mg/kg 和 0.14 mg/kg。其中,Pb 含量与黄河口海域和莱州湾相近,但明显低于渤海湾西部和辽东海域。Cu 含量与莱州湾相近,但均低于其他海域。Zn 含量略低于莱州湾和黄河口海域,但明显低于渤海湾西部和辽东海域。As 含量与辽东海域、黄河口海域及莱州湾相近,但明显低于渤海湾西部。Cr 含量明显低于辽东海域、黄河口海域、渤海湾西部和莱州湾。Cd 含量略高于莱州湾，而与黄河口海域以及渤海湾西部相近，但明显低于辽东海域。

（4）辽东湾海域表层沉积物中 Cd 含量的高值区主要分布于辽东湾的北部海区，而低值区主要分布于辽东湾的西南近岸海区。其他 9 种元素的空间分布特征较为相似，高值区主要分布于辽东湾西南近岸海区，而低值区主要分布于辽东湾北部和东南部海区。整体而言，重金属含量高的海区主要为大石河口附近海区以及滦河口东南部海区，其次为复洲河口附近海区。重金属含量低的海区主要包括洋河口附近海区、滦河口附近海区、六股河口附近海区以及辽东湾北部海区。研究区的重金属含量及分布主要受沉积物粒度、入海河流、海洋水动力、近岸海水养殖以及周边工农业发展的影响。

（5）辽东湾海域所有站位表层沉积物中的 Zn、Pb、Cu、Cd 含量均低于中国海洋沉积物质量Ⅰ级标准，大部分站位的 Cr、Ni 含量低于Ⅰ级标准，而大部分站位的 As 含量高于Ⅰ级标准。地累积指数的研究亦表明，研究区表层沉积物中的 As 污染较为突出。大石河口附近海区以及滦河口东南海区沉积物中的 Cr、Cu 含量明显高于 TEL 但低于 PEL，其毒性效应会偶尔发生。六股河口、狗河口和大石河口附近海区以及滦河口东南海区沉积物中的 Ni 含量明显高于 PEL，其毒性效应可能频繁发生。六股河口和大石河口附近海区、滦河口东南海区以及复州河口附近海区沉积物中的 As 含量明显高于 PEL，其毒性效应亦可能频繁发生。

（6）辽东湾海域所有站位表层沉积物中 Zn、V、Co、Pb、Cu、Mn、Ni、Cr 的单项潜在生态风险指数（E_r^i）均低于 40，潜在生态风险非常低；As 和 Cd 的 E_r^i 值在部分海区介于 40～80，甚至高于 80，存在中等或较高潜在生态风险。研究区大部分站位沉积物中重金属的综合潜在生态风险指数（RI）值均低于 150，整体存在较低生态风险，Cd 和 As 是产生生态风险的主要重金属。

上述研究结果在一定程度上揭示了辽东湾周边河流沉积物输入对近岸海域沉积物物源、矿物分区与特征以及元素地球化学特征的影响。

8.1.2 曹妃甸近岸海区

（1）曹妃甸近岸海区沉积物以粉砂为主（45.2%），其次是砂（30.2%）和黏土（24.6%）。研究区表层沉积物的粒度分布受物源、水动力等自然因素以及围填海工程等人为因素的共同影响。大规模围填海工程的长期实施对曹妃甸近岸海区粒径小于 63 μm 的沉积物存在明显的搬运作用，而对粒径大于 63 μm 沉积物的搬运作用影响较小。近十年来，曹妃甸甸头沉积物由以粉砂-砂为主转变为以砂为主，而曹妃甸甸西沉积物由以砂-粉砂为主逐步转变为以粉砂为主，细化趋势较为明显。

（2）曹妃甸近岸表层沉积物中四种黏土矿物含量依次为伊利石（58.5%）>蒙皂石（24.9%）>绿泥石（9.9%）>高岭石（6.7%）。蒙皂石含量分布主要受物源和水动力的影响，而伊利石、绿泥石和高岭石的分布明显受到水动力的影响。尤其是曹妃甸近岸由于冲淤关系的演变，黏土矿物中的伊利石、高岭石和绿泥石分布特征与围填海导致的水动力改变密切相关。

（3）曹妃甸近岸海区表层沉积物中共鉴定出重矿物29种，轻矿物11种。研究区的表层沉积物整体以轻矿物为主，平均含量为96.6%，而重矿物含量较低，平均为3.4%。研究区的优势重矿物主要有普通角闪石、绿帘石和自生黄铁矿，其中普通角闪石所占比例在曹妃甸近岸海区达到最大值；优势轻矿物主要有石英、斜长石和风化碎屑，其中石英所占比例也在曹妃甸近岸海区达到最大值。

（4）大规模围填海工程在改变曹妃甸岸线形态的同时也改变了其冲淤环境，使得碎屑矿物组分在围填海前后发生了一定变化。围填海工程长期实施导致潮流通道变窄，近岸潮流流速增大，使得大量细颗粒黏土矿物被冲走，碎屑矿物含量相对增加，空间分异明显。围填海工程长期实施未对重矿物的空间分布及分选规律产生深刻影响，重矿物受物源影响大于受水动力影响。围填海工程的实施进一步加强了曹妃甸的岬角效应，水流加速，甸前深槽冲刷明显，近岸海床以轻微冲刷为主，导致伊利石、高岭石和绿泥石含量均较低；在曹妃甸西侧，海床演变为以淤积为主，导致这三种黏土矿物的含量均较高。

（5）曹妃甸近岸表层沉积物中 Cd、Cr、Cu、Ni、Pb 和 Zn 的含量范围分别为 0.20～0.65 mg/kg、27.16～115.70 mg/kg、11.14～39.00 mg/kg、17.37～65.90 mg/kg、15.08～24.06 mg/kg 和 41.64～139.56 mg/kg，均值为 0.36 mg/kg、78.64 mg/kg、29.07 mg/kg、41.35 mg/kg、21.11 mg/kg 和 89.60 mg/kg。除 Cd 外，其他元素含量一般高于其他海湾或河口。相对于研究区的东南侧和西南侧海区，曹妃甸近岸海区沉积物中的 Cd 含量普遍较低。Cr、Cu、Ni 和 Zn 含量的空间分布特征较为相似，其在研究区东部和西部海区沉积物中的含量均较低。Pb 在曹妃甸近岸海区以及渤海湾中部沉积物中的含量较高，而在西部海区沉积物中的含量较低。

（6）水动力条件和颗粒组成是影响沉积物中重金属分布的主要因素。曹妃甸围填海工程的实施使得渤海湾北部的洋流通道变窄，老龙沟海区的细颗粒沉积物被大量冲刷，但这些细颗粒难以沉积在东部海区和曹妃甸岬角附近，导致老龙沟海区以及曹妃甸岬角附近沉积物中的重金属含量较低。Fe/Mn 氧化物或氢氧化物可能是影响研究区（特别是曹妃甸西侧海区）沉积物中重金属空间分布的重要因素。沉积物中 Cd、Cr、Cu、Ni、Pb 和 Zn 之间存在极显著或显著正相关关系，说明这六种重金属的来源可能具有相似性。

（7）曹妃甸近岸表层沉积物中 Cd 存在明显富集，Cr、Ni 存在较少富集，Pb、Zn 存在轻微富集，而 Cu 几乎未出现富集。研究区表层沉积物中的重金属污染水平较低，Cd 处于中度至重度污染水平，Cr、Ni 处于未污染至中度污染水平，而 Cu、Pb、Zn 处于未污染水平。研究区表层沉积物中 Cd 的潜在生态风险处于较高水平，而其他重金属的潜在生态风险非常低。研究区表层沉积物中重金属的 ΣTU_s 低于 4.0，其毒性生态风险很低。曹妃甸的围填海工程并未导致近岸海区沉积物中重金属的明显富集，且生态风险亦不高；特别是老龙沟海区以及曹妃甸岬角附近海区沉积物中的重金属处于低污染水平，且生态风险很低，而这主要与该区的围填海方式以及曹妃甸近岸海区的水动力条件有关。

上述研究结果在一定程度上揭示了大规模围填海工程对曹妃甸近岸及周边海区沉积物物源、沉积环境以及元素地球化学特征的影响。

8.1.3　龙口湾近岸海区

（1）龙口湾表层沉积物的粒度组成主要以粉砂为主（62.9%），黏土（18.1%）和砂（19.1%）含量相近，其与渤海和莱州湾沉积物的粒度组成差异不大。龙口湾表层沉积物中的黏土矿物组成与莱州湾沉积物相近，其不同组分含量表现为伊利石>蒙皂石>绿泥石>高岭石，但个别矿物的含量仍存在一定差异。

（2）龙口湾表层沉积物中共鉴定出重矿物 22 种，轻矿物 11 种。研究区的表层沉积物整体以轻矿物为主，平均含量为99.4%，而重矿物含量较低，平均含量为 0.6%。研究区的优势重矿物主要为普通角闪石、云母类和绿帘石，而优势轻矿物为石英、斜长石、钾长石和风化云母。石英含量在研究海域较高，高值区出现在龙口湾湾内和屺姆岛西侧的表层沉积物中。相比于莱州湾和渤海湾，龙口湾海区表层沉积物中的轻、重矿物比例有所改变，轻矿物含量增加，而重矿物含量降低。

（3）尽管龙口湾的表层沉积物仍以沿岸河流输沙、风沙和岛岸侵蚀为主，但沿岸大规模人工岛群建设已对龙口湾的水动力条件和冲淤特征产生较大影响，并对沉积物的组合特征产生一定影响。在粒度组成上，黏土含量略有升高，砂含量略有下降；在黏土矿物组成上，蒙皂石含量升高，绿泥石和高岭石含量下降，而伊利石含量变化不大；在碎屑矿物组成上，普通角闪石含量剧增，绿帘石含量降低，斜长石含量剧减，而钾长石含量变化不大。

（4）尽管龙口湾表层沉积物中的重金属平均含量在两个年份均表现为 Cr>Zn>Cu>Ni>Pb>Co>As>Cd>Hg，但相较于2013 年，Pb、Cd、Ni、Hg 和 As 的平均含量在2014年均存在不同程度的升高（Pb的增幅最大），而其他重金属含量均呈不同程度的降低（Cr降幅最大）。与2013年沉积物中的重金属空间分布特征相比，2014年沉积物中的重金属含量在龙口湾湾内和屺姆岛西部海域略有增加，而在人工岛建设海域西部存在小幅度降低。

（5）龙口湾表层沉积物中大多数重金属之间不存在显著相关关系，说明重金属之间的关联性不大，具有不同的自然或人为来源。2013年沉积物中的Pb、Zn、Co、Ni和Hg可能具有相似来源，主要受地表径流和矿物风化等自然源的影响；Cd和Cr的来源相似，主要受沿海工业废水和农业污染源的影响。与之相似，2014年沉积物中的Pb、Cu、Zn、Co和Ni具有相似来源，亦主要受地表径流和矿物风化等自然源的影响；Cd、Cr和Ni的来源相似，亦主要受沿海工农业污水排放源的影响。不同的是，Hg可能为单独来源，主要受采矿、冶炼和化工排放等人为来源的影响。

（6）龙口湾表层沉积物中的Cu、Cd和Hg含量均高于莱州湾和黄河口，而其他元素含量与其较为接近。与渤海湾相比，研究区沉积物中的Pb、Zn、As含量较低，而Cd、Hg含量较高。与受人类影响较大的胶州湾相比，研究区沉积物中的Zn、Cd含量较低，而Cr含量较高。相对于莱州湾东岸，龙口湾海域沉积物中的重金属含量较高。龙口湾内水动力较弱，加之大规模人工岛建设可对龙口湾的泥沙输运产生很强的阻隔作用，使得污染物不易被稀释扩散，造成沉积物中的重金属含量整体较莱州湾（含莱州湾东岸）和黄河口海区高。莱州湾内潮流场对沉积物的较强扩散作用亦可能导致其东岸沉积物中的重金属含量相对于龙口湾海区低。

（7）龙口湾所有站位的内梅罗污染指数在2013年均介于1~2.5，沉积物整体处于轻度污染水平。与之相比，2014年研究区60%的站位处于轻度污染水平，40%的站位处于中度污染水平，2014年沉积物的污染水平较2013年有所提高。Cd是研究区沉积物中最重要的污染物，其污染威胁在2014年略有增加。研究区沉积物中重金属的RI值在2013年和2014年分别为99.31~138.81和103.31~210.81，平均为126.65和152.76，其生态风险在2013年整体较低，而在2014年呈增加趋势，为中度生态风险。研究区沉积物中重金属的潜在生态风险主要由Cd和Hg引起，并以Cd的潜在生态风险最高。因此，加强大规模离岸人工岛群建设影响下沉积物中重金属特别是Cd的持续监测、风险评估及预警研究尤为必要。

相对于莱州湾海域的大范围研究，对龙口湾海域较小范围的沉积物粒度、黏土矿物及碎屑矿物组成特征的研究，可在一定程度上揭示大规模离岸人工岛群建设对龙口湾沉积环境及元素地球化学特征的影响。

8.1.4 黄河口近岸海区

（1）1964~2012年，黄河入海年径流量整体呈先增加后降低而后又增加变化，而年输沙量和水沙系数均呈先增加后降低变化。在突变检验上，年输沙量在1967年、1974年、1976年和1984年存在突变，而年径流量和水沙系数无明显突变点。黄河入海水沙序列在周期性上均存在明显的多时间尺度特性，且以水沙系数的多时间尺度特性最强，其次为年径流量。黄河入海水沙变化是自然因素和人为因素共同作用的结果，但不同因素在各流路时期的影响程度不尽相同。自然因素主要表现为黄河流域降水格局变化，而人为因素主要表现为黄河流域水土保持措施的实施、水库修建以及工农业生产和生活用水的增加，但以水利工程对入海水沙的影响较为明显。

（2）黄河口近岸冲淤变化以及水下岸坡的发育、演变是以泥沙输运为媒介的水动力因素与岸滩地貌相互作用的过程。1971~1975年刁口河流路行水期间，刁口河近岸呈淤积状态，淤积中心速率高达2.1 m/a。1976年黄河改道清水沟流路入海，致使1976~1985年刁口河流路附近浅海水域因缺少泥沙补给而在海洋水动力作用下呈明显侵蚀状态，平均侵蚀速率为1.5 m/a；清水沟流路附近海域呈明显淤积状态，淤积速率约为1.5 m/a。1992~1996年属于黄河的断流期，入海水动力急剧下降，致使水沙仅在入海口附近呈明显淤积状态，中心淤积速率约为5 m/a。1996年黄河改道清8汊流路入海，清8汊流路入海口附近海域在1996~1999年呈淤积状态，平均淤积速率为1.5 m/a；清水沟流路附近海域呈侵蚀状态，侵蚀速率约为0.5 m/a。尽管不同时期黄河口近岸淤积中心在海洋水动力等作用下有所偏移，但仍能较好地说明黄河改道致使入海泥沙量的变化是近岸冲淤变化及水下岸坡发育、演变的主要因素。

（3）黄河尾闾河段表层沉积物主要以砂粒为主（平均为67.1%），而河口区主要以粉粒为主。汛前或汛后尾闾河段及河口区表层沉积物中共鉴定出重矿物31种，轻矿物11种。尾闾河段沉积物整体以轻矿物为主，占比达99%以上。重矿物优势矿种共8种，分别为普通角闪石、绿帘石、褐铁矿、阳起石、水黑云母、石榴子石、榍石和碳酸盐，其中普通角闪石占比高达30.0%，是主要标志性重矿物；轻矿物优势矿种共3种，分别为石英、斜长石及钾长石，其中石英占比高达59.8%，是主要优势矿种，并可用于确定物源。比较而言，汛后8种重矿物含量之和比汛前增加3.7%，尤其是普通角闪石，其在汛后占比较汛前增加8.6%。与之不同，轻矿物含量在汛前与汛后差异不大，但沿程变化明显。尽管调水调沙工程在改变尾闾河段水动力的同时并未使其轻矿物组分发生明显改变，但却导致重矿物沉积分异较为明显。

（4）黄河口近岸海域表层沉积物的粒度组成主要以粉砂为主（59.1%），砂含量相对较高（23.5%），而黏土含量相对较低（17.4%），与渤海和黄河沉积物的粒度组成存在较大差异。调水调沙工程使得沉积物粒径粗化，其粒度受陆源的影响更为显著。黄河口近岸海域的黏土矿物组成与黄河沉积物相近，但较调水调沙工程实施前存在较大差异，其不同组分含量整体表现为伊利石>蒙皂石>绿泥石>高岭石。相对于渤海海域的大范围研究，对黄河口近岸海域的局部研究可揭示调水调沙工程长期实施对河口及周边海域沉积环境的影响。

（5）表层沉积物中的重金属含量在黄河尾闾河段整体表现为Cr>Zn>Ni>Pb>Cu>Cd，而在河口区表现为Zn>Cr>Ni>Pb>Cu>Cd。河口区表层沉积物中Ni、Cu、Zn、Pb的含量要高于尾闾河段。尾闾河段及河口区沉积物中Cd的平均EF值分别为6.04和3.84，说明尾闾河段及河口区受人为污染的影响均比较明显。尾闾河段沉积物中重金属来源复杂，主要为工农业排放，而其在河口区沉积物中主要源于石油开采、船舶航运以及硫化物的影响。尾闾河段沉积物中Cu、Zn、Pb以及河口区沉积物中Zn、Pb的毒性效应很少发生；尾闾河段沉积物中Cr、Cd、Ni以及河口区沉积物中Cd、Ni、Cr、Cu的毒性效应会偶尔发生，说明尾闾河段和河口区表层沉积物中的重金属生态毒性风险均较低。尽管河口区表层沉积物中Cd的生态毒性风险不高，但富集明显，因此未来应重点加强河口区表层沉积物中Cd的生态风险防范。

（6）黄河口近岸海域表层沉积物中的As和重金属含量整体表现为Zn>Cr>Cu>Ni>Pb>As>Cd。黄河入海口及河口东南侧海域细颗粒沉积物中的As、Cr、Ni、Cu、Zn和Pb含量均较高，这与两个海区黏粒的空间分布特征较为一致。黄河口西北部以及清水沟河口附近海域的Cd含量普遍较高，且Cd的空间分布与砂粒的空间分布相似。沉积物质量基准（SQG_s）和地累积指数（I_{geo}）均显示，黄河口近岸海域表层沉积物受到Cu、Cd、As、Pb、Zn的污染，且以Cd的污染较为突出。单项潜在生态风险指数（E_r^i）显示，Cr、Ni、Cu、Zn、Pb、As在近岸海域沉积物中具有较低风险，而Cd具有较高毒性风险。综合潜在生态风险指数（RI）表明，6.8%的站位存在中度风险，4.5%的站位存在极强风险，88.7%的站位存在较强风险。Ni、Cu、Zn、Pb、As可能具有同源性，而Cr、Cd可能具有另一个类似来源（人为源）。

（7）随着调水调沙工程的长期实施，黄河口近岸海域沉积物中的As和6种重金属含量变化大致可划分为2002~2010年（第Ⅰ阶段）和2010~2014年（第Ⅱ阶段）两个阶段。在第Ⅰ阶段，尽管沉积物中的Cr、Ni、Cu、Zn、Pb和As含量存在波动，但其值呈较大幅度降低趋势。不同的是，Cd含量在这一时期并未显示出明显变化。在第Ⅱ阶段，尽管沉积物中的 As 和重金属呈一定的波动变化，但整体呈明显增加趋势。随着调水调沙工程的长期实施，黄河口近岸海域沉积物中的 As 和重金属（特别是 Cd）在未来几年可能会持续富集。Cd、As、Ni 和 Cu 在沉积物中的富集程度可能更为明显，故其所产生的生态毒理风险可能亦会加大。下一步，在不采取有效措施对污染物入海通量进行有效管控的前提下，黄河口近岸海域沉积物中的重金属污染可能会对海洋生物产生长期潜在影响。

上述结果在一定程度上揭示了调水调沙工程的长期实施对黄河口近岸海区沉积环境及元素地球化学特征的影响。

8.2　存在问题及建议

本书关于环渤海典型近岸海区沉积环境的研究结果有助于深化对环渤海沉积环境及沉积物输运的认识，并可为渤海近岸环境的污染防治提供重要科学依据。然而，本书对辽东湾近岸海区、曹妃甸近岸海区和龙口湾近岸海区的沉积环境研究相对较弱，一方面是缺乏较大规模和较长时间尺度的系统研究，另一方面是缺乏基于粒度参数及矿物组成特征的沉积物输移趋势和沉积环境演变等方面的研究。

(1) 辽东湾近岸海区的沉积物物源受周边河流影响显著，但因采样条件限制未对沉积物柱样进行采集，加之未对沉积物中的黏土矿物组成特征进行研究，故尚不能明确沉积物的变迁史。近年来，辽东湾周边经济发展迅速，环境问题越来越突出，而这将对辽东湾近岸海域的沉积环境产生深刻影响，故下一步应对上述工作进行加强。

(2) 自 2004 年曹妃甸实施大规模围填海工程以来，实际围填海面积高达 310 km^2，其对曹妃甸近岸沉积环境必然会产生一定的影响。曹妃甸经济发展迅速，大量重工业迁至此处，将来会面临更严峻的环境问题，特别是污染物的来源、迁移、转化以及其对近岸海域沉积环境的影响尚未开展相应的研究工作，故下一步应加强此方面的长期研究。

(3) 自 2011 年龙口湾大规模离岸人工岛建设以来，当年累计完成围填海工程量 6.3×10^7 m^3，2012 年上半年完成围堰长度 120 km，完成总工程量 1.2×10^8 m^3。截至 2015 年，填海造地面积累计 47 km^2，围填海工程巨大。随着龙口湾周边经济的快速发展以及大规模人工岛群建设的持续进行，龙口湾面临的人口及环境压力会越来越大，而这将对龙口湾近岸海域的沉积环境产生深刻影响，故下一步应加强此方面的长期研究。

(4) 黄河口近岸海区的沉积环境受入海水沙影响显著，特别是 2002 年以来实施的调水调沙工程在很大程度上改变了河口及近岸海区的沉积环境。然而，关于调水调沙工程长期实施影响下河口及近岸海区的地形地貌演变以及沉积物输运趋势研究还比较薄弱。随着调水调沙工程的长期实施，黄河入海水沙量的年际变化可能会对近岸海区的沉积环境特别是沉积物的矿物组成和元素地球化学特征产生深刻影响，而这也是下一步应持续加强的研究工作。

本书关于元素地球化学特征的研究主要侧重于重金属，而对常量元素、稀土元素地球化学特征以及持久有机性污染物（POPs）的研究尚未涉及。另外，现有关于重金属的研究主要侧重于其分布特征、影响因素及生态风险，而关于重金属的形态以及重金属在沉积物中的迁移与转化机制的研究尚未涉及，故应在未来研究中进行加强。

参 考 文 献

安立会,郑丙辉,张雷,等.2010.渤海湾河口沉积物重金属污染及潜在生态风险评价.中国环境科学,30(5):666-670.

安永宁,吴建政,朱龙海,等2010.龙口湾冲淤特性对人工岛群建设的响应.海洋地质动态,26(10):24-30.

毕聪聪.2013.渤海环流季节变化及机制分析研究.青岛:中国海洋大学.

边淑华,杨玉娣,田梓文,等.2006.龙口湾拦江沙坝冲淤稳定性研究.海岸工程,25(4):18-24.

蔡锋,陈承惠,陈峰,等.1992.临海工程建设对厦门北面海域底质粒级组成的影响.台湾海峡,11(1):2-7.

曹芳.2008.青岛近海表层沉积物中持久性有机污染物的分布及来源解析.青岛:中国海洋大学.

陈斌,黄海军,梅冰.2009.小清河口海域泥沙运动特征.海洋地质与第四纪地质,29(5):35-42.

陈斌.2008.长江口附近海域三维悬浮泥沙的数值模拟研究.青岛:中国科学院研究生院(海洋研究所).

陈丽蓉,栾作峰,郑铁民,等.1980.渤海沉积物中的矿物组合及其分布特征的研究.海洋与湖沼,11(1):46-64.

陈丽蓉,申顺喜,徐文强,等.1986.中国海的碎屑矿物组合及其分布模式的探讨.沉积学报,4(3):87-96.

陈丽蓉,时英民,申顺喜,等.1982.闽南-台湾浅滩大陆架海绿石的研究.海洋与湖沼,13(1):35-47.

陈丽蓉.1989.渤海、黄海、东海沉积物中矿物组合的研究.海洋科学,13(2):1-8.

陈丽蓉.2008.中国海沉积矿物学.北京:海洋出版社.

陈亮,李团结,杨文丰,等.2016.南海北部近海沉积物重金属分布及来源.生态环境学报,25(3):464-470.

陈明,蔡青云,徐慧,等.2015.水体沉积物重金属污染风险评价研究进展.生态环境学报,24(6):1069-1074.

陈明波.2012.莱州浅滩对莱州湾东部沉积动力格局的控制作用研究.青岛:中国海洋大学.

陈平平,葛晨东,殷勇,等.2005.黄海辐射沙洲沉积物地球化学特征及其环境意义.海洋科学,29(5):10-16.

参 考 文 献

陈小英, 陈沈良, 刘勇胜. 2006. 黄河三角洲滨海区沉积物的分异特征与规律. 沉积学报, 24 (5): 714-721.

陈艳丽, 田凤玲, 郭志全. 2012. AHP决策模型在狗河流域规划环评中的应用. 东北水利水电, 30 (6): 1-2, 7, 71.

陈燕珍, 孙钦帮, 王阳, 等. 2015. 曹妃甸围填海工程开发对近岸沉积物重金属的影响. 海洋环境科学, 34 (3): 402-405.

陈永胜. 2012. 渤海湾西岸中更新世晚期以来的海相地层与沉积环境演化. 长春: 吉林大学.

陈则实, 王文海, 吴桑云. 2007. 中国海湾引论. 北京: 海洋出版社.

程波. 1989. 龙口湾表层沉积物的地球化学. 海洋学报, 11 (6): 722-729.

迟清华. 2007. 应用地球化学元素丰度数据手册. 北京: 地质出版社.

丁平兴, 贺松林, 张国安, 等. 1997. 湛江湾沿岸工程冲淤影响的预测分析: II. 冲淤的数模计算. 海洋学报, 19 (1): 64-72.

窦衍光, 刘京鹏, 李军, 等. 2013. 辽东湾东部砂质区沉积物粒度特征及其物源指示意义. 海洋地质与第四纪地质, 33 (5): 27-34.

窦衍光. 2007. 长江口邻近海域沉积物粒度和元素地球化学特征及其对沉积环境的指示. 青岛: 国家海洋局第一海洋研究所.

范德江, 杨作升, 毛登, 等. 2001. 长江与黄河沉积物中黏土矿物及地化成分的组成. 海洋地质与第四纪地质, 21 (4): 7-12.

方建勇, 陈坚, 王爱军, 等. 2012. 台湾海峡表层沉积物的粒度和碎屑矿物分布特征. 海洋学报, 34 (5): 91-99.

丰爱平, 夏东兴, 谷东起, 等. 2006. 莱州湾南岸海岸侵蚀过程与原因研究. 海洋科学进展, 24 (1): 83-90.

冯利, 冯秀丽, 宋湦, 等. 2018. 莱州湾表层沉积物粒度和黏土矿物分布特征与运移趋势分析. 海洋科学, 42 (2): 1-9.

冯慕华, 龙江平, 喻龙, 等. 2003. 辽东湾东部浅水区沉积物中重金属潜在生态评价. 海洋科学, 27 (3): 52-56.

冯秀丽, 董卫卫, 庄振业, 等. 2009. 莱州湾东岸沿岸输沙率及冲淤演化动态分析. 中国海洋大学学报 (自然科学版), 39 (2): 304-308.

符文侠, 李光天, 何宝林, 等. 1993. 辽东湾潮滩及滨下动力地貌特征. 海洋学报, 15 (1): 71-83.

傅晓文. 2014. 盐渍化石油污染土壤中重金属的污染特征、分布和来源解析. 济南: 山东大学.

高佳, 陈学恩, 于华明. 等. 2016. 黄河口海域潮汐、潮流、余流、切变锋数值模拟. 海洋通报 (英文版), 18 (1): 1-8.

高抒, Michael Collins. 1998. 沉积物粒径趋势与海洋沉积动力学. 中国科学基金, 12 (4): 241-246.

高水土. 1987. 南海中部沉积物中黏土矿物的分布. 东海海洋, 5 (1-2): 100-108.

高学民，林振宏，刘兰，等.2000.冲绳海槽中部表层沉积物的地球化学特征和物源判识.海洋学报，22（3）：61-66.

顾玉荷，修日晨.1996.渤海海流概况及其输沙作用初析.黄渤海海洋，14（1）：1-6.

郭如侠.2017.洋河流域3个主要控制站水文特性分析.海河水利，1：34-35，41.

郭伟，朱大全.2005.深圳围海造地对海洋环境影响的分析.南京大学学报（自然科学版），41（3）：286-296.

国家海洋局.2017.中国海洋环境质量公报（2004-2015）.中国海洋信息网，http://www.nmdis.org.cn/hygb/zghyhjzlgb/.

韩宗珠，衣伟虹，李敏，等.2013.渤海湾北部沉积重矿物特征及物源分析.中国海洋大学学报（自然科学版），43（4）：73-79.

韩宗珠，张军强，邹昊，等.2011.渤海湾北部底质沉积物中黏土矿物组成与物源研究.中国海洋大学学报（自然科学版），41（11）：95-102.

何宝林，刘国贤.1991.辽东湾北部浅海区现代沉积特征.海洋地质与第四纪地质，11（2）：7-15.

何锦文，唐志礼.1985.南海东北部海区的黏土矿物.热带海洋，4（3）：45-52.

何良彪，1989.中国海及其邻近海域的黏土矿物.中国科学（B辑 化学 生命科学 地学），（1）：75-83.

何良彪，刘秦玉.1997.黄河与长江沉积物中黏土矿物的化学特征.科学通报，42（7）：730-734.

何良彪.1984.渤海表层沉积物中的黏土矿物.海洋学报，6（2）：272-276.

何良彪.1989.中国海及其邻近海域的黏土矿物.中国科学，1（1）：75-83.

何梦颖.2014.长江河流沉积物矿物学、地球化学和碎屑锆石年代学物源示踪研究.南京：南京大学.

河北省海洋局，2011.河北省海洋环境质量公报（2009~2010）.河北省自然资源厅（海洋局）网，http://zrzy.hebei.gov.cn/.

洪华生，丁原红，洪丽玉，等.2003.我国海岸带生态环境问题及其调控对策.环境污染治理技术与设备，4（1）：89-94.

侯庆志，季荣耀，左利钦，等.2013.曹妃甸海域围填海工程动力地貌环境遥感分析.水利水运工程学报，（3）：1-7.

侯西勇，侯婉，毋亭.2016.20世纪40年代以来中国大陆沿海主要海湾形态变化.地理学报，71（1）：118-129.

侯西勇，毋亭，王远东，等.2014.20世纪40年代以来多时相中国大陆岸线提取方法及精度评估.海洋科学，38（11）：66-73.

侯西勇，张华，李东，等.2018.渤海围填海发展趋势、环境与生态影响及政策建议.生态学报，38（9）：3311-3319.

胡春宏，陈绪坚，陈建国.2008.黄河水沙空间分布及其变化过程研究.水利学报，39（5）：518-527.

胡春宏.2005.黄河水沙过程变异及河道的复杂响应.北京：科学出版社.

胡宁静, 石学法, 黄朋, 等. 2010. 渤海辽东湾表层沉积物中金属元素分布特征. 中国环境科学, 30 (3): 380-388.

胡宁静, 石学法, 刘季花, 等. 2011. 莱州湾表层沉积物中重金属分布特征和环境影响. 海洋科学进展, 29 (1): 63-72.

胡小雷. 2014. 黄河口沉积动力对调水调沙的响应. 上海: 华东师范大学.

黄河水利委员会. 2017. 黄河水资源公报 (2002-2014). 黄河网, http://www.yrcc.gov.cn/other/hhgb/.

黄世光, 王志豪. 1990. 近代黄河三角洲海域泥沙的冲淤特征. 泥沙研究, 2: 13-22.

季荣耀, 陆永军, 左利钦. 2008. 岛屿海岸工程作用下的水沙动力过程研究. 水科学进展, 19 (5): 640-649.

季荣耀, 陆永军, 左利钦. 2011a. 渤海湾曹妃甸深槽形成机制及稳定性分析. 地理学报, 66 (3): 348-355.

季荣耀, 陆永军, 左利钦. 2011b. 曹妃甸老龙沟潮汐通道拦门沙演变机制. 水科学进展, 22 (5): 645-652.

贾海林, 刘苍字, 杨欧. 2001. 长江口北支沉积动力环境分析. 华东师范大学学报 (自然科学版), 1 (1): 90-96.

江文胜, 王厚杰. 2005. 莱州湾悬浮泥沙分布形态及其与底质分布的关系. 海洋与湖沼, 36 (2): 97-103.

康兴伦, 王品爱, 袁毅, 等. 1988. 黄河口海域沉积速率的研究. 海洋科学, 5: 25-30.

孔祥淮. 2006. 山东半岛东北部滨浅海区表层沉积物特征和沉积作用. 青岛: 中国海洋大学.

赖智荣. 2019. 钱塘江河流表层沉积物矿物特征及其物源指示意义. 上海: 华东师范大学.

蓝先洪, 李日辉, 张志珣, 等. 2015. 渤海东部与黄海北部表层沉积物的元素地球化学记录. 地球学报, 36 (6): 718-728.

蓝先洪, 孟祥君, 侯方辉, 等. 2016. 渤海辽东湾沉积物的元素地球化学. 海洋地质前沿, 32 (5): 48-53.

蓝先洪, 张宪军, 刘新波, 等. 2011. 南黄海表层沉积物黏土矿物分布及物源. 海洋地质与第四纪地质, 31 (3): 11-16.

雷坤, 孟伟, 郑丙辉, 等. 2006. 渤海湾西岸潮间带沉积物粒度分布特征. 海洋通报, 25 (1): 54-61.

黎静, 孙志高, 孙万龙, 等. 2018. 黄河尾闾河段和河口区沉积物中重金属污染及潜在生态毒性风险评价. 湿地科学, 16 (3): 407-416.

黎静, 孙志高, 田莉萍, 等. 2019. 黄河尾闾河道及河口区水体与悬浮颗粒物重金属和砷沿程分布及生态风险. 生态学报, 39 (15): 5494-5507.

李安龙, 李广雪, 曹立华, 等. 2004. 黄河三角洲废弃叶瓣海岸侵蚀与岸线演化. 地理学报, 59 (5): 731-737.

李传镇. 2013. 岱海沉积物重金属环境地球化学研究. 呼和浩特: 内蒙古大学.

李广雪, 成国栋, 魏合龙, 等. 1994. 现代黄河口区流场切变带. 科学通报, 39 (10): 928-932.

李广雪,薛春汀.1993.黄河水下三角洲沉积厚度、沉积速率及砂体形态.海洋地质与第四纪地质,13(4):35-44.

李国刚.1990.中国近海表层沉积物中黏土矿物的组成、分布及其地质意义.海洋学报,12(4):470-479.

李国胜,王海龙,董超.2005.黄河入海泥沙输运及沉积过程的数值模拟.地理学报,60(5):707-716.

李国英.2002.黄河调水调沙.人民黄河,24(11):1-4.

李建芬,王宏,夏威岚,等.2004.渤海湾西岸$^{210}Pb_{exc}$、$^{137}C_s$测年与现代沉积速率.地质调查与研究,26(2):114-128.

李蒙蒙,王庆,张安定,等.2013.最近50年来莱州湾西南部淤泥质海岸地貌演变研究.海洋通报,32(2):141-151.

李平.1997.黄河水下三角洲表层沉积物对应分析.海洋科学,(4):37-41.

李淑媛,刘国贤,杜瑞芝,等.1992.渤海湾及其邻近河口区重金属环境背景值和污染历史.环境科学学报,12(4):427-438.

李淑媛,刘国贤,苗丰民.1994.渤海沉积物中重金属分布及环境背景值.中国环境科学,14(5):370-376.

李淑媛,苗丰民,刘国贤,等.1996.渤海重金属污染历史研究.海洋环境科学,15(4):28-31.

李拴虎.2013.湛江湾填海工程对湾口冲淤影响的分析研究.青岛:国家海洋局第一海洋研究所.

李栓科.1989.近代黄河三角洲的沉积特征.地理研究,8(4):45-55.

李双林,李绍全,阵祥君.2002.东海陆架晚第四纪沉积化学成分及物源示踪.海洋地质与第四纪地质,22(4):21-28.

李松,王厚杰,张勇,等.2015.黄河在调水调沙影响下的入海泥沙通量和粒度的变化趋势.海洋地质前沿,31(7):20-27.

李西双.2008.渤海活动构造特征及其与地震活动的关系研究.青岛:中国海洋大学.

李秀亭,丰鉴章.1994.龙口湾的潮汐特征分析.海岸工程,13(4):13-24.

李琰,胡克,王萍,等.2013.大连复州湾底质沉积物粒度特征与沉积环境分析.海洋学研究,31(3):41-48.

李艳.2011.北黄海末次冰消期以来沉积特征及物源环境指示.青岛:中国科学院研究生院(海洋研究所).

李玉,李宏观.2016.连云港近海沉积物重金属历史分布特征及其来源.水生态学杂志,37(6):59-66.

李玉,俞志明,宋秀贤.2006.运用主成分分析(PCA)评价海洋沉积物中重金属污染来源.环境科学,27(1):137-141.

李泽刚.1984.黄河三角洲附近海域潮流分析.海洋通报.3(5):12-16,36.

李震.2007.厦门港表层沉积物特征及其物源意义.厦门:厦门大学.

梁建锋，李祚谟，张鹏，等.2010.黄河山东段水沙特性及冲淤分析.人民黄河，32（6）：42-46.

梁丽.2012.山东半岛蓝色经济区集约用海方式研究.青岛：中国海洋大学.

梁宪萌，宋金明，袁华茂，等.2017.固体介质中的重金属源解析及其在中国近海沉积物中的应用.应用生态学报，28（9）：3087-3098.

辽宁省地质矿产局.1989.辽宁省区域地质志.北京：地质出版社.

林承坤.1992.黄海黏土沉积物的来源与分布.地理研究，11（2）：41-51.

林曼曼，张勇，薛春汀，等.2013.环渤海海域沉积物重金属分布特征及生态环境评价.海洋地质与第四纪地质，33（6）：41-46.

林晓彤，李巍然，时振波.2003.黄河物源碎屑沉积物的重矿物特征.海洋地质与第四纪地质，23（3）：17-21.

林源，蔺栋华，韩金雨.2015.山东半岛蓝色经济区集中集约用海可持续发展路径研究.中国工程咨询，10：44-45.

林振山，邓自旺.1999.子波气候诊断技术的研究.北京：气象出版社.

刘成，何耘，王兆印.2005.黄河口的水质、底质污染及其变化.中国环境监测，21（3）：58-61.

刘峰，王海亭，王德利.2004.莱州湾滨海湿地沉积物重金属的空间分布.海洋科学进展，22（4）：486-492.

刘锋.2012.黄河口及其邻近海域泥沙输运及其动力地貌过程.上海：华东师范大学.

刘凤岳.1989.黄河三角洲滨海区流场分布及泥沙运动.海岸工程，8（4）：37-43.

刘凤岳.1994.龙口港航道泥沙淤积状况及其动态分析.海岸工程，13（1）：20-23.

刘建国，李安春，陈木宏，等.2007.全新世渤海泥质沉积物地球化学特征.地球化学，36（6）：559-568.

刘建国，李安春，徐兆凯.2006.全新世以来渤海湾沉积物的粒度特征.海洋科学，30（3）：60-65.

刘建国.2007.全新世渤海泥质区的沉积物物质组成特征及其环境意义.青岛：中国科学院研究生院（海洋研究所）.

刘金虎，宋骏杰，曹亮，等.2015.莱州湾表层沉积物中重金属时空分布、污染来源及风险评价.生态毒理学报，10（2）：369-381.

刘京鹏.2015.辽东湾晚第四纪以来沉积环境演化.青岛：中国海洋大学.

刘俊峰，和瑞莉，姚宝萍.2005.黄河调水调沙试验对泥沙粒径变化影响分析.中国粉体技术，2：40-43.

刘明华.2010.辽东湾北部浅海区底泥砷元素形态特征.地质与资源，19（1）：32-35，41.

刘世昊，丰爱平，夏东兴，等.2014.辽东湾西岸典型岬湾海滩表层沉积物粒度分布特征及水动力条件浅析.沉积学报，32（4）：700-709.

刘淑民，姚庆祯，刘月良，等.2012.黄河口湿地表层沉积物中重金属的分布特征及其影响因素.中国环境科学，32（9）：1625-1631.

刘素一, 权先璋, 张勇传. 2003. 不同小波函数对径流分析结果的影响. 水电能源科学, 21 (1): 29-31.

刘宪斌, 李孟沙, 梁梦宇, 等. 2016. 曹妃甸近岸海域表层沉积物粒度特征及其沉积环境. 矿物岩石地球化学通报, 35 (3): 507-514.

刘宪杰, 洪文俊, 王莘, 等. 2016. 大连近海沉积物多环芳烃污染特征及源解析. 海洋环境科学, 35 (2): 252-255.

刘星池, 王永学, 陈静. 2017. 人工岛群分阶段建设对附近水沙环境影响的数值研究. 海洋通报, 36 (3): 302-310.

刘秀明, 罗祎. 2013. 粒度分析在沉积物研究中的应用. 实验技术与管理, 30 (8): 20-23.

刘艳霞, 黄海军, 杨晓阳. 2013. 基于遥感反演的莱州湾悬沙分布及其沉积动力分析. 海洋学报, 35 (6): 43-53.

刘志杰, 金秉福, 张瑞端, 等. 2015. 海底沉积物碎屑矿物数据整合技术研究. 海洋通报, 34 (6): 657-662.

刘忠诚, 金秉福, 王金城, 等. 2014. 辽东湾滨岸带矿物组合分区及其意义. 海洋通报, 33 (3): 268-276.

卢路, 于赢东, 刘家宏, 等. 2011. 海河流域的水文特性分析. 海河水利, 6: 1-4.

卢晓东, 刘艳霞, 严立文. 2008. 莱州湾西岸岸滩冲淤特征分析. 海洋科学, 32 (10): 39-44.

卢晓宁, 邓伟, 张树清, 等. 2006. 霍林河中游径流量序列的多时间尺度特征及其效应分析. 自然资源学报, 21 (5): 819-826.

鲁庆伟, 石文学, 郭维, 等. 2017. 渤海湾西岸全新统沉积特征及环境演化. 海洋地质与第四纪地质, 37 (1): 65-72.

陆荣华. 2010. 围填海工程对厦门湾水动力环境的累积影响研究. 厦门: 国家海洋局第三海洋研究所.

陆永军, 季荣耀, 左利钦. 2009. 曹妃甸深水大港滩槽稳定及工程效应研究. 水利水运工程学报, 4: 33-46.

吕景才, 赵元凤, 徐恒振, 等. 2002. 大连湾、辽东湾养殖水域有机氯农药污染状况. 中国水产科学, 9 (1): 73-77.

吕双燕, 金秉福, 贺世杰, 等. 2017. 莱州湾-龙口湾表层沉积物有机质特征及来源分析. 环境化学, 36 (3): 650-658.

栾振东, 李泽文, 范奉鑫, 等. 2012. 渤海辽东湾区海底地形分区特征和成因研究. 海洋科学, 36 (1): 73-80.

罗先香, 张蕊, 杨建强, 等. 2010. 莱州湾表层沉积物重金属分布特征及污染评价. 生态环境学报, 19 (2): 262-269.

马菲, 汪亚平, 李炎, 等. 2008. 地统计法支持的北部湾东部海域沉积物粒径趋势分析. 地理学报, 63 (11): 1207-1217.

马妍妍. 2008. 现代黄河三角洲海岸带环境演变. 青岛: 中国海洋大学.

毛天宇, 戴明新, 彭士涛, 等. 2009. 近10年渤海湾重金属 (Cu, Zn, Pb, Cd, Hg) 污染时空变化趋势分析. 天津大学学报, 42 (9): 817-825.

孟宪伟，王永吉，吕成功. 1997. 冲绳海槽中段沉积地球化学分区及其物源指示意义. 海洋地质与第四纪地质，17（3）：37-43.

孟云，娄安刚，刘亚飞，等. 2015. 渤海岸线地形变化对潮波系统和潮流性质的影响. 中国海洋大学学报（自然科学版），45（12）：1-7.

密蓓蓓，闫军，庄丽华，等. 2010. 现代黄河口地形地貌特征及冲淤变化. 海洋地质与第四纪地质，30（3）：31-38.

潘少明，施晓冬，王建业，等. 2003. 围海造地工程对香港维多利亚港现代沉积作用的影响. 沉积学报，18（1）：22-28.

庞家珍，姜明星. 2003. 黄河河口演变（Ⅱ）——（二）1855年以来黄河三角洲流路变迁及海岸线变化及其他. 海洋湖沼通报，(4)：1-13.

庞家珍，司书亨. 1980. 黄河河口演变Ⅱ. 河口水文特征及泥沙淤积分布. 海洋与湖沼，11（4）：295-305.

彭俊，陈沈良，刘锋，等. 2010. 不同流路时期黄河下游河道的冲淤变化过程. 地理学报，65（5）：613-622.

彭俊. 2011. 黄河水沙变化过程及其三角洲沉积环境演变. 上海：华东师范大学.

彭士涛，胡焱弟，白志鹏. 2009. 渤海湾底质重金属污染及其潜在生态风险评价. 水道港口，30（1）：57-60.

钱春林. 1994. 引滦工程对滦河三角洲的影响. 地理学报，49（2）：158-166.

乔淑卿，石学法，王国庆，等. 2010. 渤海底质沉积物粒度特征及输运趋势探讨. 海洋学报，32（4）：139-147.

秦延文，郑丙辉，李小宝，等. 2012. 渤海湾海岸带开发对近岸沉积物重金属的影响. 环境科学，33（7）：2359-2367.

秦蕴珊，廖先贵. 1962. 渤海湾海底沉积作用的初步探讨. 海洋与湖沼，4（3-4）：199-207.

秦蕴珊，赵一阳，赵松龄，等. 1985. 渤海地质. 北京：科学出版社.

任玉民，赵岩，魏晓敏. 1987. 辽东湾岸段滨海盐土黏土矿物的化学组成及其分布. 盐碱地利用，(2)：6-9.

芮玉奎，曲来才，孔祥斌. 2008. 黄河流域土地利用方式对土壤重金属污染的影响. 光谱学与光谱分析，28（4）：934-936.

邵磊，赵梦，乔培军，等. 2013. 南海北部沉积物特征及其对珠江演变的响应. 第四纪研究，33（4）：760-770.

盛晶瑾. 2010. 渤海湾西北部晚更新世以来沉积物稀土元素特征及物源意义. 长春：吉林大学.

施建堂. 1987. 渤海湾西部的现代沉积. 海洋通报，6（1）：22-26.

石学法，刘焱光，任红，等. 2002. 南黄海中部沉积物粒径趋势分析及搬运作用. 科学通报，47（6）：452-456.

时英民，李坤业，杨惠兰. 1989. 南黄海黏土矿物的分布特征. 海洋科学，(3)：32-37.

水利部海河水利委员会. 2013. 海河年鉴. 天津：天津科学技术出版社.

宋晓帅，于开宁，吴振，等. 2019. 莱州湾海岸带工程地质环境质量分区. 海洋地质与第四纪地质，39（2）：79-89.

宋永刚，田金，吴金浩，等 . 2015. 春季和夏季辽东湾表层沉积物中重金属的分布及来源 . 环境科学研究，28（9）：1407-1415.

宋云香，战秀文，王玉广 . 1997. 辽东湾北部河口区现代沉积特征 . 海洋学报，19（5）：145-149.

宋云香，张永华，郑延英，等 . 1987. 辽东湾岸带沉积物中的矿物特征与物质来源 . 海洋通报，6（4）：28-37.

宋召军，张志珣，余继峰，等 . 2008. 南黄海表层沉积物中黏土矿物分布及物源分析 . 山东科技大学学报（自然科学版），27（3）：1-4.

孙白云 . 1990. 黄河、长江和珠江三角洲沉积物中碎屑矿物的组合特征 . 海洋地质与第四纪地质，10（3）：23-34.

孙连成 . 2003. 天津港水文泥沙问题研究综述 . 海洋工程，21（1）：78-86.

孙连成 . 2010. 淤泥质海岸天津港泥沙研究 . 北京：海洋出版社 .

孙钦帮，陈燕珍，孙丽艳，等 . 2015. 辽东湾西部海域表层沉积物重金属的含量分布与污染评价 . 应用海洋学报，34（1）：73-79.

索安宁，于永海，马红伟，等 . 2017. 围填海管理技术探究 . 北京：海洋出版社 .

汤爱坤 . 2011. 调水调沙前后黄河口重金属的变化及其影响因素 . 青岛：中国海洋大学 .

仝秀云 . 2010. 北部湾黏土矿物分布及其环境指示意义 . 北京：中国地质大学 .

万延森 . 1989. 现代黄河河口三角洲沙体的沉积型式 . 海洋通报，8（2）：41-48.

汪亚平，高抒，贾建军 . 2000. 胶州湾及邻近海域沉积物分布特征和运移趋势 . 地理学报，55（4）：449-458.

王斌 . 2007. 曹妃甸围海造地二维潮流数值计算及滩槽稳定性研究 . 南京：河海大学 .

王贵，张丽洁 . 2002. 海湾河口沉积物重金属分布特征及形态研究 . 海洋地质动态，18（12）：1-5.

王国庆，石学法，刘焱光，等 . 2007. 长江口南支沉积物元素地球化学分区与环境指示意义 . 海洋科学进展，25（4）：408-418.

王洪涛，张俊华，丁少峰，等 . 2016. 开封城市河流表层沉积物重金属分布、污染来源及风险评估 . 环境科学学报，36（12）：4520-4530.

王厚杰，原晓军，王燕，等 . 2010. 现代黄河三角洲废弃神仙沟-钓口叶瓣的演化及其动力机制 . 泥沙研究，4（9）：51-60.

王昆山，金秉福，石学法，等 . 2013. 杭州湾表层沉积物碎屑矿物分布及物质来源 . 海洋科学进展，31（1）：95-104.

王昆山，石学法，蔡善武，等 . 2010. 黄河口及莱州湾表层沉积物中重矿物分布与来源 . 海洋地质与第四纪地质，30（6）：1-8.

王利波，李军，赵京涛，等 . 2013. 辽东湾周边河流沉积物碎屑矿物组成及其物源意义 . 沉积学报，31（4）：663-671.

王利波，李军，赵京涛，等 . 2014. 辽东湾表层沉积物碎屑矿物组合分布及其对物源和沉积物扩散的指示意义 . 海洋学报，36（2）：66-74.

王留奇，姜在兴，马在平．1993．黄河三角洲陆表沉积物矿物学特征及沉积成因．石油大学学报（自然科学版），17（5）：1-6．

王苗苗，孙志高，卢晓宁，等．2015．调水调沙工程长期实施对黄河口近岸沉积物粒度分布与黏土矿物组成特征的影响．环境科学，36（4）：1256-1262．

王楠．2014．现代黄河口沉积动力过程与地形演化．青岛：中国海洋大学．

王诺，颜华锟，左书华，等．2012．大连海上机场人工岛建设对区域水动力及海床冲淤影响分析．水运工程，（4）：5-11．

王琪，田莹莹．2019．我国围填海管控的政策演进、现实困境及优化措施．环境保护，7（6）：26-32．

王万战，张华兴．2007．黄河口海岸演变规律．人民黄河，29（2）：27-28，32．

王伟，衣华鹏，孙志高，等．2015．调水调沙工程实施10年来黄河尾闾河道及近岸水下岸坡变化特征．干旱区资源与环境，29（10）：86-92．

王伟伟，付元宾，李树同，等．2006．渤海中部表层沉积物分布特征与粒度分区．沉积学报，31（3）：478-485．

王文海，武桂秋，王润玉．1988．龙口湾泥沙问题的研究．海岸工程，7（1）：19-27．

王文海．1994．龙口湾的开发利用与保护．海岸工程，13（1）：10-19．

王文圣，丁晶，向红莲．2002．水文时间序列多时间尺度分析的小波变换法．四川大学学报（工程科学版），34（6）：14-17．

王小花，刘红军，贾永刚．2004．黄河口粉质土矿物成分特征及对水动力条件响应的研究．海洋地质动态，20（5）：30-35．

王小静，李力，高晶晶，等．2015．渤海西南部近岸功能区表层沉积物重金属形态分析及环境评价．海洋与湖沼，46（3）：517-525．

王中波，李日辉，张志珣，等．2016．渤海及邻近海区表层沉积物粒度组成及沉积分区．海洋地质与第四纪地质，36（6）：101-109．

王中波，杨守业，李从先．2004．南黄海中部沉积物岩芯常量元素组成与古环境．地球化学，33（5）：483-490．

王中波，杨守业，李日辉，等．2010．黄河水系沉积物碎屑矿物组成及沉积动力环境约束．海洋地质与第四纪地质，30（4）：73-85．

王钟栒．2000．龙口湾大振幅假潮形成的数值模拟．黄渤海海洋，18（3）：7-13．

韦刚健，刘颖，邵磊，等．2003．南海碎屑沉积物化学组成的气候记录．海洋地质与第四纪地质，23（3）：1-4．

魏飞．2013．渤海湾西部表层沉积物粒度和黏土矿物特征及物源分析．青岛：中国海洋大学．

吴保生，申冠卿．2008．来沙系数物理意义的探讨．人民黄河，30（4）：15-16．

吴斌，宋金明，李学刚．2013．黄河口表层沉积物中重金属的环境地球化学特征．环境科学，34（4）：1324-1332．

吴景阳，李云飞．1985．渤海湾沉积物中若干重金属的环境地球化学——Ⅰ．沉积物中重金属的分布模式及其背景值．海洋与湖沼，（2）：92-101．

吴晓燕,刘汝海,秦洁,等.2007.黄河口沉积物重金属含量变化特征研究.海洋湖沼通报,(z1):69-74.

吴月英,陈中原,王张华.2005.长江三角洲平原黏土矿物分布特征及其环境意义.华东师范大学学报(自然科学版),(1):92-98.

吴越,杨文波,王琳,等.2013.曹妃甸填海造地时空分布遥感监测及其影响初步研究.海洋湖沼通报,1:153-158.

吴志芬,赵善伦,张学雷.1994.黄河三角洲盐生植被与土壤盐分的相关性研究.植物生态学报,18(2):184-193.

项立辉,安成龙,张晓飞,等.2015.连云港近岸海域表层沉积物沉积特征及粒径趋势分析.应用海洋学学报,34(3):317-325.

肖晓彤,马启敏,程海鸥.2010.莱州湾表层沉积物中DBP和DEHP的分布.海洋环境科学,29(3):337-341.

辛成林,任景玲,张桂玲,等.2015.黄河下游水体悬浮颗粒物中金属元素的地球化学行为.中国环境科学,35(10):3127-3134.

辛春英,何良彪,王慧艳.1998.黄河口及其近岸区的黏土矿物.黄渤海海洋学报,16(4):23-27.

徐东浩,李军,赵京涛,等.2012.辽东湾表层沉积物粒度分布特征及其地质意义.海洋地质与第四纪地质,32(5):35-42.

徐国宾,张金良,练继建.2005.黄河调水调沙对下游河道的影响分析.水科学进展,16(4):518-523.

徐茂泉,陈友飞.1999.海洋地质学.厦门:厦门大学出版社.

徐亚岩,宋金明,李学刚,等.2012.渤海湾各形态重金属的地球化学特征及其环境意义.农业环境科学学报,30(12):2560-2570.

徐艳东,魏潇,夏斌,等.2015.莱州湾东部海域表层沉积物重金属潜在生态风险评价.海洋科学进展,33(4):520-528.

徐争启,倪师军,庹先国,等.2008.潜在生态危害指数法评价中重金属毒性系数计算.环境科学与技术,31(2):112-115.

许淑梅,翟世奎,张爱滨,等.2007.长江口外缺氧区沉积物中元素分布的氧化还原环境效应.海洋地质与第四纪地质,27(3):1-8.

薛春汀,成国栋,周永青.1988.黄河三角洲第四纪垦利组陆相沉积物与海平面变化的关系.海洋地质与第四纪地质,8(2):103-111.

闫吉顺,方海超,孙家文,等.2016.基于ArcGIS Engine的沉积物粒径趋势分析模型开发与应用.地理空间信息,14(7):104-109.

闫云霞,王随继,颜明,等.2014.海河流域产沙模数尺度效应的空间分异.地理科学进展,33(1):57-64.

颜彬,谢敬谦,黄博,等.2017.广东近岸海域矿物特征指数分布及指示意义.海洋地质前沿,33(11):1-8.

杨大卓.2003.大清河流域水文特性分析.水文,32(2):58-60.

杨静，张仁铎，翁士创，等.2013.海岸带环境承载力评价方法研究.中国环境科学，33（S1）：178-185.

杨丽娜，马传波.2009.狗河流域水资源开发利用存在问题及对策.吉林水利，10：14-16.

杨明，楚楠，孙高虎，等.2014.黄河下游河道水沙变化与纵横向演变特征.水利科技与经济，20（12）：49-50.

杨作升，Keller G H，陆念祖，等.1990.现行黄河口水下三角洲海底形貌及不稳定性.青岛海洋大学学报，20（1）：7-21.

杨作升，孙宝喜，沈渭铨.1985.黄河口毗邻海域细粒级沉积物特征及沉积物入海后的运移.山东海洋学院学报，15（2）：121-129.

姚棣荣，钱恺.2001.小波变换在新安江流域近百年降水变化分析中的应用.科技通报，17（3）：17-21.

叶青.2014.斋堂岛南部海域沉积物特征及物源分析.青岛：中国海洋大学.

尹聪，褚宏宪，尹延鸿.2012.曹妃甸填海工程阻断浅滩潮道中期老龙沟深槽的地形变化特征.海洋地质前沿，28（5）：15-20.

尹秀珍，刘万洙，蓝先洪，等.2007.南黄海表层沉积物的碎屑矿物、地球化学特征及物源分析.吉林大学学报（地球科学版），37（3）：491-499.

尹延鸿，白伟明，褚宏宪，等.2012.曹妃甸填海工程阻断浅滩潮道后期老龙沟深槽的地形演化趋势.海洋地质前沿，28（12）：1-5.

尹延鸿，褚宏宪，李绍全，等.2011.曹妃甸填海工程阻断浅滩潮道初期老龙沟深槽的地形变化.海洋地质前沿，27（5）：1-6.

尹延鸿，亓发庆.2001.黄河尾闾河道1996年改道的意义及黄河三角洲演化趋势.海岸工程，20（4）：36-42.

尹延鸿，周青伟.1994.渤海东部地区沉积物类型特征及其分布规律.海洋地质与第四纪地质，14（2）：47-54.

尹延鸿，周永青，丁东.2004.现代黄河三角洲海岸演化研究.海洋通报，23（2）：32-40.

尹延鸿.2009.曹妃甸浅滩潮道保护意义及曹妃甸新老填海规划对比分析.现代地质，23（2）：200-209.

于帅.2014.黄河调水调沙影响下河口入海泥沙扩散及地貌效应.青岛：中国海洋大学.

于文金，邹欣庆，朱大奎.2011.曹妃甸老龙口现代沉积环境及重金属污染特征研究.中国环境科学，31（8）：1366-1376.

郁滨赫.2013.渤海湾（天津段）近岸海域现代沉积速率及沉积环境研究.天津：天津师范大学.

臧启运.1996.黄河三角洲近岸泥沙.北京：海洋出版社.

翟雨翔.2009.渭河咸阳段沉积物重金属污染研究.西安：陕西师范大学.

张华锋，叶青培，翟明国.2005.岩浆绿帘石特征及其地质意义研究进展.地球科学进展，20（4）：442-448.

张佳.2011.黄河中游主要支流输沙量变化及其对入海泥沙通量的影响.青岛：中国海洋大学.

张俊, 刘季花, 张辉, 等. 2014. 黄河入海口湿地区底质重金属污染的 Pb 同位素示踪. 海洋科学进展, 32 (4): 491-500.

张雷, 秦延文, 郑丙辉, 等. 2011. 环渤海典型海域潮间带沉积物中重金属分布特征及污染评价. 环境科学学报, 31 (8): 1676-1684.

张良, 原彪. 2004. 洋河水资源特性分析. 河北水利水电技术, (4): 6-8.

张明慧, 陈昌平, 索安宁, 等. 2012. 围填海的海洋环境影响国内外研究进展. 生态环境学报, 21 (8): 1509-1513.

张明亮, 姜美洁, 付翔, 等. 2014. 莱州湾沉积物有机质来源. 海洋与湖沼, 45 (4): 741-746.

张宁, 殷勇, 潘少明, 等. 2009. 渤海湾曹妃甸潮汐汊道系统的现代沉积作用. 海洋地质与第四纪地质, 29 (6): 25-34.

张盼, 吴建政, 胡日军, 等. 2014. 莱州湾西南部表层沉积物粒度分布特征及其现代沉积环境分区. 海洋地质前沿, 30 (9): 11-17.

张秋丰, 靳玉丹, 李希彬, 等. 2017. 围填海工程队近岸海域海洋环境影响的研究进展. 海洋科学进展, 35 (4): 454-461.

张婷, 刘爽, 宋玉梅, 等. 2019. 柘林湾海水养殖区底泥中重金属生物有效性及生态风险评价. 环境科学学报, 39 (3): 706-715.

张现荣, 李军, 窦衍光, 等. 2014. 辽东湾东南部海域柱状沉积物稀土元素地球化学特征与物源识别. 沉积学报, 32 (4): 684-691.

张现荣, 张勇, 叶青, 等. 2012. 辽东湾北部海域沉积物重金属环境质量和污染演化. 海洋地质与第四纪地质, 32 (2): 21-29.

张现荣. 2012. 辽东湾沉积物元素地球化学特征和百年来人类活动的元素记录研究. 青岛: 中国海洋大学.

张晓东, 翟世奎, 许淑梅. 2006. 端元分析模型在长江口邻近海域沉积物粒度数据反演方面的应用. 海洋学报, 28 (4): 159-166.

张效龙, 丁德文, 徐家声, 等. 2010. 渤海西部河口潮间带区海水及沉积物中重金属研究. 东华理工大学学报 (自然科学版), 33 (3): 276-280.

张亚南. 2013. 黄河口、长江口、珠江口及其邻近海域重金属的河口过程和沉积物污染风险评价. 厦门: 国家海洋局第三海洋研究所.

张忆. 2010. 长江口及邻近海域沉积物元素地球化学特征及物源分析. 青岛: 国家海洋局第一海洋研究所.

张玉凤, 宋永刚, 王立军, 等. 2011. 锦州湾沉积物重金属生态风险评价. 水产科学, 30 (3): 156-159.

张治昊. 2005. 黄河口水沙过程变异与演变响应. 北京: 中国水利水电科学研究院.

张子鹏. 2013. 辽东湾北部现代沉积作用研究. 青岛: 中国海洋大学.

赵保仁, 庄国文, 曹德明, 等. 1995. 渤海的环流、潮余流及其对沉积物分布的影响. 海洋与湖沼, 26 (5): 466-473.

赵奎寰. 1988. 龙口屺姆岛海区重矿物分布——泥砂运移趋势. 海岸工程, 7 (2): 34-41.

赵明明, 王传远, 孙志高, 等. 2016. 黄河尾闾及近岸沉积物中重金属的含量分布及生态风险评价. 海洋科学, 40 (1): 68-75.

赵全基. 1987. 渤海表层沉积物中黏土矿物研究. 黄渤海海洋, 5 (1): 78-84.

赵鑫, 孙群, 魏皓. 2013. 围填海工程对渤海湾风浪场的影响. 海洋科学, 37 (1): 7-16.

赵一阳, 鄢明才, 李安春, 等. 2002. 中国近海沿岸泥的地球化学特征及其指示意义. 中国地质, 29 (2): 181-185.

赵一阳, 喻德科. 1983. 黄海沉积物地球化学分析. 海洋与湖沼, 14 (5): 432-446.

郑立地, 肖蓉, 姚新颖, 等. 2015. 黄河三角洲潮汐区和生态恢复区湿地土壤特征和重金属分布. 湿地科学, 13 (5): 535-542.

郑懿珉, 高茂生, 刘森, 等. 2015. 莱州湾表层沉积物重金属分布特征及生态环境评价. 海洋环境科学, 34 (3): 354-360.

中国海湾志编纂委员会. 1998. 中国海湾志-第十四分册 (重要河口). 北京: 海洋出版社.

中国环境监测总站. 1990. 中国土壤元素背景值. 北京: 中国环境科学出版社.

中国人民共和国国家标准 (NSPRC). 2002. 海洋沉积物质量 (GB 18668—2002). 北京: 中华人民共和国国家质量监督检验检疫总局.

周福根. 1983. 滦河口区沉积物中元素的分布和环境的关系. 海洋通报, 2 (2): 60-70.

周广镇, 冯秀丽, 刘杰, 等. 2014. 莱州湾东岸近岸海域规划围填海后冲淤演变预测. 海洋科学, 38 (1): 15-19.

周怀阳, 叶瑛, 沈忠悦. 2004. 南海南部沉积物中黏土矿物组成变化及其古沉积信息记录初探. 海洋学报, 26 (2): 52-60.

周军, 高凤杰, 张宝杰, 等. 2014. 松花江表层沉积物有毒重金属污染的潜在生物毒性风险评价. 环境科学学报, 34 (10): 2701-2708.

周连成, 李军, 高建华. 2009. 长江口与舟山海域柱状沉积物粒度特征对比及其物源指示意义. 海洋地质与第四纪地质, 29 (5): 21-27.

周晓静, 李安春, 万世明, 等. 2010. 东海陆架表层沉积物黏土矿物组成分布特征及来源. 海洋与湖沼, 41 (5): 667-675.

周笑白, 梅鹏蔚, 彭露露, 等. 2015. 渤海湾表层沉积物重金属含量及潜在生态风险评价. 生态环境学报, 24 (3): 452-456.

周秀艳, 李宇斌, 王恩德, 等. 2004b. 辽东湾湿地重金属污染及潜在生态风险评价. 环境科学与技术, 27 (5): 60-62, 117.

周秀艳, 王恩德, 刘秀云, 等. 2004a. 辽东湾河口底质重金属环境地球化学. 地球化学, 33 (3): 286-290.

朱而勤. 1985. 矿物学的新分支学科——海洋矿物学. 海洋科学, 9 (5): 51-53.

朱凤冠, 李秀珠, 高水土. 1988. 东海大陆架沉积物中黏土矿物的研究. 东海海洋, 6 (1): 40-51.

朱高儒, 许学工. 2012. 渤海湾西北岸 1974～2010 年逐年填海造陆进程分析. 地理科学, 32 (8): 1006-1012.

朱学明, 鲍献文, 宋德海, 等. 2012. 渤、黄、东海潮汐、潮流的数值模拟与研究. 海洋与湖沼, 43（6）: 1103-1113.

邹昊. 2009. 渤海湾北部沉积物分布特征及沉积环境. 青岛: 中国海洋大学.

邹艳梅, 李沅蔚, 纪灵, 等. 2020. 渤海龙口湾沉积物中烃类物质的分布特征、来源解析及风险评价. 环境科学研究. 网络出版（2020-03-17）. DOI: 10.13198/j.issn.1001-6929.2020.03.10.

Ahfir N D, Wang H Q, Benamar A, et al. 2007. Transport and deposition of suspended particles in saturated porous media: hydrodynamic effect. Hydrogeology Journal, 15（4）: 659-668.

Araújo M F, Corredeira C, Gouveia A. 2007. Distribution of the rare earth elements in sediments of the Northwestern Iberian Continental Shelf. Journal of Radioanalytical and Nuclear Chemistry, 271（2）: 255-260.

Armid A, Shinjo R, Zaeni A, et al. 2014. The distribution of heavy metals including Pb, Cd and Cr in Kendari Bay surficial sediments. Marine Pollution Bulletin, 84（1-2）: 373-378.

Ayadi N, Aloulou F, Bouzid J. 2015. Assessment of contaminated sediment by phosphate fertilizer industrial waste using pollution indices and statistical techniques in the Gulf of Gabes (Tunisia). Arabian Journal of Geosciences, 8（3）: 1755-1767.

Bai J H, Jia J, Zhang G L, et al. 2016. Spatial and temporal dynamics of heavy metal pollution and source identification in sediment cores from the short-term flooding riparian wetlands in a Chinese delta. Environmental Pollution, 219: 379-388.

Bai J H, Xiao R, Cui B S, et al, 2011. Assessment of heavy metal pollution in wetland soils from the young and old reclaimed regions in the Pearl River estuary, South China. Environmental Pollution, 159（3）: 817-824.

Bai J H, Zhao Q Q, Lu Q Q, et al. 2015. Effects of freshwater input on trace element pollution in salt marsh soils of a typical coastal estuary, China. Journal of Hydrology, 520: 186-192.

Bermejo J C S, Beltrán R, Ariza J L G. 2003. Spatial variations of heavy metals contamination in sediments from Odiel river (Southwest Spain). Environment International, 29（1）: 69-77.

Bhatia M R. 1985. Plate tectonics and geochemical composition of sandstones: A reply. The Journal of Geology, 93（1）: 85-87.

Bi N S, Wang H J, Yang Z S. 2014. Recent changes in the erosion-accretion patterns of the active Huanghe (Yellow River) delta lobe caused by human activities. Continental Shelf Research, 90: 70-78.

Bi N S, Yang Z S, Wang H J, et al. 2010. Sediment dispersion pattern off the present Huanghe (Yellow River) subdelta and its dynamic mechanism during normal river discharge period. Estuarine, Coastal and Shelf Science, 86（3）: 352-362.

Bi S P, Yang Y, Xu C F, et al. 2017. Distribution of heavy metals and environmental assessment of surface sediment of typical estuaries in Eastern China. Marine Pollution Bulletin, 121（1-2）: 357-366.

Biscaye P E. 1965. Mineralogy and sedimentation of recent deep-sea clay in the Atlantic ocean and adjacent seas and oceans. Geological Society of America Bulletin, 76（7）: 803-832.

Bradshaw G A, Mclntosh B A. 1994. Detecting climate-induced patterns using wavelet analysis. Environmental Pollution, 83 (1-2): 135-142.

Chamley H. 1989. Clay Sedimentation. Berlin: Springer-Verlag.

Chen J, Wang Z H, Chen Z Y, et al. 2009. Diagnostic heavy minerals in Plio-Pleistocene sediments of the Yangtze Coast, China with special reference to the Yangtze River connection into the sea. Geomorphology, 113 (3-4): 129-136.

Cho Y G, Lee C B, Choi M S. 1999. Geochemistry of surface sediments off the southern and western coasts of Korea. Marine Geology, 159 (1-4): 111-129.

Chu Z X, Sun X G, Zhai S K, et al. 2006. Changing pattern of accretion/erosion of the modern Yellow River (Huanghe) subaerial delta, China: Based on remote sensing images. Marine Geology, 227 (1-2): 13-30.

Churc T M, Tramontano J M, Scudlark J R, et al. 1984. The wet deposition of trace metals to the western Atlantic ocean at the mid-Atlantic coast and on Bermuda. Atmospheric Environment (1967), 18 (12): 2657-2664.

Deboudt K, Flament P, Bertho M L. 2004. Cd, Cu, Pb and Zn concentrations in atmospheric wet deposition at a coastal station in Western Europe. Water, Air, and Soil Pollution, 151 (1-4): 335-359.

Dickinson W R, Suczek C A. 1979. Plate tectonics and sandstone compositions. American Association of Petroleum Geologists Bulletin, 63 (12): 2164-2182.

Dickinson W R. 1985. Interpreting provenance relations from detrital modes of sandstones. Provenance of Arenites, 148: 333-361.

Dickinson W R. 1988. Provenance and sediment dispersal in relation to paleotectonics and paleogeography of sedimentary basins. New Perspectives in Basin Analysis, 1: 3-25.

Didyk B M, Simoneit B R T, Brassell S C, et al. 1978. Organic geochemical indicators of palaeoenvironmental conditions of sedimentation. Nature, 272 (5650): 216-222.

Dill H G. 1998. A review of heavy minerals in clastic sediments with case studies from the alluvial-fan through the nearshore-marine environments. Earth Science Reviews, 45 (1-2): 103-132.

Dou Y G, Li J, Zhao J T, et al. 2013. Distribution, enrichment and source of heavy metals in surface sediments of the eastern Beibu Bay, South China Sea. Marine Pollution Bulletin, 67 (1-2): 137-145.

Duan X Y, Li Y X. 2017. Distributions and sources of heavy metals in sediments of the Bohai Sea, China: a review. Environmental Science and Pollution Research, 24 (32): 24753-24764.

East T J. 1985. A factor analytic approach to the identification of geomorphic processes from soil particle size characteristics. Earth Surface Processes and Landforms, 10 (5): 441-463.

Feng H, Jiang H Y, Gao W S, et al. 2011. Metal contamination in sediments of the western Bohai Bay and adjacent estuaries, China. Journal of Environmental Management, 92 (4): 1185-1197.

Feng R, Kerrich R. 1990. Geochemistry of fine-grained clastic sediments in the Archean Abitibi greenstone belt, Canada: Implications for provenance and tectonic setting. Geochimica et

Cosmochimica Acta, 54(4): 1061-1081.

Fesharaki O, Arribas J, Martínez N L. 2015. Composition of clastic sediments in the Somosaguas area (middle Miocene, Madrid Basin): insights into provenance and palaeoclimate. Journal of Iberian Geology, 41(2): 205-222.

Flemming B W. 2000. A revised textural classification of gravel-free muddy sediments on the basis of ternary diagrams. Continental Shelf Research, 20(10-11): 1125-1137.

Folk R L, Ward W C. 1957. Brazos River bar: A study in the significance of grain size parameters. Journal of Sedimentary Research, 27(1): 3-26.

Franke W, Dulce J C. 2017. Back to sender: tectonic accretion and recycling of Baltica-derived Devonian clastic sediments in the Rheno-Hercynian Variscides. International Journal of Earth Sciences, 106(1): 377-386.

Friedman G M. 1979. Address of the retiring president of the international association of sedimentologists: differences in size distributions of populations of particles among sands of various origins. Sedimentology, 26(1): 3-32.

Frihy O E, Lotfy M F, Komar P D. 1995. Spatial variations in heavy minerals and patterns of sediment sorting along the Nile Delta, Egypt. Sedimentary Geology, 97(1-2): 33-41.

Gao J, Chen X E, Yu H M, et al. 2016. Numerical simulation of tides, tidal currents and residual currents in the Yellow River estuary. Marine Science Bulletin, 18(1): 1-8.

Gao L, Wang Z W, Li S H, et al. 2018. Bioavailability and toxicity of trace metals (Cd, Cr, Cu, Ni, and Zn) in sediment cores from the Shima River, South China. Chemosphere, 192: 31-42.

Gao M S, Guo F, Huang X Y, et al. 2019. Sediment distribution and provenance since Late Pleistocene in Laizhou Bay, Bohai Sea, China. China Geology, 2(1): 16-25.

Gao S, Collins M. 1991. A critique of the "McLaren Method" for defining sediment transport paths—discussion. Journal of Sedimentary Research, 61(1): 143-146.

Gao S, Collins M. 1992. Net sediment transport patterns inferred from grain-size trends, based upon definition of "transport vectors". Sedimentary Geology, 81(1-2): 47-60.

Gao S, Collins M. 1994. Analysis of grain size trends, for defining sediment transport pathways in marine environments. Journal of Coastal Research, 10(1): 70-78.

Gao X L, Chen C T A. 2012. Heavy metal pollution status in surface sediments of the coastal Bohai Bay. Water Research, 46(6): 1901-1911.

Gao X L, Li P M. 2012. Concentration and fractionation of trace metals in surface sediments of intertidal Bohai Bay, China. Marine Pollution Bulletin, 64(8): 1529-1536.

Gao X L, Zhou F X, Chen C T A, et al. 2015. Trace metals in the suspended particulate matter of the Yellow River (Huanghe) Estuary: concentrations, potential mobility, contamination assessment and the fluxes into the Bohai Sea. Continental Shelf Research, 104: 25-36.

Gibbs R J. 1977. Clay mineral segregation in the marine environment. Journal of Sedimentary Research, 47(1): 237-243.

Griffin J J, Windom H, Goldberg E D. 1968. The distribution of clay minerals in the World Ocean. Deep Sea Research and Oceanographic Abstracts, 15（4）：433-459.

Guven D E, Akinci G. 2013. Effect of sediment size on bioleaching of heavy metals from contaminated sediments of Izmir Inner Bay. Journal of Environmental Sciences, 25（9）：1784-1794.

Hakanson L. 1980. An ecological risk index for aquatic pollution control. a sedimentological approach. Water Research, 14（8）：975-1001.

Hamann Y, Ehrmann W, Schmiedl G, et al. 2008. Sedimentation processes in the Eastern Mediterranean Sea during the Late Glacial and Holocene revealed by end-member modelling of the terrigenous fraction in marine sediments. Marine Geology, 248（1-2）：97-114.

Han D M, Cheng J P, Hu X F, et al. 2017. Spatial distribution, risk assessment and source identification of heavy metals in sediments of the Yangtze River Estuary, China. Marine Pollution Bulletin, 115（1-2）：141-148.

Heuvel T. 1995. Shifting sands：coastline management with GIS in the Netherlands. GIS Europe, 4（2）：14-16.

Hou X Y, Wu T, Hou W, et al. 2016. Characteristics of coastline changes in mainland China since the early 1940s. Science China-Earth Sciences, 59（9）：1791-1802.

Hu B Q, Li G G, Li J, et al. 2013a. Spatial distribution and ecotoxicological risk assessment of heavy metals in surface sediments of the southern Bohai Bay, China. Environmental Science and Pollution Research, 20（6）：4099-4110.

Hu B Q, Li J, Zhao J T, et al. 2013b. Heavy metal in surface sediments of the Liaodong Bay, Bohai Sea：distribution, contamination, and sources. Environmental Monitoring and Assessment, 185（6）：5071-5083.

Hu N J, Liu J H, Huang P, et al. 2017. Sources, geochemical speciation, and risk assessment of metals in coastal sediments：a case study in the Bohai Sea, China. Environmental Earth Sciences, 76（8）：309.

Huang W W, Martin J M, Seyler P, et al. 1988. Distribution and behaviour of arsenic in the Huang He (Yellow River) estuary and Bohai Sea. Marine Chemistry, 25（1）：75-91.

Irani R R, Callis C F. 1963. Particle Size：Measurement, Interpretation and Application. New York：John Wiley & Sons.

Järup L. 2003. Hazards of heavy metal contamination. British Medical Bulletin, 68（1）：167-182.

Kessarkar P M, Rao V P, Shynu R, et al. 2010. The nature and distribution of particulate matter in the Mandovi estuary, central west coast of India. Estuaries and Coasts, 33（1）：30-44.

Kicińska A. 2018. Health risk assessment related to an effect of sample size fractions：methodological remarks. Stochastic Environmental Research and Risk Assessment, 32（6）：1867-1887.

Klovan J E. 1966. The use of factor analysis in determining depositional environments from grain-size distributions. Journal of Sedimentary Research, 36（1）：115-125.

Kobayashi D, Yamamoto M, Irino T, et al. 2016. Distribution of detrital minerals and sediment color in western Arctic Ocean and northern Bering Sea sediments：Changes in the provenance of western

Arctic Ocean sediments since the last glacial period. Polar Science, 10 (4): 519-531.

Kondo T. 1995. Technological advances in Japan coastal development- land reclamation and artificial islands. Marine Technology Society Journal, 29 (3): 42-49.

Kuang C P, Chen S Y, Zhang Y, et al. 2012. A two-dimensional morphological model based on next generation circulation solver II: application to Caofeidian, Bohai Bay, China. Coastal Engineering, 59 (1): 14-27.

Lee H J, Chu Y S, Park Y A. 1999. Sedimentary processes of fine-grained material and the effect of seawall construction in the Daeho macrotidal flat- nearshore area, northern west coast of Korea. Marine Geology, 157 (3-4): 171-184.

Li G X, Tang Z S, Yue S H, et al. 2001. Sedimentation in the shear front off the Yellow River mouth. Continental Shelf Research, 21 (6-7): 607-625.

Li G X, Wei H L, Han Y S, et al. 1998a. Sedimentation in the Yellow River delta, part I: flow and suspended sediment structure in the upper distributary and the estuary. Marine Geology, 149 (1-4): 93-111.

Li G X, Wei H L, Yue S H, et al. 1998b. Sedimentation in the Yellow River delta, part II: suspended sediment dispersal and deposition on the subaqueous delta. Marine Geology, 149 (1-4): 113-131.

Li G X, Zhuang K L, Wei H L, et al. 2000. Sedimentation in the Yellow River delta. Part III. Seabed erosion and diapirism in the abandoned subaqueous delta lobe. Marine Geology, 168 (1-4): 129-144.

Li K Q, Shi X Y, Bao X W, et al. 2014. Modeling total maximum allocated loads for heavy metals in Jinzhou Bay, China. Marine Pollution Bulletin, 85 (2): 659-664.

Li M C, Zhao Y J, Li G L, et al. 2013. Research on the enriched characteristic and trend of heavy metal Pb in different marine medium. Advanced Materials Research, 864-867: 1017-1020.

Li Y Y, Feng H, Yuan D K, et al. 2019. Mechanism study of transport and distributions of trace metals in the Bohai Bay, China. China Ocean Engineering, 33 (1): 73-85.

Li Y, Zhang H B, Chen X B, et al. 2014. Distribution of heavy metals in soils of the Yellow River Delta: concentrations in different soil horizons and source identification. Journal of Soils and Sediments, 14 (6): 1158-1168.

Lin H Y, Sun T, Xue S F, et al. 2016. Heavy metal spatial variation, bioaccumulation, and risk assessment of *Zostera japonica* habitat in the Yellow River Estuary, China. Science of The Total Environment, 541: 435-443.

Liu A X, Lang Y H, Xue L D, et al. 2009. Ecological risk analysis of polycyclic aromatic hydrocarbons (PAHs) in surface sediments from Laizhou Bay. Environmental Monitoring and Assessment, 159 (1): 429-436.

Liu D Y, Li X, Emeis K C, et al. 2015. Distribution and sources of organic matter in surface sediments of Bohai Sea near the Yellow River Estuary, China. Estuarine, Coastal and Shelf Science, 165: 128-136.

Liu J G, Chen M H, Chen Z, et al. 2010. Clay mineral distribution in surface sediments of the South China Sea and its significance for in sediment sources and transport. Chinese Journal of Oceanology and Limnology, 28 (2): 407-415.

Liu J Q, Yin P, Chen B, et al. 2016. Distribution and contamination assessment of heavy metals in surface sediments of the Luanhe River Estuary, northwest of the Bohai Sea. Marine Pollution Bulletin, 109 (1): 633-639.

Liu X S, Jiang X, Liu Q H, et al. 2016. Distribution and pollution assessment of heavy metals in surface sediments in the central Bohai Sea, China: a case study. Environmental Earth Sciences, 75 (5): 364.

Long E R, Field L J, MacDonald D D. 1998. Predicting toxicity in marine sediments with numerical sediment quality guidelines. Environmental Toxicology and Chemistry, 17 (4): 714-727.

Lu Q Q, Bai J H, Gao Z Q, et al. 2016. Spatial and seasonal distribution and risk assessments for metals in a *Tamarix Chinensis* wetland, China. Wetlands, 36 (1): 125-136.

Lu Y J, Ji R Y, Zuo L Q. 2009. Morphodynamic responses to the deep water harbor development in the Caofeidian sea area, China's Bohai Bay. Coastal Engineering, 56 (8): 831-843.

Lu Y J, Zuo L Q, Ji R Y, et al. 2008. Effect of development of Caofeidian Harbor area in Bohai Bay on hydrodynamic sediment environment. China Ocean Engineering, 22 (1): 97-112.

Lv J S, Liu Y, Zhang Z L, et al. 2015. Identifying the origins and spatial distributions of heavy metals in soils of Ju country (Eastern China) using multivariate and geostatistical approach. Journal of Soils and Sediments, 15 (1): 163-178.

MacDonald D D, Carr R S, Calder F D, et al. 1996. Development and evaluation of sediment quality guidelines for Florida coastal waters. Ecotoxicology, 5 (4): 253-278.

MacDonald D D, Ingersoll C G, Berger T A. 2000. Development and evaluation of consensus-based sediment quality guidelines for freshwater ecosystems. Archives of Environmental Contamination and Toxicology, 39 (1): 20-31.

Mason C C, Folk R L. 1958. Differentiation of beach, dune, and aeolian flat environments by size analysis, Mustang Island, Texas. Journal of Sedimentary Research, 28 (2): 211-226.

McLaren P, Bowles D. 1985. The effects of sediment transport on grain-size distributions. Journal of Sedimentary Research, 55 (4): 457-470.

McLaren P. 1981. An interpretation of trends in grain-size measures. Journal of Sedimentary Research, 51 (2): 611-624.

Morton A C, Hallsworth C R. 1999. Processes controlling the composition of heavy mineral assemblages in sandstones. Sedimentary Geology, 124 (1-4): 3-29.

Muller G. 1969. Index of geoaccumulation in sediments of the Rhine River. Geological Journal, 2 (3): 109-118.

Nagarajan A, Nathan S, Sridharan M. 2018. Heavy metal assessment in surface sediments off Coromandel Coast of India: Implication on marine pollution. Marine Pollution Bulletin, 131: 712-726.

Ndjigui P D, Abeng S A E, Ekomane E, et al. 2015. Mineralogy and geochemistry of pseudogley soils and recent alluvial clastic sediments in the Ngog-Lituba region, Southern Cameroon: An implication to their genesis. Journal of African Earth Sciences, 108: 1-14.

Pedersen F, Bjørnestad E, Andersen H V, et al. 1998. Characterization of sediments from Copenhagen Harbour by use of biotests. Water Science and Technology, 37 (6-7): 233-240.

Pejrup M. 1988. The triangular diagram used for classification of estuarine sediments: a new approach// De Boer P L, Van Gelder A, Nio S D. Tide-Influenced Sedimentary Environments and Facies. Dordrecht: Reidel.

Pekey H, Karakaş D, Ayberk S, et al. 2004. Ecological risk assessment using trace elements from surface sediments of İzmit Bay (Northeastern Marmara Sea) Turkey. Marine Pollution Bulletin, 48 (9-10): 946-953.

Peng B R, Hong H S, Hong J M, et al. 2005. Ecological damage appraisal of sea reclamation and its application to the establishment of usage charge standard for filled seas: Case study of Xiamen, China. Environmental Informatics Archives, 3: 153-165.

Poizot E, Mear Y, Thomas M, et al. 2006. The application of geostatistics in defining the characteristic distance for grain size trend analysis. Computers and Geosciences, 32 (3): 360-370.

Rahman M A, Ishiga H. 2012a. Geochemical investigation of selected elements in coastal and riverine sediments from Ube, Kasado, and Suo-Oshima Bays in the western Seto Inland Sea, Southwest Japan. Journal of Oceanography, 68 (5): 651-669.

Rahman M A, Ishiga H. 2012b. Trace metal concentrations in tidal flat coastal sediments, Yamaguchi Prefecture, southwest Japan. Environmental Monitoring and Assessment, 184 (9): 5755-5771.

Rao Q H, Sun Z G, Tian L P, et al. 2018. Assessment of arsenic and heavy metal pollution and ecological risk in inshore sediments of the Yellow River estuary, China. Stochastic Environmental Research and Risk Assessment, 32 (10): 2889-2902.

Rateev M A, Gorbunova Z N, Lisitzyn A P, et al. 1969. The distribution of clay minerals in the oceans. Sedimentology, 13 (1-2): 21-43.

Rodríguez-Barroso M R, García-Morales J L, Coello Oviedo M D, et al. 2010. An assessment of heavy metal contamination in surface sediment using statistical analysis. Environmental Monitoring and Assessment, 163 (1-4): 489-501.

Roser B P, Korsch R J. 1988. Provenance signatures of sandstone-mudstone suites determined using discriminant function analysis of major-element data. Chemical Geology, 67 (1-2): 119-139.

Shepard F P, Young R. 1961. Distinguishing between beach and dune sands. Journal of Sedimentary Research, 31 (2): 196-214.

Shepard F P. 1954. Nomencalature based on sand-silt-clay ratios. Journal of Sedimentary Petrology, 24 (3): 151-158.

Spencer D W. 1963. The interpretation of grain size distribution curves of clastic sediments. Journal of Sedimentary Research, 33 (1): 180-190.

Sun D H, Bloemendal J, Rea D K, et al. 2002. Grain-size distribution function of polymodal sediments in hydraulic and aeolian environments and numerical partitioning of the sedimentary components. Sedimentary Geology, 152 (3-4): 263-277.

Suresh G, Ramasamy V, Meenakshisundaram V, et al. 2011. Influence of mineralogical and heavy metal composition on natural radionuclide concentrations in the river sediments. Applied Radiation and Isotopes, 69 (10): 1466-1474.

Sutherland R A. 2000. Bed sediment-associated trace metals in an urban stream, Oahu, Hawaii. Environmental Geology, 39 (6): 611-627.

Tang A K, Liu R H, Ling M, et al. 2010. Distribution characteristics and controlling factors of soluble heavy metals in the Yellow River estuary and adjacent sea. Procedia Environmental Sciences, 2: 1193-1198.

Taylor S R, McLennan M S. 1995. The geochemical evolution of the continental crust. Reviews of Geophysics, 33 (2): 241-265.

Tripathy G R, Singh S K, Ramaswamy V. 2014. Major and trace element geochemistry of Bay of Bengal sediments: Implications to provenances and their controlling factors. Palaeogeography, Palaeoclimatology, Palaeoecology, 397: 20-30.

Vidal R, Ma Y, Sastry S. 2005. Generalized principal component analysis (GPCA). IEEE Transactions on Pattern Analysis and Machine Intelligence, 27 (12): 1945-1959.

Wan S M, Li A C, Clift P D, et al. 2007. Development of the East Asian monsoon: mineralogical and sedimentologic records in the northern South China Sea since 20 Ma. Palaeogeography, Palaeoclimatology, Palaeoecology, 254 (3-4): 561-582.

Wang H J, Yang Z S, Li Y H, et al. 2007. Dispersal pattern of suspended sediment in the shear frontal zone off the Huanghe (Yellow River) mouth. Continental Shelf Research, 27: 854-871.

Wang H T, Wang J W, Liu R M, et al. 2015. Spatial variation, environmental risk and biological hazard assessment of heavy metals in surface sediments of the Yangtze River Estuary. Marine Pollution Bulletin, 93 (1-2): 250-258.

Wang M, Wang C Y, Li Y W. 2017. Petroleum hydrocarbons in a water-sediment system from Yellow River estuary and adjacent coastal area, China: Distribution pattern, risk assessment and sources. Marine Pollution Bulletin, 122 (1-2): 139-148.

Wang S F, Jia Y F, Wang S Y, et al. 2010. Fractionation of heavy metals in shallow marine sediments from Jinzhou Bay, China. Journal of Environmental Sciences, 22 (1): 23-31.

Wang S L, Xu X R, Sun Y X, et al. 2013. Heavy metal pollution in coastal areas of South China: A review. Marine Pollution Bulletin, 76 (1-2): 7-15.

Wang X Y, Zhou Y, Yang H S, et al. 2010. Investigation of heavy metals in sediments and Manila clams *Ruditapes philippinarum* from Jiaozhou Bay, China. Environmental Monitoring and Assessment, 170 (1-4): 631-643.

Wang Y J, Liu D Y, Lee K, et al. 2017. Impact of Water-Sediment Regulation Scheme on seasonal and spatial variations of biogeochemical factors in the Yellow River estuary. Estuarine, Coastal and Shelf Science, 198: 92-105.

Wang Y, Hu J W, Xiong K N, et al. 2012. Distribution of heavy metals in core sediments from Baihua lake. Procedia Environmental Sciences, 16: 51-58.

Wang Y, Ling M, Liu R H, et al. 2017. Distribution and source identification of trace metals in the sediment of Yellow River estuary and the adjacent Laizhou Bay. Physics and Chemistry of the Earth, Parts A/B/C, 97: 62-70.

Wen X J, Wang Q G, Zhang G L, et al. 2017. Assessment of heavy metals contamination in soil profiles of roadside *Suaeda salsa* wetlands in a Chinese delta. Physics and Chemistry of the Earth, Parts A/B/C, 97: 71-76.

Wentworth C K. 1922. A scale of grade and class terms for clastic sediments. The Journal of Geology, 30 (5): 377-392.

Wood A K, Ahmad Z, Shazili N A M, et al. 1997. Geochemistry of sediments in Johor Strait between Malaysia and Singapore. Continental Shelf Research, 17 (10): 1207-1228.

Xiao R, Bai J H, Huang L B, et al. 2013. Distribution and pollution, toxicity and risk assessment of heavy metals in sediments from urban and rural rivers of the Pearl River delta in southern China. Ecotoxicology, 22 (10): 1564-1575.

Xiao R, Bai J H, Lu Q Q, et al. 2015. Fractionation, transfer, and ecological risks of heavy metals in riparian and ditch wetlands across a 100-year chronosequence of reclamation in an estuary of China. Science of The Total Environment, 517: 66-75.

Xiao R, Zhang M X, Yao X Y, et al. 2016. Heavy metal distribution in different soil aggregate size classes from restored brackish marsh, oil exploitation zone, and tidal mud flat of the Yellow River Delta. Journal of Soils and Sediments, 16 (3): 821-830.

Xie Z L, Zhao G S, Sun Z G, et al. 2014. Comparison of arsenic and heavy metals contamination between existing wetlands and wetlands created by river diversion in the Yellow River estuary, China. Environmental Earth Sciences, 72 (5): 1667-1681.

Xing L, Hou D, Wang X C, et al. 2016. Assessment of the sources of sedimentary organic matter in the Bohai Sea and the northern Yellow Sea using biomarker proxies. Estuarine, Coastal and Shelf Science, 176: 67-75.

Xu G, Liu J, Pei S F, et al. 2015. Sediment properties and trace metal pollution assessment in surface sediments of the Laizhou Bay, China. Environmental Science and Pollution Research, 22 (15): 11634-11647.

Xu X D, Cao Z M, Zhang Z X, et al. 2016. Spatial distribution and pollution assessment of heavy metals in the surface sediments of the Bohai and Yellow Seas. Marine Pollution Bulletin, 110 (1): 596-602.

Xu Y Y, Song J M, Duan L Q, et al. 2012. Fraction characteristics of rare earth elements in the surface sediment of Bohai Bay, North China. Environmental Monitoring and Assessment, 184 (12): 7275-7292.

Yan N, Liu W B, Xie H T, et al. 2016. Distribution and assessment of heavy metals in the surface sediment of Yellow River, China. Journal of Environmental Sciences, 39: 45-51.

Yang H B, Li E C, Zhao Y, et al. 2017. Effect of water-sediment regulation and its impact on coastline and suspended sediment concentration in Yellow River Estuary. Water Science and Engineering, 10 (4): 311-319.

Yang S L, Yang H F. 2015. Temporal variations in water and sediment discharge from the Changjiang (Yangtze River) and downstream sedimentary responses. Ecological Continuum from the Changjiang (Yangtze River) Watersheds to the East China Sea Continental Margin. Springer International Publishing, 71-91.

Yang S Y, Wang Z B, Guo Y, et al. 2009. Heavy mineral compositions of the Changjiang (Yangtze River) sediments and their provenance-tracing implication. Journal of Asian Earth Sciences, 35 (1): 56-65.

Yao X Y, Xiao R, Ma Z W, et al. 2016. Distribution and contamination assessment of heavy metals in soils from tidal flat, oil exploitation zone and restored wetland in the Yellow River Estuary. Wetlands, 36 (1): 153-165.

Yu R L, Yuan X, Zhao Y H, et al. 2008. Heavy metal pollution in intertidal sediments from Quanzhou Bay, China. Journal of Environmental Sciences, 20 (6): 664-669.

Zhang B T, Gao Y M, Lin C Y, et al. 2020. Spatial distribution of phthalate acid esters in sediments of the Laizhou Bay and its relationship with anthropogenic activities and geochemical variables. Science of the Total Environment, 722: 137912.

Zhang G L, Bai J H, Xiao R, et al. 2017. Heavy metal fractions and ecological risk assessment in sediments from urban, rural and reclamation-affected rivers of the Pearl River Estuary, China. Chemosphere, 184: 278-288.

Zhang G L, Bai J H, Zhao Q Q, et al. 2016. Heavy metals in wetland soils along a wetland-forming chronosequence in the Yellow River Delta of China: Levels, sources and toxic risks. Ecological Indicators, 69: 331-339.

Zhang J. 1995. Geochemistry of arsenic in the Huanghe (Yellow River) and its delta region-A review of available data. Aquatic Geochemistry, 1 (3): 241-275.

Zhang J. 2002. Biogeochemistry of Chinese estuarine and coastal waters: nutrients, trace metals and biomarkers. Regional Environmental Change, 3 (1-3): 65-76.

Zhang P, Hu R J, Zhu L H, et al. 2017. Distributions and contamination assessment of heavy metals in the surface sediments of western Laizhou Bay: Implications for the sources and influencing factors. Marine Pollution Bulletin, 119 (1): 429-438.

Zhang Y N, He Q, Ji W D, et al. 2015. Pollution status and potential ecological risk assessment in the surface sediments of the Yellow River estuary. Marine cience Bulletin, 17 (1): 61-70.

Zhang Y, Gao X L, ChenC T A. 2014. Rare earth elements in intertidal sediments of Bohai Bay, China: Concentration, fractionation and the influence of sediment texture. Ecotoxicology and Environmental Safety, 105: 72-79.

Zhuang W, Gao X L. 2014. Integrated assessment of heavy metal pollution in the surface sediments of the Laizhou Bay and the coastal waters of the Zhangzi Island, China: comparison among typical marine sediment quality indices. PloS One, 9 (4): e94145.

附图-工作风采

近岸海区沉积物采样（一）

近岸海区沉积物采样（二）

黄河尾闾河段及河口区沉积物采样

海上作业夕阳余晖

参加海上作业的部分参著人员